土建类高职高专国家级精品课系列规划教材

建筑构造与制图

主　编　程显风　郑朝灿
副主编　厉明山　陈重东　李兴举
参　编　傅双燕　张正林　褚锡星
主　审　蒋晓燕

机 械 工 业 出 版 社

本教材是一门以工学结合为指导思想的项目化教材。教材融合了建筑构造、建筑识图、天正建筑绘图软件等方面知识，以工作任务为中心组织教学内容。教材选择单层、多层、高层、工业4种建筑类型作为载体，将教材内容划分为四个项目：项目一，识读与绘制传达室施工图；项目二，识读与绘制住宅楼施工图；项目三，识读与绘制办公楼施工图；项目四，识读与绘制工业建筑施工图。每个项目按照项目知识准备和识读、绘制、评审施工图的过程编写。

本教材既可作为高等职业教育建筑工程技术类、建筑装饰技术类、建筑设计技术类专业教材，也可作为相关从业人员的培训教材。

图书在版编目(CIP)数据

建筑构造与制图/程显风，郑朝灿主编. —北京：机械工业出版社，2011.7（2017.4重印）
土建类高职高专国家级精品课系列规划教材
ISBN 978-7-111-35049-1

Ⅰ.①建… Ⅱ.①程… ②郑… Ⅲ.①建筑构造-高等职业教育-教材 ②建筑制图-高等职业教育-教材 Ⅳ.①TU2

中国版本图书馆CIP数据核字（2011）第113715号

机械工业出版社(北京市百万庄大街22号 邮政编码100037)
策划编辑：张荣荣 责任编辑：张荣荣 版式设计：霍永明
责任校对：常天培 封面设计：张 静 责任印制：常天培
北京圣夫亚美印刷有限公司印刷
2017年4月第1版第3次印刷
184mm×260mm·13.5印张·14插页·417千字
标准书号：ISBN 978-7-111-35049-1
定价：39.00元

凡购本书，如有缺页、倒页、脱页，由本社发行部调换

电话服务	网络服务
服务咨询热线：010-88361066	机 工 官 网：www.cmpbook.com
读者购书热线：010-68326294	机 工 官 博：weibo.com/cmp1952
010-88379203	金 书 网：www.golden-book.com
封面无防伪标均为盗版	教育服务网：www.cmpedu.com

土建类高职高专国家级精品课系列规划教材
编审委员会名单

出版说明

为深化教学改革，更好地促进高职高专教育的发展，2003 年教育部开始在全国高等院校启动精品课程建设，并以此为契机带动高职高专院校的全面发展，提高教学质量。此后三年内，教育部又先后出台《教育部关于以就业为导向，深化高等职业教育改革的若干意见》和《教育部关于全面提高高等职业教育教学质量的若干意见》两个文件，将精品课建设提升到高职高专教学改革中心位置上来，同时，国家近几年加大基础建设的投资，土建行业焕发出新的活力，对技术型人才的需求与日俱增，巨大的市场需求和良好的就业形势，使得土建专业的学生逐年增加。高职高专土建专业得到社会的认可与重视，面临大好的发展机会。

在此契机下，我们与高职高专土建类专业教学指导委员会合作，组织相关高职院校土建类精品课的教师编写具有高职特色，符合课程改革的国家级精品课配套教材。教材的编写是以符合教学大纲要求和人才培养目标为标尺，以纸质教科书为主体，配以教学课件、课后习题及答案、配套光盘和教学指导，构成立体化教学资源。打造优秀教材，配合精品课建设，培养合格的高级技术人才。

本套教材首批推出《建筑施工》、《建筑材料检测与应用》、《建筑 CAD》、《智能建筑技术基础》、《钢筋混凝土工程施工》、《建筑装饰设计》、《建筑构造与制图》、《建筑结构》8 本，今后还会根据精品课建设的不断推进而随之更新出版新的配套教材。

本套教材适用于高职高专院校、成人高校、继续教育学院和民办高校的土建类相关专业使用，也可作为相关从业人员的培训教材及参考用书。

机械工业出版社

前　言

《建筑构造与制图》是高等职业教育建筑工程技术、建筑装饰技术、建筑设计技术类专业的一门主要专业课，重点介绍建筑构造的基本知识、建筑施工图的识读与绘制过程。本教材打破以知识传授为主要特征的传统教材模式，转变为以工作任务为中心组织教学内容，让学生在完成具体项目的过程中完成相应工作任务，并构建相关理论知识，发展职业能力。教材内容突出对学生职业能力的训练，理论知识的选取紧紧围绕工作任务完成的需要来进行，注重利用各种新型教学手段和方法。

本书充分考虑学生的认知规律，按照从简单到复杂，从单一到综合的原则，由浅入深，循序渐进，选择单层、多层、高层、工业建筑四种建筑类型作为载体，将教材内容划分为四个项目：项目一，识读与绘制传达室施工图；项目二，识读与绘制住宅楼施工图；项目三，识读与绘制办公楼施工图；项目四，识读与绘制工业建筑施工图。

本书由金华职业技术学院程显风、郑朝灿担任主编，晟元集团有限公司高级工程师厉明山，金华职业技术学院陈重东、李兴举担任副主编。项目一由金华职业技术学院程显风、郑朝灿编写，项目二由金华职业技术学院程显风、傅双燕、张正林和湖州职业技术学院褚锡星编写；项目三由晟元集团有限公司厉明山、金华职业技术学院程显风、李兴举编写；项目四由晟元集团有限公司厉明山、金华职业技术学院陈重东编写。

本书在编写过程中得到了浙江华宇建筑设计有限公司、华汇工程设计集团有限公司及编者所在单位领导的大力支持和协助，在此表示感谢。

由于编者水平有限，编写时间仓促，书中难免有错误和疏漏之处，在此恳请有关专家和广大读者提出宝贵意见，以便我们改进和完善，深表谢意。

编　者

目　　录

项目一　识读与绘制传达室施工图

项目描述：

在学习建筑基本知识、投影知识、建筑构造组成、建筑施工图等项目准备知识的基础上，会识读、绘制传达室建筑施工图。

知识目标：

1. 了解建筑的分类与分级。
2. 掌握建筑的构造组成。
3. 了解投影的组成与分类。
4. 掌握三面正投影的形成及特性。
5. 了解制图基本知识。
6. 掌握建筑施工图概述。

任务目标：

1. 识读传达室建筑施工图。
2. 绘制传达室建筑施工图。

任务1　项目知识准备

1.1　认识建筑

1.1.1　什么是建筑

建筑是人们依据美学法则，为人类社会活动（工作、学习、休息、交通、娱乐、生产等）而建造的空间环境，它是建筑物与构筑物的总称。建筑物包括住宅、学校、办公楼、影剧院、体育馆等；构筑物包括纪念碑、水塔、灯塔、电视塔、蓄水池、烟囱、贮油罐、桥梁、城墙、堤坝等。

1.1.2　建筑的分类

建筑由于在性质、高度、层数、材料等方面差异非常大，为了便于描述，常常把它分为不同类型。常见的分类方式主要有以下几种：

1. 按建筑的使用功能分类

（1）民用建筑：民用建筑是供人们居住和进行公共活动的建筑的总称。民用建筑又分为居住建筑和公共建筑两类。

居住建筑是供人们居住使用的建筑，包括住宅、公寓、宿舍等。

公共建筑是供人们进行各种公共活动的建筑。主要分为以下类型：

行政办公建筑：如机关、企事业单位的办公楼等；

文教建筑：如教学楼、图书馆、文化馆等；

托幼建筑：如托儿所、幼儿园等；

科研建筑：如研究所、科学实验楼等；

医疗建筑：如医院、门诊部、疗养院等；

商业建筑：如商店、商场、购物中心等；

旅馆建筑：如宾馆、招待所等；

观览建筑：如电影院、音乐厅、剧院、展览馆、博物馆等；

体育建筑：如体育馆、体育场、游泳馆等；

交通建筑：如航空港、火车站、汽车站等；

通信广播建筑：如广播电视台、电信楼、邮电局等；

园林建筑：如公园、动物园、植物园等；

纪念建筑：如纪念碑、纪念堂、陵园等。

（2）工业建筑：指为工业生产服务的各类建筑，如生产车间、辅助车间、动力用房、仓储建筑等。

（3）农业建筑：指用于农（牧）业生产和加工用的建筑，如温室、畜禽饲养场、粮食与饲料加工站、农机修理站等。

2. 按建筑层数或高度分类

《民用建筑设计通则》（GB 50352—2005）中规定：住宅建筑按层数分类，一层至三层为低层住宅，四层至六层为多层住宅，七层至九层为中高层住宅，十层及十层以上为高层住宅。除住宅建筑之外的民用建筑，高度不大于10m的建筑为低层建筑，高度大于10m，且不大于24m的建筑为多层建筑，高度大于24m的建筑为高层建筑（不包括建筑高度大于24m的单层公共建筑），高度大于100m的民用建筑为超高层建筑。

3. 按承重结构的材料分类

（1）木结构建筑：指以木材作为房屋承重骨架的建筑。我国古代建筑大多采用木结构。木结构有自重轻、施工方便等优点，但木材防火、防腐性能差。

（2）砖石结构建筑：指以砖或石材为主要承重结构的建筑。这种结构便于就地取材，但自重大，整体性较差，不宜用于地震区。

（3）钢筋混凝土结构建筑：指以钢筋混凝土为承重结构的建筑。具有坚固耐久、防火和可靠性强的特点，故应用广泛。

（4）钢结构建筑：指以型钢作为房屋承重骨架的建筑。钢结构力学性能好，便于制作和安装、结构自重轻，适宜超高层和大跨度建筑中采用。

（5）混合结构建筑：指采用两种或两种以上材料作为承重结构的建筑。如砖墙承重，楼板用钢筋混凝土的砖混结构建筑等。

除上述外，另有生土建筑、充气建筑、塑料建筑等其他结构建筑。

1.1.3 建筑的分级

1. 按建筑的耐久年限

按主体结构的耐久年限划分为四级：一级建筑的耐久年限为100年以上，适用于重要的建筑和高层建筑；二级建筑的耐久年限为50～100年，适用于一般性建筑；三级建筑的耐久年限为25～50年，适用于次要的建筑；四级建筑的耐久年限为15年以下，适用于临时性建筑。

2. 按建筑的耐火等级

（1）构件的耐火极限：建筑构件的耐火极限，是指在标准耐火试验条件下，建筑构件、配件或结构从受到火的作用时起，到失去稳定性、完整性或隔热性时止的这段时间，用小时表示。具体判定条件如下：

1）失去支持能力：主要是指构件在受到火焰或高温作用下，由于构件材质性能的变化，使承载能力和刚度降低，承受不了原设计的荷载而破坏。如受火作用后的钢筋混凝土梁失去支撑能力；钢柱失稳破坏等，均属于失去支持能力。

2）完整性被破坏：主要是薄壁分隔构件在火焰或高温作用下，发生爆裂或局部塌落，形成穿透裂缝或孔洞，火焰穿过构件，使其背面可燃物燃烧起火。如受火作用后，预应力钢筋混凝土楼板钢筋失去预应力，发生爆炸，出现孔洞，使火焰窜到上层房间。

3）丧失隔火作用：主要是指具有分隔作用的构件，试验中背火面任一点的温度达到220℃时，都表明构件失去隔火作用。

（2）构件的燃烧性能：构件的燃烧性能分为三类：不燃烧体：即用不燃烧材料制成的建筑构件，如天然石材；难燃烧体，即用难燃烧的材料制成的建筑构件，或用燃烧材料制成而用不燃烧材料作保护层的建筑构件，如沥青混凝土构件；燃烧体：即用可燃或易燃烧的材料制成的建筑构件，如木材等。

（3）建筑的耐火等级：民用建筑的耐火等级分为一、二、三、四级。除本规范另有规定者外，不同耐火等级建筑物相应构件的燃烧性能和耐火极限不应低于表1-1-1的规定。

表1-1-1　建筑物构件的燃烧性能和耐火极限　（单位：h）

构件名称		耐火等级			
		一级	二级	三级	四级
墙	防火墙	不燃烧体 3.00	不燃烧体 3.00	不燃烧体 3.00	不燃烧体 3.00
	承重墙	不燃烧体 3.00	不燃烧体 2.50	不燃烧体 2.00	难燃烧体 0.50
	非承重外墙	不燃烧体 1.00	不燃烧体 1.00	不燃烧体 0.50	燃烧体
	楼梯间的墙 电梯井的墙 住宅单元之间的墙 住宅分户墙	不燃烧体 2.00	不燃烧体 2.00	不燃烧体 1.50	难燃烧体 0.50
	疏散走道两侧的隔墙	不燃烧体 1.00	不燃烧体 1.00	不燃烧体 0.50	难燃烧体 0.25
	房间隔墙	不燃烧体 0.75	不燃烧体 0.50	难燃烧体 0.50	难燃烧体 0.25
柱		不燃烧体 3.00	不燃烧体 2.50	不燃烧体 2.00	难燃烧体 0.50

（续）

构件名称	耐火等级			
	一级	二级	三级	四级
梁	不燃烧体 2.00	不燃烧体 1.50	不燃烧体 1.00	难燃烧体 0.50
楼板	不燃烧体 1.50	不燃烧体 1.00	不燃烧体 0.50	燃烧体
屋顶承重构件	不燃烧体 1.50	不燃烧体 1.00	燃烧体	燃烧体
疏散楼梯	不燃烧体 1.50	不燃烧体 1.00	不燃烧体 0.50	燃烧体
吊顶(包括吊顶搁栅)	不燃烧体 0.25	难燃烧体 0.25	难燃烧体 0.15	燃烧体

注：引自《建筑设计防火规范》(GB 50016—2006)。

1.2 建筑的构造组成与建筑模数

1.2.1 建筑的构造组成

民用建筑通常由基础、墙体、楼地层、楼梯、屋顶、门窗等部分组成，见图1-1-1。它们在不同的部位，发挥着不同的作用。

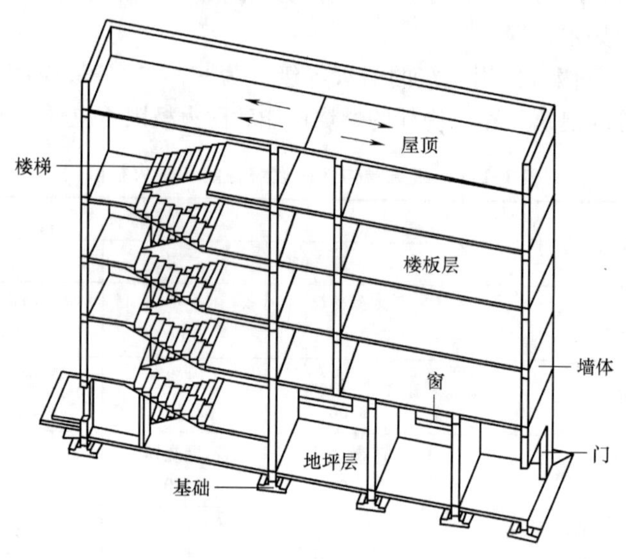

图1-1-1 建筑的构造组成

基础：基础是位于建筑物最下部的承重构件，承受着建筑物的全部荷载，并把这些荷载传给地基。因此，基础必须坚固、稳定而可靠。

墙体：墙体的主要作用是承重、围护和分隔。作为承重构件，承受着建筑物由屋顶或楼板层传来的荷载，并将这些荷载传给基础。作为围护构件，外墙起着抵御自然界各种因素对室内侵袭的作用；内墙起着分隔空间的作用。因此，要求墙体根据功能的不同分别具有足够的强度、稳定性、保温、隔热、隔声、防水、防火等能力以及一定的经济性和耐久性。

楼地层：楼地层包括楼板层和地坪层。楼板层是建筑物水平方向的承重构件，按房间层高将整幢建筑物沿水平方向分为若干部分。楼板层承受着家具、设备和人体的荷载以及结构本身自重，并将这些荷载传给墙体。同时，还对墙身起着水平支撑的作用，因此要求楼板层具有足够的抗弯强度、刚度和隔声能力。对有水侵蚀的房间，还要求有防潮、防水的能力。地坪层是建筑物底层与土层接触的部分，它承受底层房间的荷载。地坪根据不同要求应具有耐磨、防潮、防水和保温等能力。

楼梯：楼梯是建筑物的垂直交通设施，供人们上下楼层和紧急疏散之用。楼梯应具有足够的通行能力以及防火、防滑等要求。

屋顶：屋顶是建筑物顶部的外围护构件和承重构件。抵御着自然界雨、雪及太阳热辐射等对屋顶房间的影响，承受着建筑物顶部荷载，并将这些荷载传给墙。屋顶必须具有足够的强度、刚度以及防水、保温、隔热等性能。

门窗：门主要供人们内外交通和隔离房间之用；窗主要是采光和通风，同时也起分隔和围护作用。门和窗均属非承重构件。门窗应具有保温、隔热、隔声的能力。

1.2.2 建筑模数

建筑模数是选定的标准尺度单位，作为建筑物、构配件、建筑制品等尺寸相互协调的基础。基本模数是模数协调中选用的基本单位。基本模数的数值规定为100mm，以M表示，即1M=100mm。

由于建筑各部分尺度相差较大，仅靠基本模数不能满足尺度的协调要求，因此在基本模数的基础上发展了导出模数，导出模数又分为扩大模数和分模数。

（1）扩大模数：是基本模数的整数倍数。水平扩大模数的基数为3M、6M、12M、15M、30M、60M共6个；其相应的尺寸为300mm、600mm、1200mm、1500mm、3000mm、6000mm。竖向扩大模数的基数为3M、6M，其相应的尺寸为300mm、600mm。

（2）分模数：是基本模数的分数。分模数的基数为1/10M、1/5M、1/2M共3个，其相应的尺寸为10mm、20mm、50mm。

1.3 投影知识

1.3.1 什么叫投影

假想所有物体都是透明体，光线能够穿过物体，这样得到的影子将具体地反映物体的形状，这就是投影。

1.3.2 投影的组成

物体的影子仅仅是物体边缘的轮廓，影子是不能反映物体空间形状的，如图1-1-2a所示。

投影图：假设光线能够透过物体将物体上所有轮廓线都反映在投影平面上，这样的“影子”能够反映出物体的轮廓形状，如图1-1-2b所示。

投影三要素：投射线、投影面 、空间形体。

1.3.3 投影的分类

1. 中心投影

投射中心距离投影面为有限远时，所有的投射线都交于投射中心 S，这种投影方法称为中心投影法，由此得到的投影图称为中心投影图，简称中心投影，如图1-1-3所示。

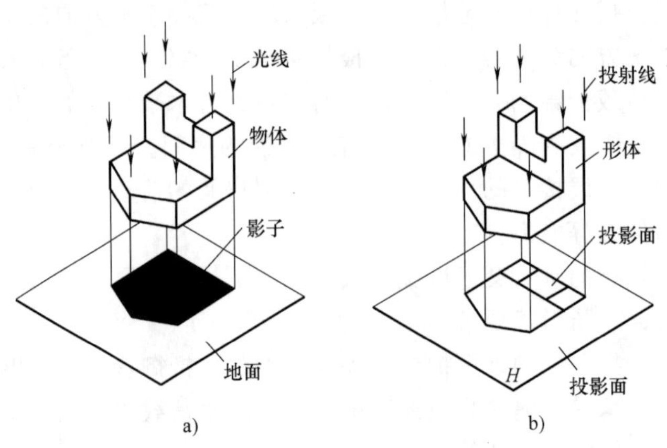

图 1-1-2 投影的产生

a）物体的影子 b）物体的投影图

中心投影的特点：投影线相交于一点，投影图的大小与投影中心 S 距离投影面远近有关，在投影中心 S 与投影面距离不变的情况下，物体离投影中心 S 越近，投影图愈大，反之愈小。

用中心投影法绘制物体的投影图称为透视图，如图 1-1-4 所示。其直观性很强、形象逼真，常用作建筑方案设计图和效果图。但绘制比较繁琐，而且建筑物的真实形状和大小不能直接在图中度量，不能作为施工图用。

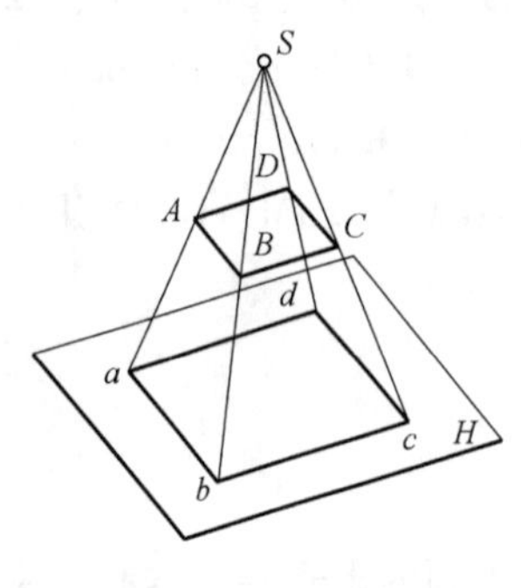

图 1-1-3 中心投影

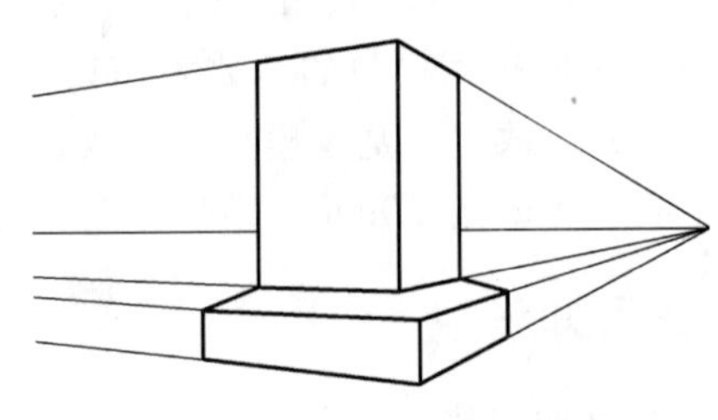

图 1-1-4 透视图

2. 平行投影

投射中心距离投影面为无限远时，所有投射线成为平行线，这种投影法称为平行投影法，由此得到的投影图称为平行投影图，简称平行投影。

平行投影的特点：投影线互相平行，所得投影的大小与投影中心 S 距离投影面远近无关。根据互相平行的投影线与投影面是否垂直，平行投影又分为斜投影和正投影。

（1）斜投影：投射线倾斜于投影面所作的平行投影，称为斜投影，如图 1-1-5。用斜投影可绘制斜轴测图，如图 1-1-6。斜投影图有一定的立体感，作图简单，但不能准确反映物体的形状，视觉上失真，只能作为工程的辅助图纸。

（2）正投影：投射线垂直于投影面所作的平行投影，称为正投影，如图 1-1-7。这种投影图的图示方法简单，真实地反映物体的形状和大小，度量性好，是绘制工程设计图、施工

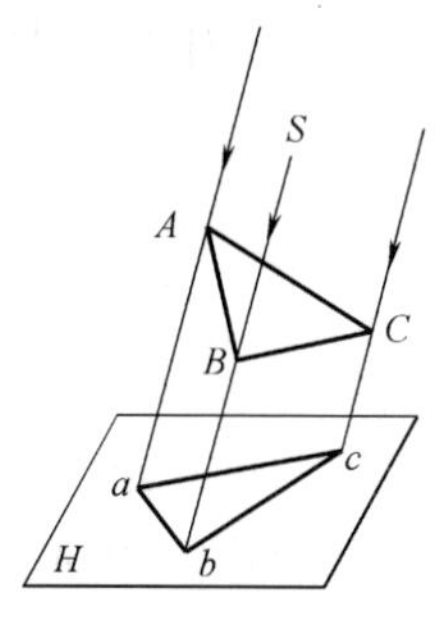

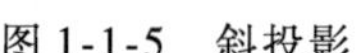
图 1-1-5　斜投影

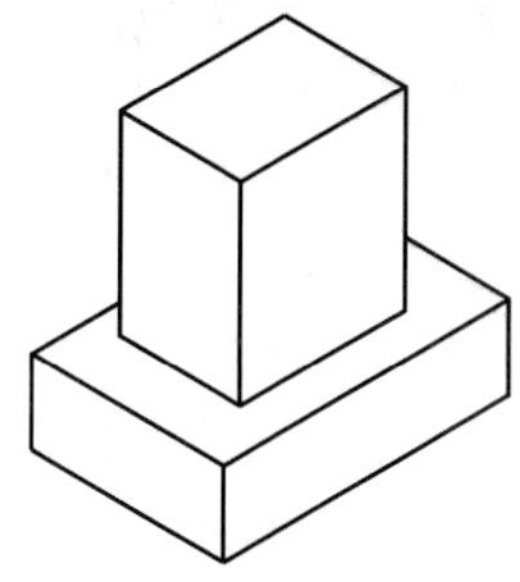
图 1-1-6　斜轴测图

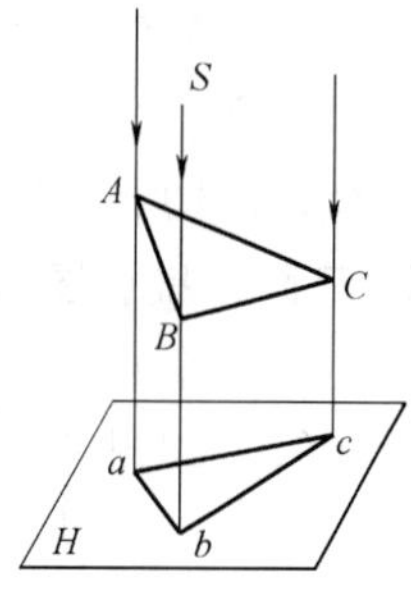

图 1-1-7　正投影

图的主要图示方法。但这种图缺乏立体感，只有学过投影知识，经过一定的训练才能看懂。

1.3.4　点、线、面正投影的特性

各种形体都可以看成是由点、线、面组成的。从点、线、面的正投影图分析（图 1-1-8），可以得出以下结论：

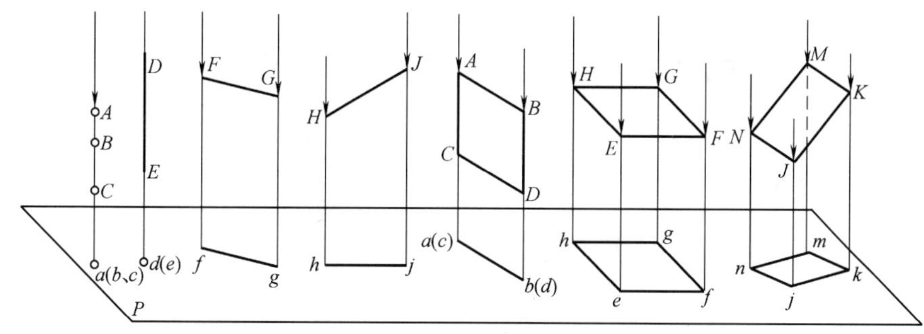

图 1-1-8　点、线、面的正投影特性

1. 点的正投影特性

点的正投影仍是点。

2. 直线的正投影特性

（1）直线平行于投影面，其投影是直线，反映实长。

（2）直线垂直于投影面，其投影积聚为一点。

（3）直线倾斜于投影面，其投影仍是直线，但长度缩短。

（4）直线上的一点的投影，必在该直线的投影上。

（5）一点分直线为两线段，其两段投影之比等于两线段之比，称为定比关系。

3. 平面的正投影特性

（1）平面平行于投影面，投影反映平面实形，即形状、大小不变。

（2）平面垂直于投影面，投影积聚为直线。

（3）平面倾斜于投影面，投影变形，面积缩小。

综上所述，正投影的特征有全等性（显实性）、积聚性、类似性、从属性、平行性。

1.3.5　三面投影体系

由于空间形体是具有长度、宽度、高度的三维形体，用一个正投影图只能反映其中两个

向度的尺寸，显然不能确定其空间形状。一般来说，要准确而全面地表达物体的形状和大小，需要建立一个由相互垂直的三个投影面组成的投影面体系，并作出形体在该投影面体系中的三个投影图，才能充分表达出这个形体原有空间形状。

1. 三面正投影图的组成

我们把三个互相垂直相交的平面作为投影面，由这三个投影面组成的投影面体系，称为三投影体系，如图 1-1-9a 所示。处于水平位置的投影面称水平面，用 *H* 表示；处于正立位置的投影面称正立投影面，用 *V* 表示；处于侧立位置的投影面称侧立投影面，用 *W* 表示。三个互相垂直投影面的交线称为投影轴，分别是 *OX*、*OY*、*OZ* 轴，三个投影轴相交于一点 *O*，称为原点。

如图 1-1-9b 所示，平行投射线由前向后垂直 *V* 面，在 *V* 面上产生的投影称为正立投影图，也称正面投影图；平行投射线由上向下垂直 *H* 面，在 *H* 面上产生的投影称为水平投影图；平行投射线由左向右垂直 *W* 面，在 *W* 面上产生的投影称为侧立投影图，也称侧面投影图。

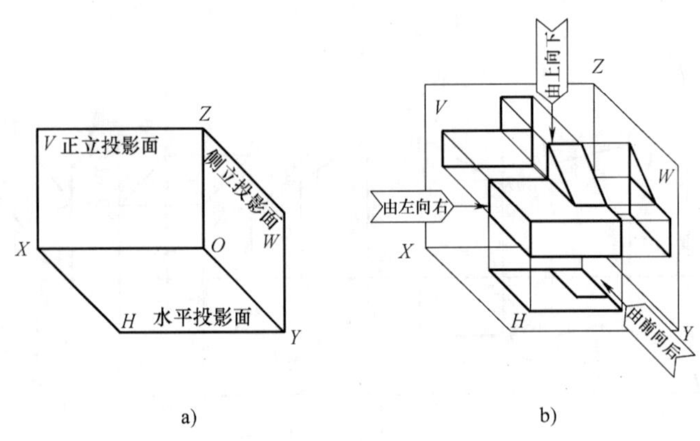

图 1-1-9　三投影体系

a）三投影面　b）三面投影

2. 三个投影面的展开

由于三个投影面是相互垂直的，因此三个投影图也就不在一个平面上，为了能在一张图纸上反映出这三个投影图，需将三个投影面按一定规则展平到同一平面上。

展开规则：如图 1-1-10a 所示，*V* 面不动，*H* 面绕 *OX* 轴向下转动 90°，*W* 面绕 *OZ* 轴向右转动 90°，此时 *OY* 轴分成了两条：一条随 *H* 面旋转到 *OZ* 轴的正下方，与 *OZ* 轴在同一条直线上，用 Y_H 表示；一条随 *W* 面旋转到 *OX* 轴的正右方，与 *OX* 轴在同一条直线上，用 Y_W 表示，如图 1-1-10b 所示。

H、*V*、*W* 面的位置是固定的，投影面的大小与投影图无关。在实际绘图时，不必画出投影面的边框，也不必注写 *H*、*V*、*W* 字样，投影轴 *OX*、*OY*、*OZ* 也不必画出，如图 1-1-11 所示。

3. 三面正投影图的特性

在物体的三面投影图中存在下述投影关系，如图 1-1-11 所示：

（1）正面投影图和水平投影图在 *OX* 轴都反映物体的长度，他们的位置左右对正，即长对正。

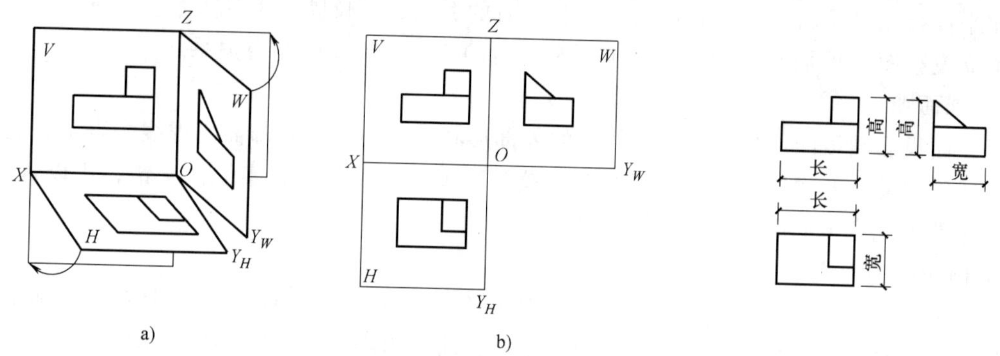

图 1-1-10　三面投影体系的展开

a）投影面展开　b）投影面展开后

图 1-1-11　无轴三面投影图

（2）正面投影图和侧面投影在 Z 轴方向都反映物体的高度，他们的位置上下对齐，即高平齐。

（3）水平投影图和侧面投影图在 Y 轴方向都反映物体的宽度，这两个宽度一定相等，即宽相等。

我们把这一投影规律称为正投影的“三等”关系，即“长对正，高平齐，宽相等”。这一投影关系是三面投影之间的重要特性，也是画图和识图时必须要遵守的投影规律。这种投影关系无论是对整个物体，还是对形体的每个组成部分都成立，在运用这一投影规律时，要特别注意物体水平投影与侧面投影的前后对应关系。

用三面正投影表示一个物体是各种工程图一般采用的表现方法。但是物体的形状是多样的，有些形状复杂的物体，往往需要更多的图来表示，有些形状简单的物体用两个或一个图也能表示清楚。因此，制图或识图时一般都应当把三个投影图综合对照，当作一个整体来看才能完整、准确地弄清一个形体。

4. 三面投影图的方位

立体的物体都有上、下、前、后、左、右六个方位的形状和大小变化，每个投影图皆可以反映其中的四个方位，如图 1-1-12 所示。

正立投影图（V 面）反映物体的左右和上下的关系，不反映前后的关系。

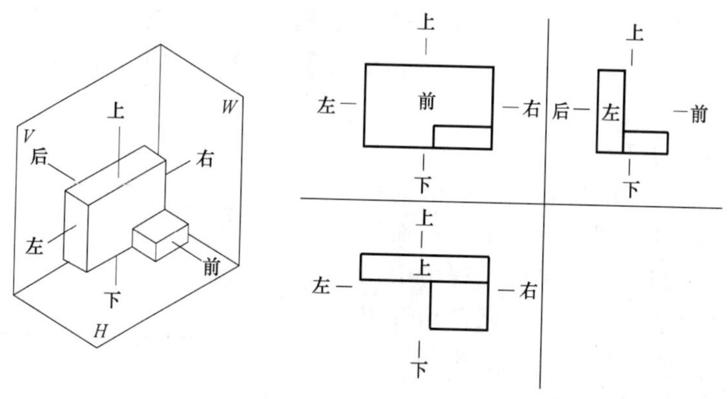

图 1-1-12　三面投影图的方位

水平投影图（*H* 面）反映物体的前后和左右的关系，不反映上下的关系。

侧立投影图（*W* 面）反映物体的上下和前后的关系，不反映左右关系。

1.3.6　剖面图

用三面投影图虽能清楚地表达出物体的外部形状，但内部形状却需用虚线来表示，对于内部形状比较复杂的物体，就会在图上出现较多的虚线，并且虚、实纵横交错，难以认读。为此，标准中规定用剖面图表达物体的内形。

1. 剖面图的形成

假想用一个剖切平面将物体切开，移去观察者与剖切平面之间的部分，将剩下的那部分物体向投影面投影，所得到的投影图叫做剖面图，简称为剖面。如图 1-1-13 所示。

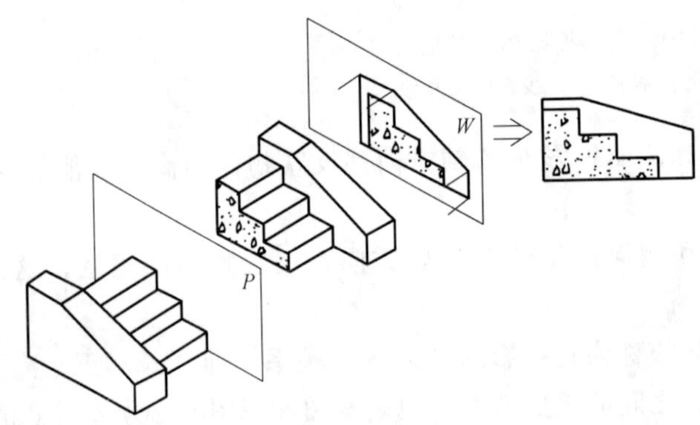

图 1-1-13　剖面图的形成

作剖面图时应注意以下几点：

（1）剖切只是一种为表达物体内部结构而假想剖开的图示方法，并不是真正把物体切开后，移走一部分。因此，在画同一物体的一组视图时，不论需要从几个方向做多少次剖切进行表达，对每个视图都应仍按完整形体考虑。

（2）应尽量首先采用投影面的平行面作剖切平面，这样才有利于使画出的截面图形直接在基本视图位置上反映内部实形，同时也便于作图。

（3）在剖面图中一般不画虚线，只有当被省略的虚线所表达意义不能在其他视图中表示或造成看图困难时，才可画出。

（4）在画剖面图时，要特别注意画全处于剖切平面后边物体的投影，切不可疏忽漏画。

（5）为了区分物体的主要轮廓与剖切区域，规定剖切区域的轮廓用粗实线表示，并在剖切区域内画上表示材料类型的图例。剖切平面后面的物体的主要轮廓线用中实线表示，剖面图中一般不画虚线。

2. 剖面图的剖切符号

由于剖面图本身不能反映剖切平面的位置，就必须在其他投影图上标出剖切平面的位置、剖切形式及编号。在建筑工程图中用剖切符号表示剖切平面的位置及其剖切开以后的投影方向，如图 1-1-14 所示，剖切符号的具体表示方法如下：

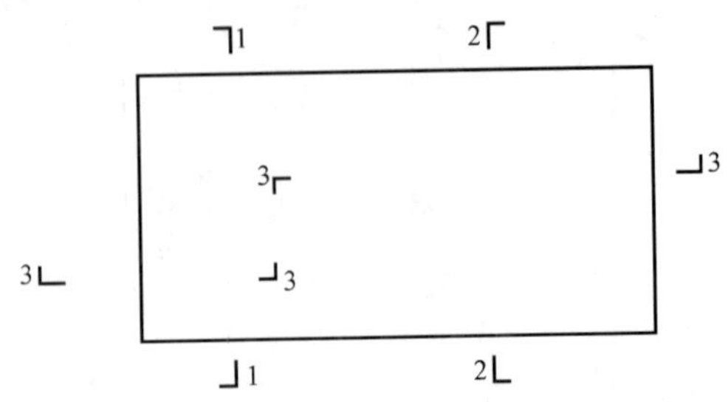

图 1-1-14　剖面图的剖切位置及表示方法

（1）剖切位置用“剖切位置线”表示，

它是长度为 6～10mm 的两段粗实线，绘制时不得与图线相交。

（2）投影方向用“剖视方向线”表示，它位于剖切位置线的两端，与剖切位置线垂直，是长度为 4～6mm 的粗实线。

剖切符号的编号一般用用阿拉伯数字，按顺序从左至右、由下至上连续编排，写在剖视方向线的端部，编号数字一律水平书写。剖面图画好后应在下面标注图名，图名中数字之间加一横线，如 1—1 剖面图、2—2 剖面图。

3. 剖面图的分类

由于物体内部形状变化较为复杂，常选用不同数量、位置的剖切平面来剖切物体，才能把它们内部的结构形状表达清楚。剖面图按剖切方式不同可分为全剖面图、半剖面图和局部剖面图。

（1）全剖面图：用一个剖切平面完全地剖开物体后所画出的剖面图称为全剖面图，它适用于外形结构简单而内部结构复杂的物体，如图 1-1-15 所示。

（2）半剖面图：当物体具有对称面时，且内外结构都比较复杂时，可以图形对称线为分界线，将物体一半画成剖面，以表达物体的内部形状，另一半画成视图，以表达物体的外形，这种由半个剖面和半个视图所组成的图形称为半剖面图。如图 1-1-16 所示。

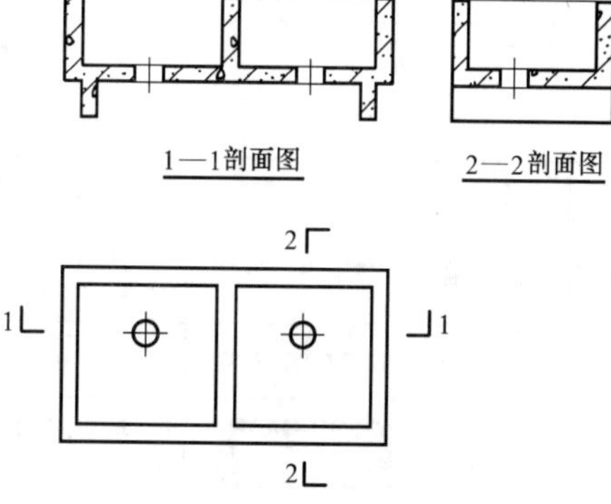

图 1-1-15　全剖面图

（3）局部剖面：用一个剖切平面局部地剖开物体，以显示物体该局部的内部形状，所画出的剖面图称为局部剖面图。如图 1-1-17 所示。

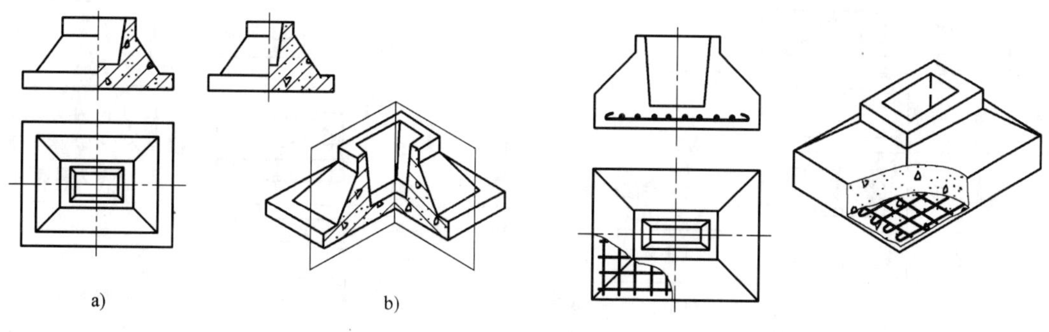

图 1-1-16　半剖面图

图 1-1-17　局部剖面图

1.3.7　断面图

1. 断面图的形成

假想用一个平行于某投影面的剖切平面剖开形体，仅将截得的图形向与之平行的投影面投射，所得到的图形称为断面图。截得的截面称为“断面”。形体被剖切后，断面反映出构件所采用的材料，因此，绘制断面图时，不仅要作出断面的形状，也要在截面上画出相应的材料符号。如图 1-1-18 所示（左图为剖面图，右图为断面图）。常用建筑材料图例见表 1-1-2。

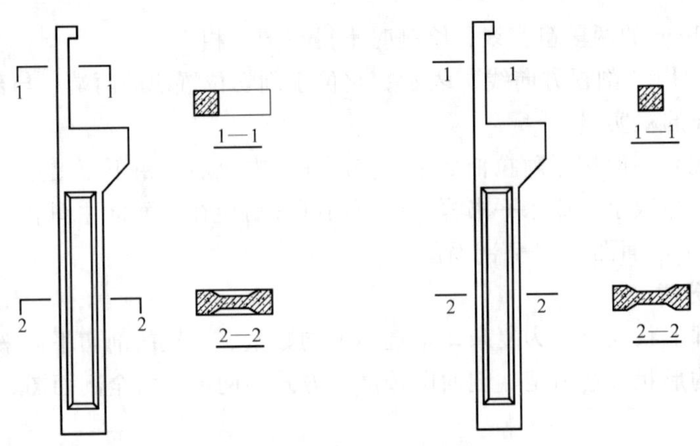

图 1-1-18　牛腿剖面图与断面图

表 1-1-2　常用建筑材料图例

序号	名称	图　例	说　明
1	自然土壤		包括各种自然土壤
2	夯实土壤		
3	砂、灰土		靠近轮廓线点较密的点
4	砂砾石碎砖三合土		
5	天然石材		包括岩层、砌体、铺地、贴面等材料
6	毛石		
7	普通砖		
8	耐火砖		包括耐酸砖等
9	空心砖		包括各种多孔砖
10	饰面砖		包括铺地砖、陶瓷锦砖、人造大理石等
11	混凝土		1. 本图例仅适用于能承重的混凝土及钢筋混凝土 2. 包括各种标号、滑料、添加剂的混凝土 3. 在剖面图上画出钢筋时不画图例线 4. 如断面较窄，不易画出图例线，可涂黑
12	钢筋混凝土		
13	焦渣矿渣		包括与水泥、石灰等混合而成的材料
14	多孔材料		包括水泥珍珠岩、沥青珍珠岩、泡沫混凝土、非承重加气混凝土、泡沫塑料、软木等
15	纤维材料		包括麻丝、玻璃棉、矿渣棉、木丝板、纤维板等
16	松散材料		包括石灰、木屑、稻壳等
17	木材		1. 上图为横断面，为垫木、木砖、木龙骨 2. 下图为纵断面
18	石膏板		
19	金属		1. 包括各种金属 2. 图形小时可涂黑
20	网状材料		1. 包括金属、塑料等网状材料 2. 注明材料
21	液体		注明名称
22	玻璃		包括平板玻璃、磨砂玻璃、夹丝玻璃、钢化玻璃等

（续）

序号	名称	图　例	说　明	序号	名称	图　例	说　明
23	橡胶	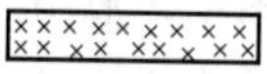		25	防水卷材		构造层次多和比例较大时采用上面图例
24	塑料	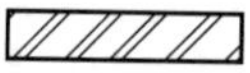	包括各种软、硬塑料、有机玻璃	26	粉刷	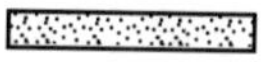	

2. 断面图的符号

断面图的剖切符号只有剖切位置线，没有剖视方向线，剖切位置线是一条长度为 6 ~ 10mm 的粗实线。断面图的编号一般用 1—1、2—2 等顺序表示，编号所在的位置表示投影的方向，编号写在投影方向一侧。

3. 断面图的分类

（1）移出断面图：画在视图外面的断面图称为移出断面图。移出断面图的轮廓线用粗实线绘制，并在断面图中根据所绘物体的材料画出规定的图例线。如图 1-1-18 所示断面图。

（2）重合断面图：画在视图之内的断面图称为重合断面图。重合断面图的轮廓线应区别于视图轮廓，一般用细实线绘制。如图 1-1-19 所示。

（3）中断断面图：将断面图画在杆件的中断处，称为中断断面图。如图 1-1-20 所示。中断断面图适用于外形简单细长的杆件，不需要标注。

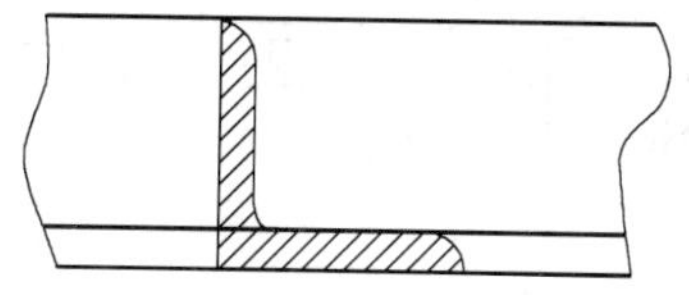

图 1-1-19　重合断面图

图 1-1-20　中断断面图

4. 剖面图与断面图的区别

（1）绘制内容不同：断面图只画出被切断处的截面形状，而剖面图则不仅要画出被切断处的截面形状，还要画出物体被剖切后所余下的物体投影。断面图本身只是一个平面（截面图形）的投影，而剖面图则是部分形体的投影，剖面图中包含有断面图。

（2）标注方法不同：断面图用剖切线（两段短粗线）表明剖切平面的位置，而剖切后的投影方向只是用剖面编号的注写位置予以表明；而剖面图的标注除了用编号注写外，还须在剖切位置线的两端部加上垂直短线，以表明投影方向。

1.4　制图标准

建筑图纸是建筑设计和施工中的重要技术资料，是交流技术思想的工程语言。为了使图纸统一规范，使图面整洁、清晰，符合施工要求和便于进行技术交流，国家对建筑工程图纸的内容、格式、画法、尺寸标准、图例和符号等颁布了 6 种国家标准，有《房屋建筑制图统一标准》（GB/T 50001—2001）、《总图制图标准》（GB/T 50103—2001）、《建筑制图标准》（GB/T 50105—2001），《暖通空调制图标准》（GB/T 50114—2001）、《给水排水制图标准》（GB/T 50106—2001），以下简称“国标”，是建筑业从业人员必须共同遵守和执行的准则和依据。

1.4.1 图纸幅面与格式

1. 图幅

图幅即图纸大小。为了便于图纸的装订、查阅和保存，满足图纸现代化管理要求，图纸的大小规格应力求统一。国标对图纸幅面大小制定了五种规格，见表 1-1-3。

表 1-1-3 图幅及图框尺寸 （单位：mm）

尺寸代号	幅面代号				
	A0	A1	A2	A3	A4
$b \times l$	841 × 1189	594 × 841	420 × 594	297 × 420	210 × 297
c	10			5	
a	25				

2. 格式

图纸的格式有横式和竖式两种，如图 1-1-21 所示，其中 A4 幅面常用立式。在每张图纸上应按规定画出图框、标题栏、对中标志、会签栏等。图纸的标题栏简称图标，位于图纸的右下角，用来填写图名、图号、设计人、制图人、审批人的签名和日期。需要会签的图纸，在图纸的左侧上方图框线外有会签栏。

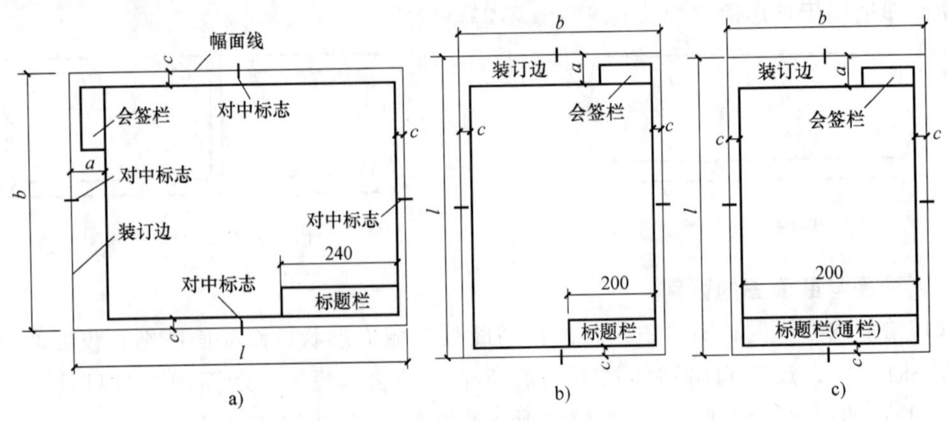

图 1-1-21 图纸幅面

a）A0-A3 横式幅面 b）A0-A3 立式幅面 c）A4 立式幅面

1.4.2 图线与字体

1. 图线

绘图要采用不同的线宽和不同的线型来表示图中不同的内容。国标中规定了常用的几种图线名称、线型、线宽和一般用途，见表 1-1-4。在画图时可根据图纸幅面的不同、图纸的复杂程度及比例不同，选择恰当的线宽组，见表 1-1-5。

表 1-1-4 图线的线型、宽度及用途

名称	线型	线宽	用途
粗实线	————	b	主要可见轮廓线
中实线	————	$0.5b$	可见轮廓线

（续）

名　　称	线　　型	线　　宽	用　　途
细实线		0.25b	可见轮廓线、图例线
中虚线		0.5b	不可见轮廓线
细虚线		0.25b	不可见轮廓线、图例线
粗单点长划线		b	见有关专业制图标准
细单点长划线		0.25b	中心线、对称线等
折断线		0.25b	不需画全的断开界线
波浪线		0.25b	不需画全的断开界线 构造层次的断开界线

注：地平线的线宽可用 1.4b。

表 1-1-5　线宽

线宽比	线宽组					
b	2.0	1.4	1.0	0.7	0.5	0.35
0.5b	1.0	0.7	0.5	0.35	0.35	0.18
0.25b	0.5	0.35	0.25	0.18	—	—

2. 字体

建筑工程图除图形外，还须注写尺寸数字、轴线编号和一些文字说明等。数字、字母与汉字的注写必须笔划清晰、字体端正、排列整齐，否则影响图纸质量，甚至造成工程事故。

工程图纸上的汉字一般采用长仿宋体。字体的号数（大小）按字体的高度分为 20mm、14mm、10mm、5mm 等几种，常用 10mm、7mm、5mm 三种。数字及字母可写成斜体或直体。斜体字的字头向右倾斜，与水平呈 75°角。如图 1-1-22 数字、字母示例。

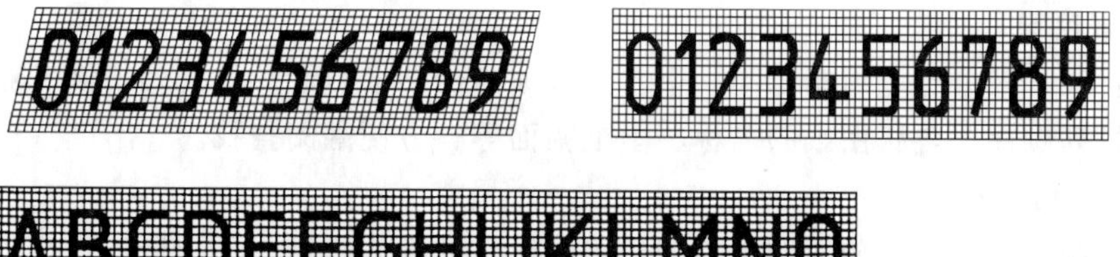

图 1-1-22　数字、字母示例

1.5　建筑施工图的内容

1.5.1　建筑工程设计的内容

一般建设项目要按两个阶段进行设计，即初步设计阶段和施工图设计阶段。对于技术要求复杂的项目，可在两个设计阶段之间，增加技术设计阶段，用来深入解决各工种之间的协调技术问题。

1. 初步设计阶段

设计人员接受任务后，首先根据业主要求和有关政策性文件、地质条件等进行初步设计，画出比较简单的初步设计图，简称方案图纸。它包括简略的平面、立面、剖面等图纸，文字说明及工程预算。有时还要向业主提供建筑效果图、建筑模型及电脑动画效果图，以便用直观地反映建筑的真实情况方案图报业主征求意见，并报规划、消防、卫生、交通、人防等部门批准。

2. 施工图设计阶段

在已经批准的方案图纸的基础上，综合建筑、结构、设备等工种之间的相互配合、协调和调整，从施工要求的角度对设计方案予以具体化，为施工企业提供完整的、正确的施工图和必要的有关计算的技术资料。

1.5.2 施工图的分类

房屋施工图由于专业分工不同，一般分为：建筑施工图，简称建施；结构施工图，简称结施；给水排水施工图，简称水施；采暖通风施工图，简称暖施；电气施工图，简称电施。有时也把水施、暖施、电施统称为设备施工图，简称设施。

一套完整的建筑工程施工图应按建施、结施、设施的专业顺序编排。各专业的图纸，应按图纸内容的主次关系、逻辑关系有序排列。

1.5.3 建筑施工图的内容

建筑施工图是主要表明建筑的内部布置、外部造型、细部构造、建造规模的图纸，是建筑施工放线、砌筑、安装门窗、室内外装修和编制施工概算及施工组织设计的主要依据。一般建筑施工图的内容包括图纸目录、建筑设计说明、总平面图、各层平面图、各立面图、剖面图及详图等。建筑施工图设计文件的深度，应满足设备材料采购、非标准设备制作和施工的需要。

1. 图纸目录

图纸目录一般分专业编制，同一个专业合编一份图纸目录，主要列出该专业所有图纸的总张数、排列顺序、各张图纸的名称、图纸幅面等，方便翻阅查找。

2. 建筑设计说明

设计说明是针对建筑施工图不易表达的内容，如设计依据、工程概述、构造做法、用料选择等，用文字加以说明。一般包括以下内容：

（1）本子项工程施工图设计的依据性文件、批文和相关规范。

（2）项目概况：内容一般应包括建筑名称、建设地点、建设单位、建筑面积，建筑基底面积、建筑工程等级、设计使用年限、建筑层数和建筑高度、防火设计、建筑分类和耐火等级，人防工程防护等级、屋面防水等级、地下室防水等级、抗震设防烈度等，以及能反映建筑规模的主要技术经济指标，如住宅的套型和套数（包括每套的建筑面积、使用面积，阳台建筑面积，房间的使用面积都可在图中注写）。旅馆的客房间数和床位数 、医院的门诊人次和住院部的床位数、车库的停车泊位数等。

（3）设计标高：主要说明本子项的相对标高与总图绝对标高的关系。

（4）用料说明和室内外装修：墙体、墙身防潮层、地下室防水、屋面、外墙面、勒脚、散水、台阶、坡道等的材料和做法，可用文字说明或部分文字说明，部分直接在图上引注或加注索引号；室内装修部分除用文字说明以外亦可用表格形式表达，在表上填写相应的做法或代号；较复杂或较高级的民用建筑应另行委托室内装修设计；凡属二次装修的部分，可不列装修做法表和进行室内施工图设计，但对原建筑设计、结构和设备设计有较大改动时，应征得原设计单位和设计人员的同意。

（5）对采用新技术、新材料的做法说明及对特殊建筑造型和必要的建筑构造的说明。

（6）门窗表及门窗性能（防火、隔声、防护、抗风压、保温、空气渗透、雨水渗透等）、用料、颜色，玻璃、五金件等的设计要求。

（7）幕墙工程（包括玻璃、金属、石材等）及特殊的屋面工程（包括金属、玻璃、膜结构等）的性能及制作要求，平面图、预埋件安装图等以及防火、安全、隔声构造。

（8）电梯（自动扶梯）选择及性能说明（功能、载重量、速度、停站数、提升高度等）。

（9）墙体及楼板预留孔洞需封堵时的封堵方式说明。

（10）其他需要说明的问题。

3. 总平面图

（1）总平面图的形成：总平面图是描绘新建房屋用地范围、形状及位置、周围环境状况（如原建筑、道路、地形等），用水平投影和配合使用一些图例代号所画出的图纸。

（2）总平面图用途：总平面图主要反映新建房屋的位置、平面形状、朝向、标高、道路等的占地面积及周边环境等，是新建房屋施工定位的依据。

（3）总平面图的图示内容：新建房屋的形状、名称、层数、室内外标高；新建房屋相对于原有建筑物或道路的定位尺寸（或用转角坐标表示）；原有建筑物、构筑物、道路边线或中心线、拆除建筑物的形状、名称、层数；新建筑物附近的地形（用等高线表示）和地物：如道路、铁路、绿化、水沟、河流、池塘、土坡等；道路宽度、转弯半径尺寸，道路、明沟的起点、变坡点、转折点、终点的标高、坡向、距离；风玫瑰图或指北针；管线布置；主要技术经济指标；补充图例、设计说明等。

4. 建筑平面图

（1）建筑平面图的形成：将房屋用一个假想的水平剖切平面沿门窗洞口剖切开，移去剖切平面及其以上部分，将余下的部分按正投影的原理投射在水平投影面上所得到的水平剖面图，称为建筑平面图，简称平面图。

（2）建筑平面图的用途：建筑平面图主要表示房屋的平面形状、内部布置及朝向。在施工过程中，它是放线、砌筑、安装门窗、室内装修及编制预算的重要依据，是施工图中的重要图纸。

（3）建筑平面图的数量及内容分工：一般来说，房屋有几层，就应画几个平面图，并应在图的下方注明该层的图名。

沿底层门窗洞口剖切得到的平面图称为底层平面图或一层平面图。它除表示该层的内部形状外，还应绘制室外的台阶（坡道）、花池、散水和雨水管的形状和位置，以及剖面的剖切符号，以便与剖面图对照查阅。底层平面图还应加注指北针，其他层平面图可以不必标出。

沿二层门窗洞口剖切得到的平面图称为二层平面图。在多层或高层建筑中，往往中间几层剖切开后的图形是一样的，这时只需要画一个平面图作为代表层，并将这一个作为代表层的平面图称为标准层平面图，同时二层或标准层平面图还需画出本层室外的雨篷、阳台等。

沿最上一层的门窗洞口剖切得到的平面图称为顶层平面图。图示内容与标准层平面图基本相同。

将房屋直接从上向下进行投影得到的平面图称为屋顶平面图。主要用来表达屋顶形式、排水方式以及其他设施的图纸。

（4）建筑平面图的图示内容

1）墙、柱及其定位轴线和轴线编号，内外门窗位置、编号及定位尺寸，门的开启方向，注明房间名称或编号。

2）外包总尺寸、轴线间尺寸、门窗洞口尺寸、分段尺寸。

3）墙身厚度（包括承重墙和非承重墙），柱与壁柱宽、深尺寸（必要时），及其与轴线关系尺寸。

4）变形缝位置、尺寸及做法索引。

5）主要建筑设备和固定家具的位置及相关做法索引，如卫生器具，雨水管、水池、台、橱、柜，隔断等。

6）电梯、自动扶梯及步道（注明规格）、楼梯（爬梯）位置和楼梯上下方向示意和编号索引。

7）主要结构和建筑构造部件的位置、尺寸和做法索引，如中庭、天窗、地沟、地坑、重要设备或设备机座的位置尺寸，各种平台，夹层、人孔、阳台、雨篷、台阶、坡道、散水、明沟等。

8）楼地面预留孔洞和通气管道、管线竖井、烟囱、垃圾道等位置、尺寸和做法索引，以及墙体（主要为填充墙，承重砌体墙）预留洞的位置、尺寸与标高或高度等。

9）车库的停车位和通行路线。

10）特殊工艺要求的土建配合尺寸。

11）室外地面标高、底层地面标高、各楼层标高、地下室各层标高。

12）剖切线位置及编号（一般只注在底层平面或需要剖切的平面位置）。

13）有关平面节点详图或详图索引号。

14）指北针（画在底层平面）。

15）每层建筑平面中防火分区面积和防火分区分隔位置示意（宜单独成图，如为一个防火分区，可不注防火分区面积）。

16）屋面平面应有女儿墙、檐口、天沟、坡度、坡向、雨水口、屋脊（分水线）、变形缝、楼梯间、水箱间、电梯间、天窗及挡风板、屋面上人孔，检修梯、室外消防楼梯及其他构筑物，必要的详图索引号、标高等；表述内容单一的屋面可缩小比例绘制。

17）根据工程性质及复杂程度，必要时可选择绘制局部放大平面图。

18）图纸名称、比例。

5. 建筑立面图

（1）建筑立面图的形成：建筑立面图是在与建筑立面平行的正立投影面上所作的正投影图，简称立面图。

（2）建筑立面图的用途：立面图主要用于表示建筑物的体形和外貌；表示立面各部分

配件的形状及相互关系；表示立面装饰要求及构造做法等。

(3) 建筑立面图的命名与数量：房屋有多个立面，为便于与平面图对照阅读，每一个立面图下都应标注立面图的名称。表示建筑物正立面特征的正投影图称为正立面图；表示建筑物背立面特征的正投影图称为背立面图；表示建筑物侧立面特征的正投影图称为侧立面图，侧立面图分为左侧立面图和右侧立面图。在建筑施工图中一般都有定位轴线，建筑立面图的名称可以直接根据两端定位轴线的编号来命名。对于无定位轴线的建筑也可按平面图各立面的朝向确定名称，如南立面图。立面图是建筑师表达立面效果的重要图纸，在施工中是外墙造型、墙面装修、工程概预算、备料等的依据。

(4) 建筑立面图的图示内容

1) 建筑物的外形，门窗、雨篷、阳台、雨水管等的形式、位置。

2) 外墙饰面分格、饰面材料及做法。

3) 各主要部位的标高，外墙的预留孔洞还应注出其定形和定位尺寸。立面标高表示各主要部位相对高度，如室内外地坪标高、各层楼面标高、檐口标高。立面尺寸标注一般三道尺寸线，其中最里面一道为门窗洞口的高度及楼地面的相对位置；中间一道为层高；最外面一道为建筑物总高度。

4) 建筑物两端的轴号；立面局部详图索引符号。

5) 图纸名称、比例。

6) 各个方向的立面应绘齐全，但差异小、左右对称的立面或部分不难推定的立面可简略；内部院落或看不到的局部立面，可在相关剖面图上表示，若剖面图未能表示完全时，则需单独绘出。

6. 建筑剖面图

(1) 建筑剖面图的形成：假想用一个正立投影面或侧立面投影面的平行面将房屋剖切开，移去剖切平面与观察者之间的部分，将剩下部分按正投影的原理投射到与剖切平面平行的投影面上，得到的图称为剖面图。

(2) 建筑剖面图的用途：剖面图主要表示房屋的内部结构、分层情况、各层高度、楼面和地面的构造以及各配件在垂直方向上的相互关系等内容。在施工中可作为分层、砌筑内墙、铺设楼板、屋面板和内装修等工作的依据，是与平面图、立面图相互配合的不可或缺的重要图纸之一。

(3) 建筑剖面图的剖切位置及数量：剖面图的数量根据建筑物的简繁而定，一般规模不大的工程中，房屋的剖面图通常只有一个。当规模较大或平面形状较复杂时，则要根据实际需要确定剖面图的数量，也可能是两个或几个。剖切时一般为横向剖切，必要时也可纵向剖切，剖切位置应选择通过建筑物内部结构较为复杂的部位，如楼梯间、门窗洞口、夹层等部位。

(4) 建筑剖面图的图示内容

1) 墙、柱，各层楼地面、楼梯、电梯井、坑沟、檐口、女儿墙、天窗、烟囱、门窗、阳台、雨篷、预留孔洞、室内地面、散水、排水沟等可见的构件。

2) 屋面排水坡、室外散水坡方向及坡度。

3) 尺寸标注：总共三道高度尺寸：最外尺寸标注建筑物总高度，中间一道尺寸标注各楼层高度，最内一道尺寸标注门窗洞高度。

4）标高：各楼层地面、屋面、楼梯平台、女儿墙等处的标高。

5）详图索引符号。

6）各部位的构造、用料说明。

7）建筑物两端及其他重要墙、柱的轴号。

8）图纸名称、比例。

7. 建筑详图

由于建筑平、立、剖面图一般采用较小比例绘制，许多细部构造、尺寸、材料和做法等内容很难表达清楚。为了满足施工需要，常把这些局部构造用较大比例绘制成详细的图纸，这种图纸称为建筑详图，有时也称为大样图或节点图。详图的比例常用1:1、1:2、1:5、1:10、1:20、1:50几种。

建筑详图可以是平、立、剖面图中某一局部的放大图，也可以是某一局部的放大剖面图。对于某些建筑构造或构件的通用做法，可采用国家或地方制定的标准图集（册）或通用图集（册）中的图纸，一般在图中通过索引符号注明，不必另画详图。建筑详图常有以下几种情况：

（1）内外墙节点、楼梯，电梯、厨房、卫生间等局部平面放大和构造详图。

（2）室内外装饰方面的构造、线脚、图案等。

（3）特殊的或非标准门、窗、幕墙等应有构造详图。如属另行委托设计加工者，要绘制立面分格图，对开启面积大小和开启方式，与主体结构的连接方式、预埋件、用料材质、颜色等做出规定。

（4）其他凡在平、立、剖面或文字说明中无法交待或交待不清的建筑构配件和建筑构造。

在剖切详图中形体被剖切后，断面反映出构件所采用的材料，因此，在剖切详图中，断面上应画出相应的材料符号。常用建筑材料图例见表1-1-2。

任务2　识读传达室建筑施工图

2.1　识读传达室一层平面图

2.1.1　看图名、比例

1. 比例

工程上绘图时常常要用到比例，比例是指图形尺寸与实物尺寸之比，如1:100是表示将实物尺寸缩小100倍绘制。比例应采用阿拉伯数字注写在图名的右侧，其字号应比图名小1号或2号。当整张图纸的图形都采用同一种比例绘制时，可将比例统一注写在图标内。国标中规定的绘制房屋建筑图的常用比例，见表1-2-1。

表1-2-1　建筑工程图常选用的比例

1:1、1:2、1:5、1:10、1:20、1:50、1:100、1:150、1:200、1:500、1:1000、1:2000、1:5000、1:10000、1:20000、1:50000、1:100000、1:200000

2. 传达室平面图中的图名和比例

图1-2-1中的（一层平面图 1:100）表示的就是平面图的图名和比例，图名为一层平面图，

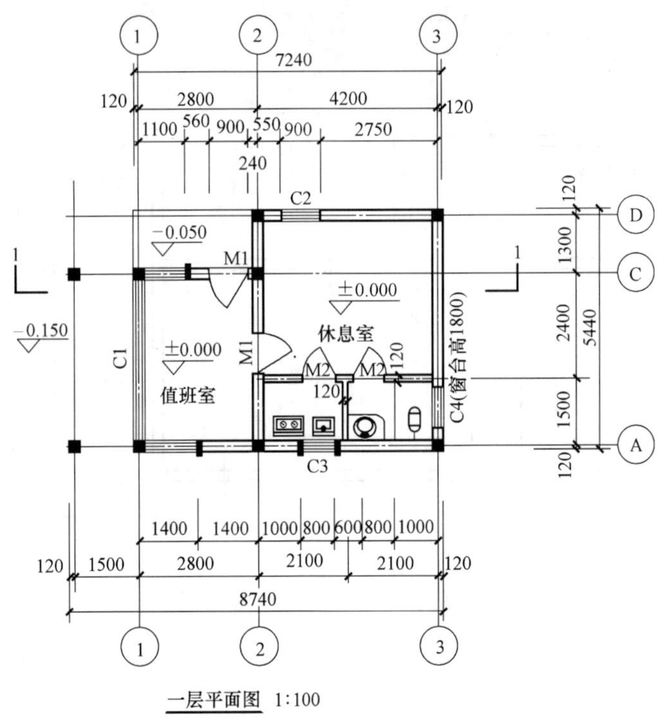

图 1-2-1　传达室一层平面图

比例为 1:100。建筑平面图的比例有 1:50、1:100、1:200，常用 1:100。

2.1.2　看定位轴线编号及其间距

1. 定位轴线

定位轴线是确定建筑结构构件平面布置及其标志尺寸的基准线，同时也是施工放线的依据。凡主要的墙和柱、大梁、屋架等承重构件，都应画上轴线并用该轴线编号来确定其位置。

定位轴线的编号应符合以下规定：

（1）定位轴线用细点画线绘制且应编号，编号应注写在定位轴线端部细实线的轴线圆内，其直径为 8～10mm，但通用详图的定位轴线可不编号。

（2）平面定位轴线应设横向定位轴线和纵向定位轴线，编号宜标注在图的下方与左侧（有时上、下、左、右均标注），如图 1-2-2 所示。横向定位轴线编号采用阿拉伯数字从左至右编写；纵向定位轴线编号采用大写拉丁字母（但 I、O、Z 除外，以免与数字混淆）由下至上顺序编写。两根轴线之间，如需附加轴线时，应用分数表示，分母表示前一轴线的编号，分子表示附加轴线的编号。

（3）当建筑规模较大，定位轴线也可以采用分区编号，如图 1-2-3。编号的注写方式应为：分区号-该区轴线号。

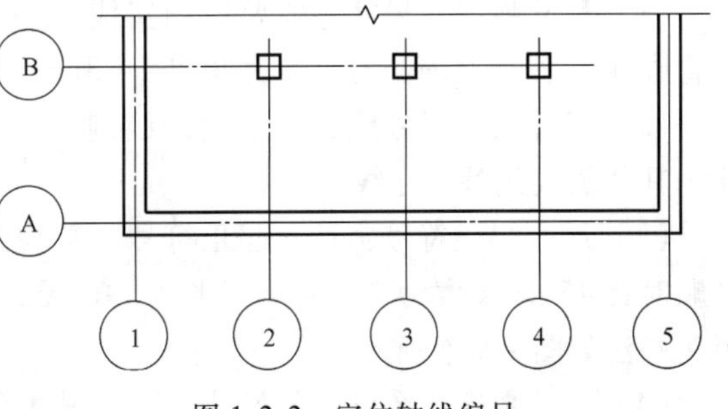

图 1-2-2　定位轴线编号

在建筑施工图中用轴线来确定房间的大小、走道的宽窄和墙的位置，凡是主要

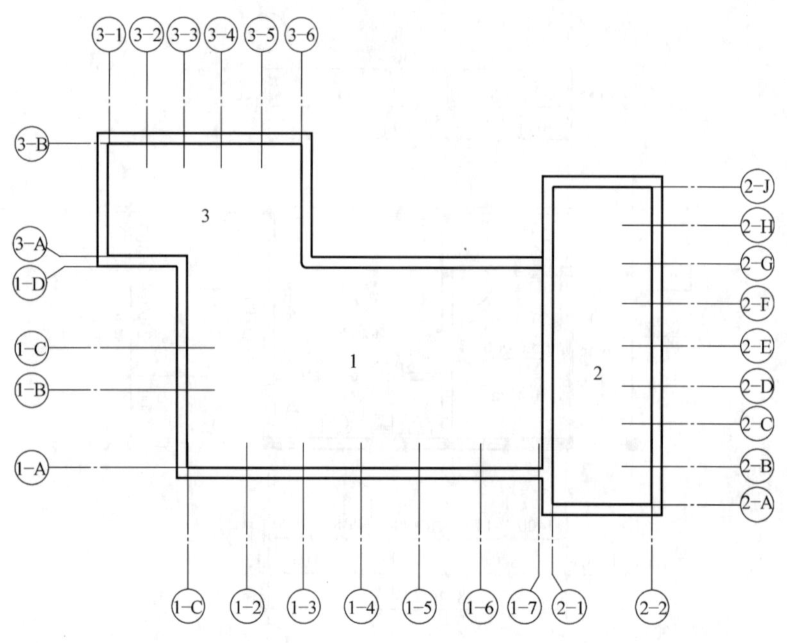

图 1-2-3 定位轴线分区编号

的墙、柱、梁的位置都要用轴线来定位。

2. 传达室建筑平面图中的定位轴线

图 1-2-4 为传达室建筑施工图的定位轴线，图 1-2-1 中的①、②、③符号表示的是横向编号，Ⓐ、Ⓒ、Ⓓ符号表示的是竖向编号。看定位轴线，我们可以清楚的读出传达室中的值班室和休息室的开间和进深尺寸，如值班室的开间为 2800mm，进深为 3900mm；同时可以看出墙体、柱子的位置。

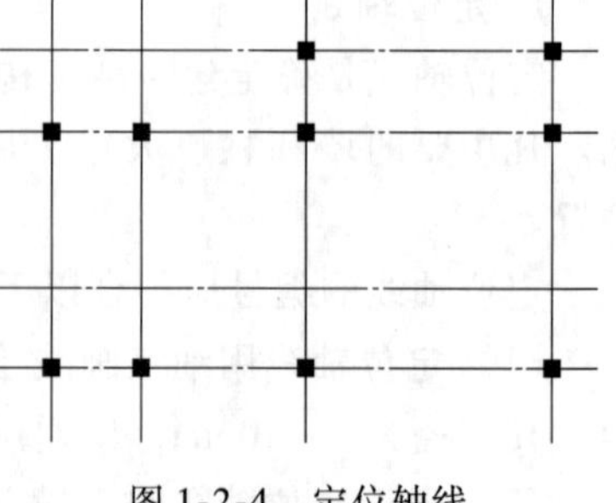
图 1-2-4 定位轴线

2.1.3 看平面图的各部分尺寸

1. 尺寸标注

图纸中的图形不论按何种比例绘制，尺寸仍需按物体的实际尺寸数字注写。尺寸数字是图纸的重要组成部分。必须按规定注写清楚，力求完整、合理、清晰，否则会给工程造成损失。

尺寸标注由尺寸界线、尺寸线、起止符号和数字四要素组成，如图 1-2-5 所示。

(1) 尺寸界线：尺寸界线要用细实线绘制，一般应与被注长度垂直，其一端应离开图线轮廓线不小于 2mm，另一端宜超出 2～3mm。必要时，图纸轮廓线可以用作尺寸界线。

(2) 尺寸线：尺寸线也用细实线绘制，应与被注长度平行，且不宜超出尺寸界线。不能用其他图线代替尺寸线。

(3) 尺寸起止符号：尺寸起止符号一般应用中粗斜线绘制，其倾斜方向应与尺寸界线呈顺时针 45°，长度为 2～3mm。半径、直径、角度与弧长的尺寸起止符号，用箭头表示。箭头画法如图 1-2-6 所示。

(4) 尺寸数字：图纸上的尺寸，应以尺寸数字为准，不得从图上直接量取。图纸上的尺

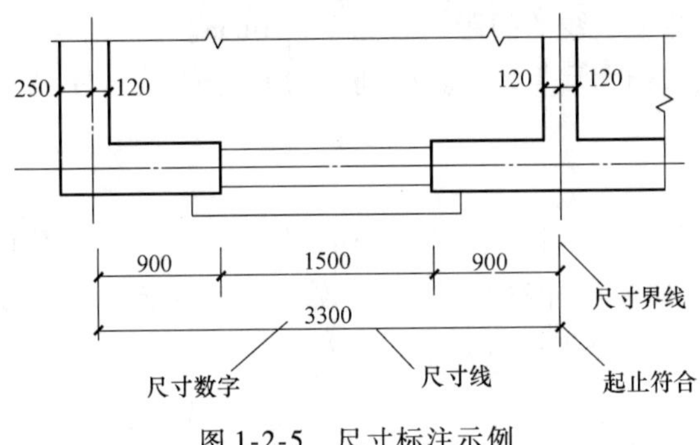

图 1-2-5　尺寸标注示例

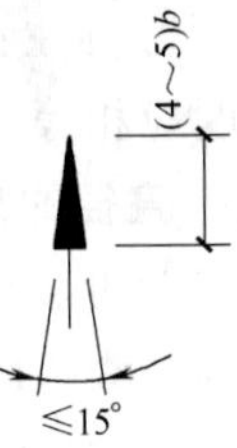

图 1-2-6　箭头画法

寸单位，除标高及总平面图以米（m）为单位外，其余均以毫米（mm）为单位，图中尺寸后面可以不写单位。

尺寸数字可注写在尺寸界线的外侧，中间相邻的尺寸数字可错开注写，如图 1-2-7 所示。尺寸数字不得被图线穿过，不可避免时，应将尺寸数字处的图线断开。

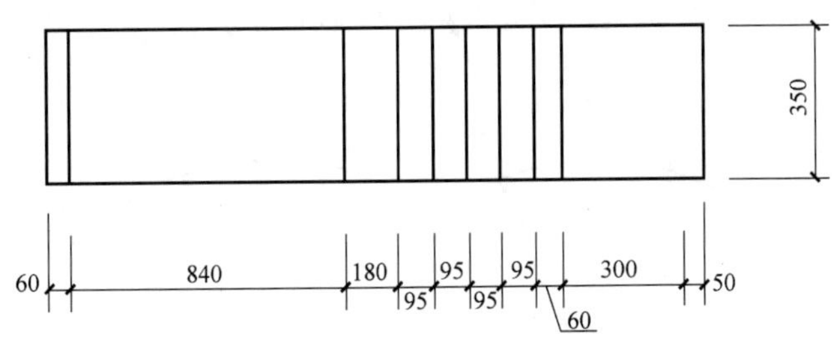

图 1-2-7　尺寸数字的注写位置

2. 尺寸数字的排列和布置

如图 1-2-8 所示，尺寸的排列和布置应注意以下几点：

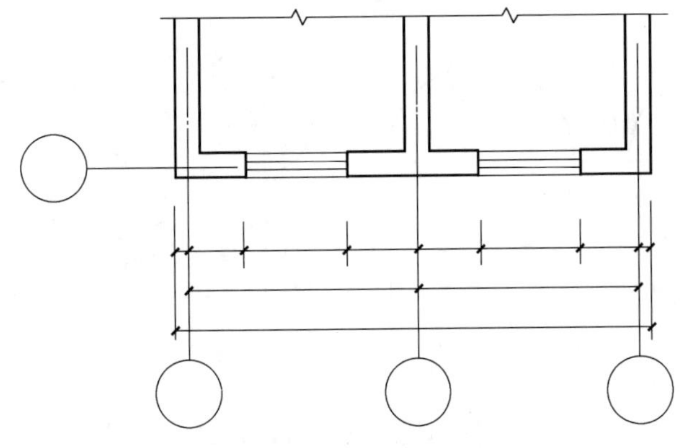
图 1-2-8　尺寸的排列与布置

（1）尺寸标注位置：尺寸应标注在图纸轮廓线以外，不宜与图线、文字及符号等相交。

（2）平行尺寸：互相平行的尺寸线，应从被注写的图纸轮廓线由近向远整齐排列，较小尺寸应离轮廓线较近，较大尺寸应离轮廓线较远。

（3）轮廓线以外尺寸：图纸轮廓线以外的尺寸界线，距图纸最外轮廓线之间的距离，不宜小于 10mm，并应保持一致。平行排列的尺寸线的间距，宜为 7 ~ 10mm。

（4）总尺寸标注：总尺寸的尺寸界线应靠近所指部位。中间的分尺寸的尺寸界线可稍短，但其长度应相等。

3. 半径、直径的尺寸标注

（1）半径尺寸：半圆及小于半圆的圆弧，要标注半径。半径的尺寸线应一端从圆心开始，另一端画箭头指向圆弧。半径数字前应加注半径符号“R”，较小圆弧的半径，可按图 1-2-9 形式标注；较大圆弧的半径，可按图 1-2-10 形式标注。

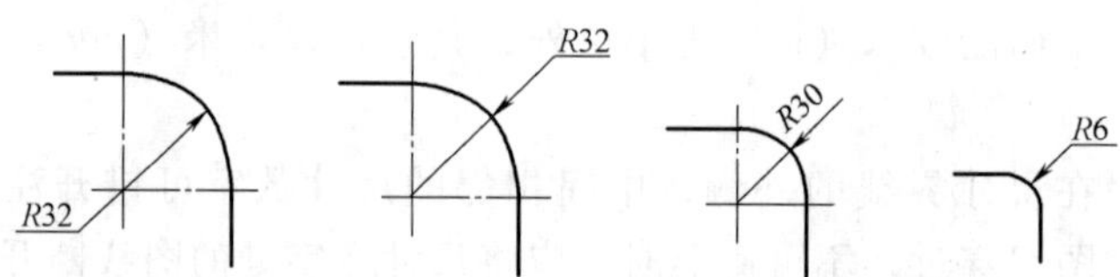

图 1-2-9　较小圆弧半径的标注方法

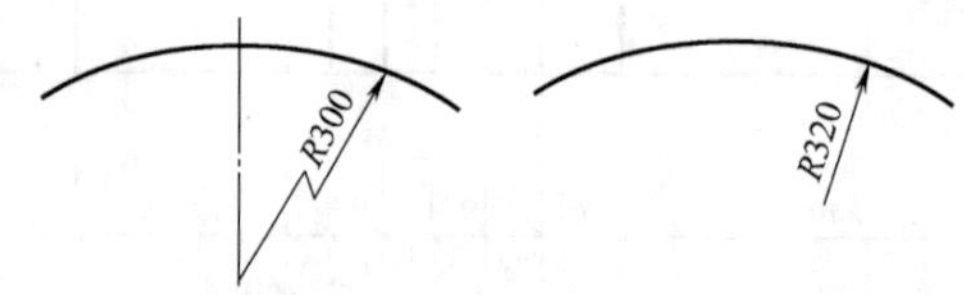

图 1-2-10　较大圆弧半径的标注方法

（2）直径尺寸：圆及大于半圆的圆弧，应标注直径尺寸。标注圆的直径尺寸时，在直径数字前应加注符号“ϕ”。在圆内标注的直径尺寸线应通过圆心，两端箭头指向圆弧，如图 1-2-11a。较小圆心的直径尺寸，可标注在圆外，如图 1-2-11b 所示。

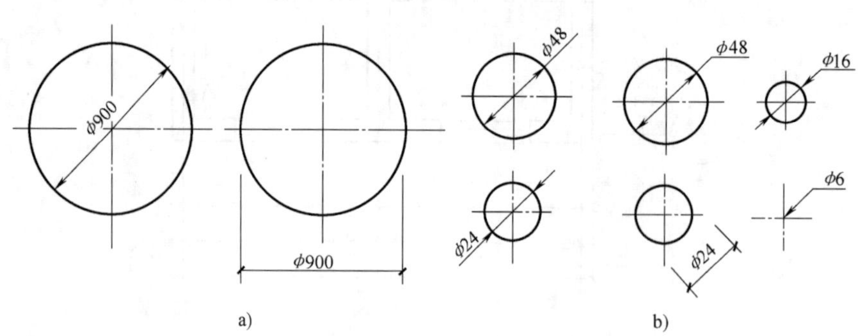

图 1-2-11　直径的标注方法

a）较大直径标注方法　b）较小直径标注方法

4. 坡度、角度的尺寸标注

（1）坡度尺寸：标注坡度时，在坡度数字下应加注坡度符号。坡度符号为单面箭头，一般应指向下坡方向，如图 1-2-12a 所示。

坡度也可用直角三角形标注，如图 1-2-12b 所示。

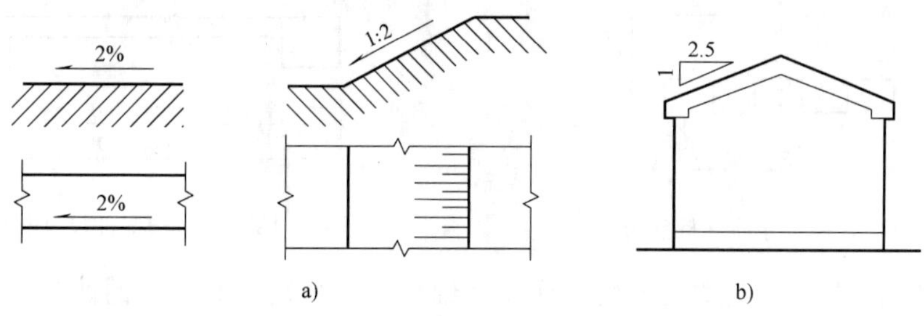

图 1-2-12　坡度的标注方法

a）坡度标注　b）坡度直角三角形标注

（2）角度尺寸：角度的尺寸线应以圆弧表示。该圆弧的圆心应是该角的顶点，角的两条边为尺寸界线。角度的起止符号应以箭头表示，如没有足够位置画箭头，可以用圆点代替，角度数字应按水平方向标注，如图 1-2-13 所示。

5. 弧长、弦长的尺寸标注

（1）弧长尺寸：标注圆弧的弧长时，尺寸线为与该圆弧同心的圆弧线，尺寸界线垂直于该圆弧的弦，起止符号用箭头表示。弧长数字上方应加圆弧符号“⌒”，如图 1-2-14 所示。

（2）弦长尺寸：标注圆弧的弦长时，尺寸线应平行于该弦的直线，尺寸界线垂直于该弦，起止符号用中粗斜短线表示，如图 1-2-15 所示。

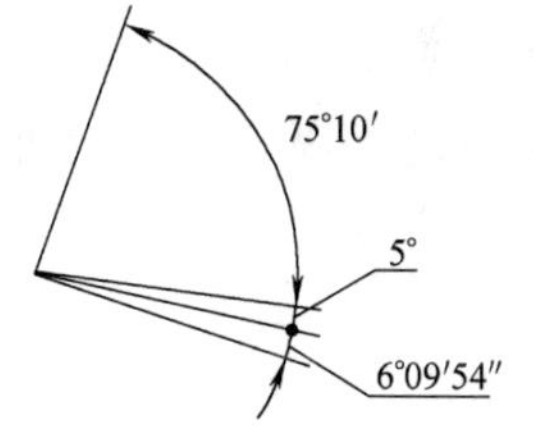

图 1-2-13　角度标注方法

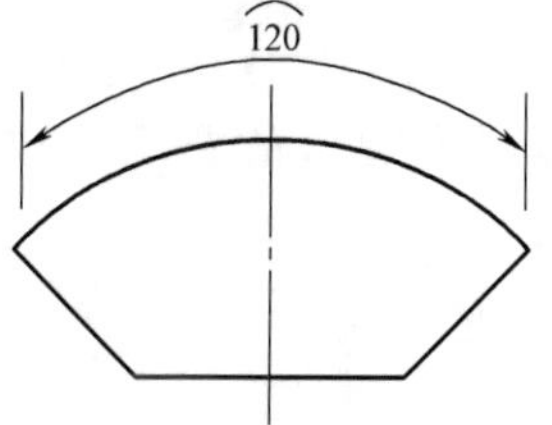

图 1-2-14　弧长标注方法

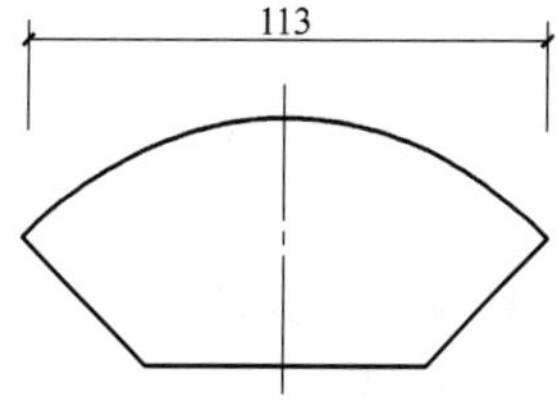

图 1-2-15　弦长标注方法

6. 尺寸的简化标注

（1）单线图尺寸：杆件或管线的长度，在单线图（如桁架简图、钢筋简图、管线图）上，可直接将杆件或管线长度的尺寸数字沿杆件或管线的一侧注写，如图 1-2-16 所示。

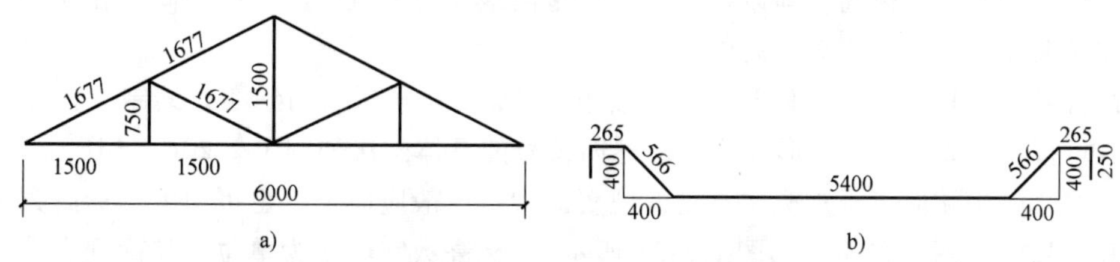

图 1-2-16　单线图尺寸标注方法

a）桁架单线图尺寸标注　b）钢筋单线图尺寸标注

（2）连续排列等长尺寸：连续排列的等长尺寸可以用“个数 × 等长 = 总长”的形式标注，如图 1-2-17 所示。

（3）相似构件尺寸：相似构件尺寸可采用如图 1-2-18 所示的形式标注。

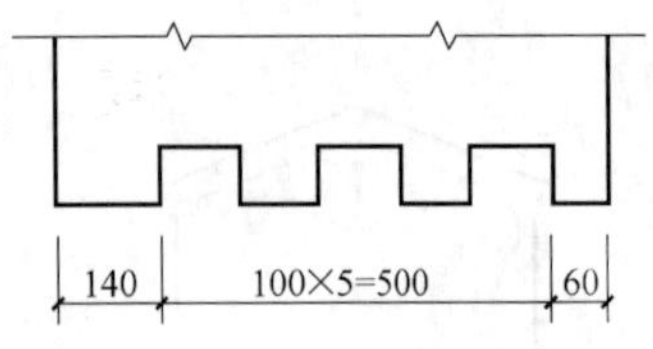

图 1-2-17　等长尺寸简化标注方法

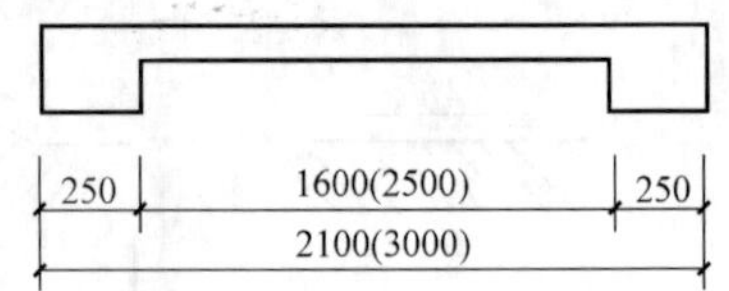

图 1-2-18　相似构配件尺寸标注方法

（4）对称构件标注：对称符号由对称线（细单点长画线）和两端的两对平行线（细实线，长度宜为 6～10mm，每对平行线的间距宜为 2～3mm）组成。对称线垂直平分两对平行线，两端超出平行线宜为 2～3mm。

对称构配件尺寸线略超过对称符号，只在另一端画尺寸起止符号，标注整体全尺寸，注写位置宜与对称符号对齐。如图 1-2-19 所示。

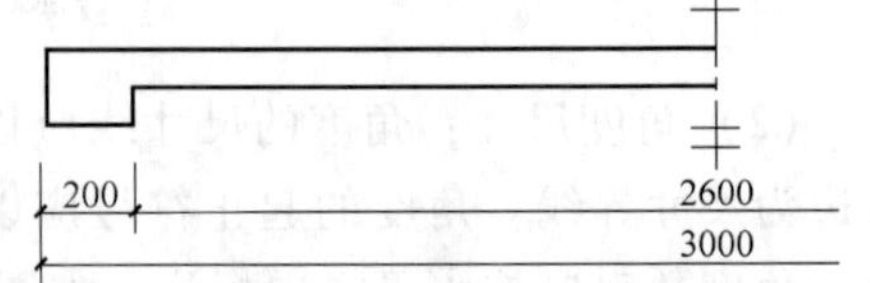

图 1-2-19　对称构配件尺寸标注方法

7. 传达室平面图中的尺寸

平面图的各部分尺寸包括房间的开间、进深的大小，门窗的平面位置及墙厚、柱的断面尺寸等。在建筑平面图中，尺寸标注比较多，一般分为外部尺寸和内部尺寸。

（1）外部尺寸：外部尺寸一般在图形的四周注写三道尺寸：第一道尺寸，表示外轮廓的总尺寸，图 1-2-1 所示 7240、8740、5440 就是第一道尺寸；第二道尺寸，表示轴线间的距离，即房间的开间与进深尺寸；第三道尺寸，表示各细部的位置和大小，如外墙门窗的宽度。

（2）内部尺寸：用来标注内部门窗洞口的宽度及位置、墙身厚度、固定设备大小和位置。

2.1.4　看楼地面标高

1. 标高

标高表示建筑物某一部位相对于基准面（标高的零点）的竖向高度，是竖向定位的依据。标高按基准面选取的不同分为绝对标高和相对标高。我国以青岛黄海海平面的平均高度为零点所测定的标高为绝对标高。在施工图中，各部位的高度都用标高来表示，如果都使用绝对标高，数字会很繁琐，且不易直接得出各部分的高程。因此，除总平面图外，施工图中所标注的标高均为相对标高，即以建筑物底层室内地面为零点所测定的标高。在建筑设计总说明中要说明相对标高与绝对标高的关系。

标高符号应以直角等腰三角形表示，按图 1-2-20a 所示形式用细实线绘制，如标注位置不够，也可按图 1-2-20b 所示形式绘制。标高符号的具体画法如图 1-2-20c、d 所示。

标高符号的尖端应指至被标注高度的位置。尖端一般应向下，也可向上。标高数字应注写在标高符号的左侧或右侧（如图 1-2-21 所示）。标高数字以米为单位，精确到小数点后第三位。零点标高应注写成 ±0.000，正数标高不注“+”，负数标高应注“-”，例如 3.000、-0.600。在图纸的同一位置需表示几个不同标高时，标高数字可按图 1-2-22 的形式注写。

2. 传达室平面图中的标高

图 1-2-1 中 ▽±0.000 表示的是室内的标高，▽-0.150 表示的是室外标高，由此可知，传达室的室内外高差为 0.15m。

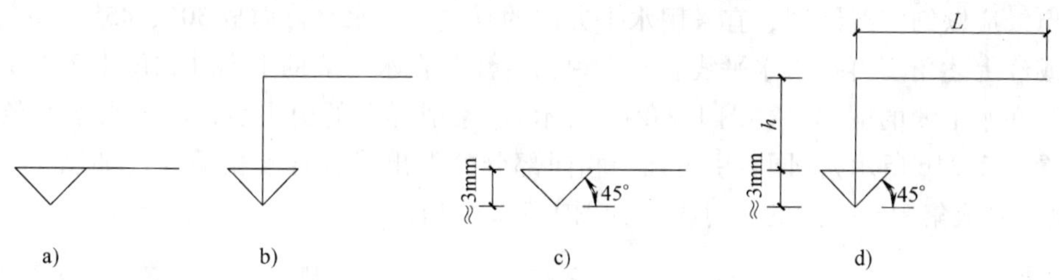

图 1-2-20 标高符号

注：L 应取适当长度注写标高数字；h 应根据需要取适当高度。

图 1-2-21 标高的指向图　　图 1-2-22 同一位置注写多个标高数字

2.1.5 看门窗的位置及编号

在建筑平面图中门采用代号 M 表示，窗采用代号 C 表示，如图 1-2-1 中 C1、C2、C3、C4、M1、M2 等。

2.1.6 看剖面的剖切符号和索引符号

1. 剖面图的剖切符号

由于剖面图本身不能反映剖切平面的位置，就必须在其他投影图上标出剖切平面的位置、剖切形式及编号。建筑剖面图的剖切位置和编号应当绘制在一层平面图中，其他平面图中不需再绘制建筑剖面图的剖切符号。如图 1-2-1 中图示：└─ ─┘。

2. 索引符号与引出线

图纸中的某一局部或构件，如需另见详图，应以索引符号索引（如图 1-2-23 所示）。索引符号是由直径为 10mm 的圆和水平直径组成，圆及水平直径均应以细实线绘制。索引符号应按下列规定编写：索引出的详图，如与被索引的详图同在一张图纸内，应在索引符号的上半圆中用阿拉伯数字注明该详图的编号，并在下半圆中间画一段水平细实线，如图1-2-23a、b 所示。索引出的详图，如与被索引的详图不在同一张图纸内，应在索引符号的上半圆中用阿拉伯数字注明该详图的编号，在索引符号的下半圆中用阿拉伯数字注明该详图所在图纸的编号，如图 1-2-23c、d 所示。数字较多时，可加文字标注。索引出的详图，如采用标准图，应在索引符号水平直径的延长线上加注该标准图册的编号，如图 1-2-23d 所示。索引符号如用于索引剖视详图，应在被剖切的部位绘制剖切位置线，并以引出线引出索引符号，引出线所在的一侧应为投射方向（如图 1-2-23a、b、c、d 所示）。

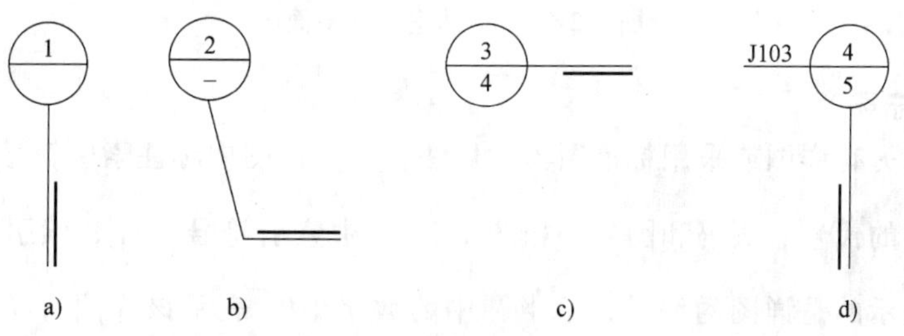

图 1-2-23 用于索引剖面详图的索引符号

引出线应以细实线绘制，宜采用水平方向的直线、与水平方向成30°、45°、60°、90°的直线，或经上述角度再折为水平线。文字说明宜注写在水平线的上方（如图1-2-24a所示），也可注写在水平线的端部（如图1-2-24b所示）。索引详图的引出线，应与水平直径线相连接（如图1-2-24c所示）。同时引出几个相同部分的引出线，宜互相平行（如图1-2-25a所示），也可画成集中于一点的放射线（如图1-2-25b所示）。

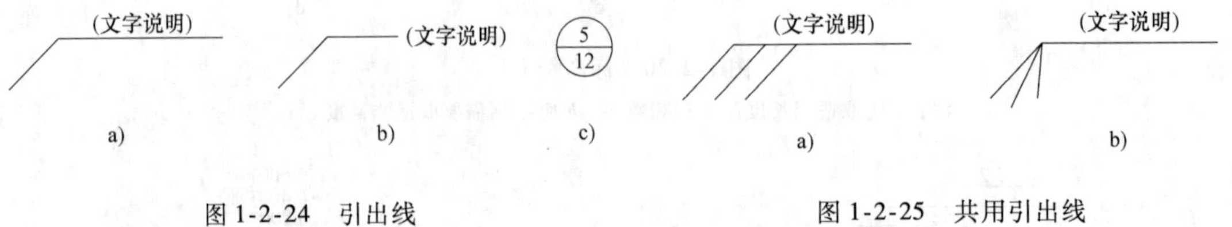

图1-2-24　引出线　　　　图1-2-25　共用引出线

2.2　识读传达室屋顶平面图

2.2.1　看屋面排水分区、排水方向、坡度、雨水口的位置

图1-2-26中的↓符号，表示排水方向；1%或2%表示排水坡度；图1-2-26中有多处地方标有符号○，表示雨水口。

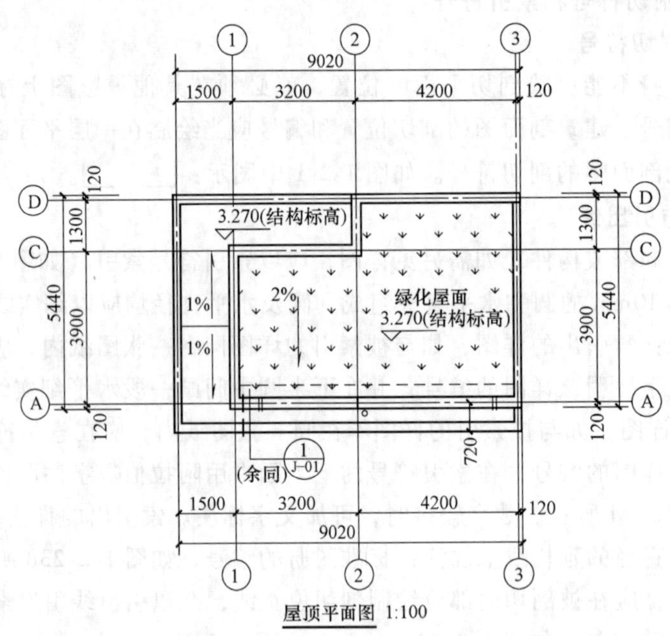

图1-2-26　传达室屋顶平面图

2.2.2　看索引符号

细部做法如另有详图或采用标准图集的做法，在平面图中标注索引符号，注明该部位所采用的标准图集的代号、页码和图号。如图1-2-26中索引符号(1/J-01)，索引符号上半圆中的阿拉伯数字1表示的是详图的编号，下半圆中的数字J-01表示该详图所在图纸的编号。图1-2-27中的索引符号表示，在J-01图纸中，1号图即为该部分的详图。

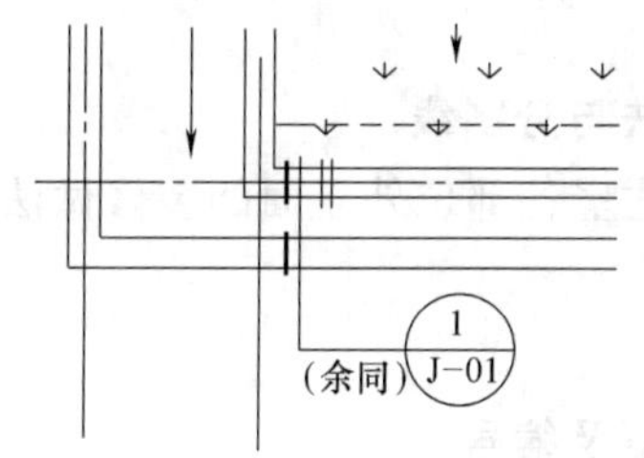

图 1-2-27 索引标注

2.3 识读传达室立面图

为便于立面图的识读，每一个立面图都应标注立面图的名称。立面图名称的标注方法为：对于有定位轴线的建筑物，宜根据两端的定位轴线号注写立面图的名称，如①~③轴立面图；对于无定位轴线的建筑可按平面图各立面的朝向确定名称，如南立面图。

以图 1-2-28 所示①~③轴立面图为例说明立面图的识读方法。

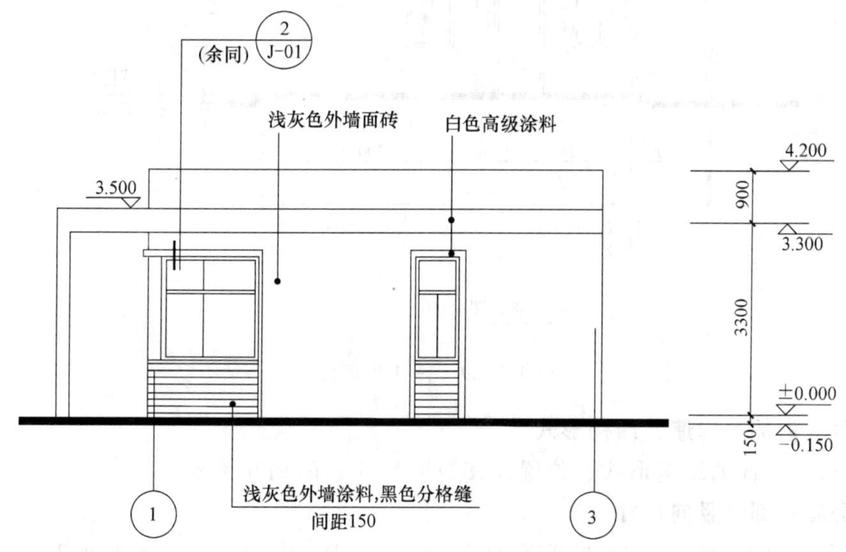

图 1-2-28 ①~③轴立面图

2.3.1 看图名、比例、轴线及其编号

了解立面图的观察方位，立面图的绘图比例、轴线编号与建筑平面图上应一致，并对照阅读。

2.3.2 房屋立面的外形、门窗等形状及位置

从图 1-2-28 可知该传达室的屋顶形式为平屋顶，立面的形状为矩形，同时可知门窗的形状和位置。

2.3.3 看立面图的标高尺寸

从图 1-2-28 中，可看出建筑总高度是 4.2m，并可了解各部位的标高，如室内外地坪、

雨篷、门窗等处的标高。

2.3.4 看房屋外墙面装修的做法与分割线

从图1-2-28中，可了解传达室各部位外立面的装修做法、材料、色彩等。

2.4 识读传达室剖面图

2.4.1 看图名、比例、剖切位置及编号

从图1-2-29中，可知该图的图名是1—1剖面图，比例为1:100，并应根据图名到传达室一层平面图（图1-2-1）中查找，确定剖切平面的位置及投影方向，从中了解该图所画的是传达室的哪一部分的投影。

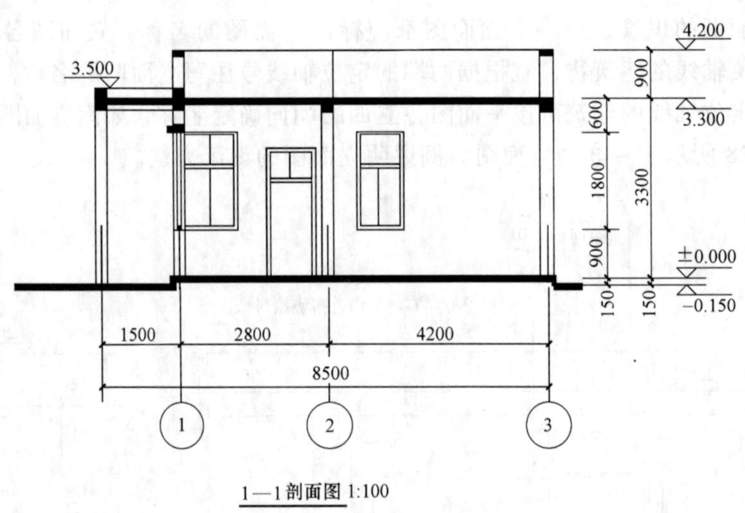

图1-2-29 1—1剖面图

2.4.2 看房屋内部的构造、结构形式

了解梁板、屋面的结构形式、位置及其与墙（柱）的相互关系。

2.4.3 看房屋各部分竖向尺寸

从图1-2-29中，可知室内外高差为0.15m，层高为3.3m，总高为4.2m，窗台高度0.9m，窗户的高度为1.8m，屋顶上女儿墙高0.9m。

任务3 绘制传达室建筑施工图

3.1 介绍天正建筑软件

3.1.1 软件安装

AutoCAD是由美国Autodesk公司于20世纪80年代初为微机上应用CAD技术而开发的绘图程序软件包，经过不断的完美，现已经成为国际上广为流行的绘图工具。

AutoCAD可以绘制任意二维和三维图形，并且同传统的手工绘图相比，用AutoCAD绘图速度更快、精度更高，它已经在航空航天、造船、建筑、机械、电子、化工、美工、轻纺等很多领域得到了广泛应用，并取得了丰硕的成果和巨大的经济效益。

天正建筑软件安装前，先安装 AutoCAD R14。鼠标双击文件 SETUP. EXE，输入序列号，选择安装目录，安装类型选择完全安装。

安装天正 3.0。鼠标双击文件 SETUP. EXE，按照提示进行。安装好后，lisp、Acad. pgp 文件覆盖原有文件，鼠标缩放文件拷贝到天正安装目录下。

3.1.2 基本绘图工具使用

1. 直线 (Line)

工具栏："Draw（绘制）"→

菜单栏："Draw（绘图）"→"直线（L）"

快捷键：L

绘制：例如：绘制一长度为 3300 的直线

Command：L

LINE From point：

To point：3300

To point：

技巧：(1) 绘制水平或垂直直线，打开 F8（正交快捷键）。

(2) 移动直线：选择直线后，拖动直线中间的夹点。

(3) 伸缩直线：选择直线后，点击后拖动直线两端的夹点。

参数：(1) 指定第一点：定义直线的第一点。如果以回车响应，则为连续绘制方式。该直线的第一点为上一个直线的端点。

(2) 指定下一点：定义直线的下一个端点。

2. 多线 (Mline)

工具栏："Draw（绘制）"→

菜单栏："Draw（绘图）"→"多线（M）"

快捷键：ML

绘制：例如：沿轴线绘制宽度为 240 的墙体。

Command：_mline

Justification = Top，Scale = 20.00，Style = STANDARD

Justification/Scale/STyle/ < From point >： s

Set Mline scale <20.00>： 240

Justification = Top，Scale = 240.00，Style = STANDARD

Justification/Scale/STyle/ < From point >： j

Top/Zero/Bottom < top >： z

Justification = Zero，Scale = 240.00，Style = STANDARD

Justification/Scale/STyle/ < From point >：

< To point >：

Undo/ < To point >：

参数：(1) 对正 (J)：设置基准对正位置，包括以下 3 种：

上 (T)——以多线的外侧线为基准绘制多线。

无 (Z)——以多线的中心线为基准，即 0 偏差位置绘制多线。

下 (B)——以多线的内侧为基准绘制多线。

(2) 比例 (S)：设定多线的比例，即两条多线之间的距离大小。

(3) 式样 (ST)：输入采用的多线式样名称，默认为 STANDRD。

技巧：(1) 选择轴线时可打开“对象扑捉”(快捷键 F8)，选择端点扑捉。

(2) 用多重平行线绘制的线条呈体块状，编辑前需分解开。

3. 多段线 (Pline)

工具栏：“Draw (绘制)”→

菜单栏：“Draw (绘图)”→“多段线 (P)”

快捷键：PL

绘制：例如：绘制一条线宽为 10 的直线

Command：_pline

From point：

Current line-width is 0.0000

Arc/Close/Halfwidth/Length/Undo/Width/ < Endpoint of line > ：w

Starting width <0.0000> ：10

Ending width <10.0000> ：

Arc/Close/Halfwidth/Length/Undo/Width/ < Endpoint of line > ：

Arc/Close/Halfwidth/Length/Undo/Width/ < Endpoint of line > ：

参数：圆弧：绘制圆弧多段线同时提示转换为绘制圆弧的系列参数。

端点——输入绘制圆弧的端点。

角度——输入绘制圆弧的角度。

圆心——输入绘制圆弧的圆心。

闭合——将多段线首尾相连封闭图形。

方向——确定圆弧方向。

半宽——输入多段线一半的宽度。

直线——转换成直线绘制方式。

半径——输入圆弧的半径。

第二点——输入决定圆弧的第二点。

放弃——输入最后绘制的圆弧。

宽度——输入多段线的宽度。

闭合：将多段线首尾相连封闭图形。

半宽：输入多段线一半的宽度。

长度：输入欲绘制的直线的长度，其方向与前一直线相同或与前一圆弧相切。

放弃：放弃最后绘制的一段多段线。

宽度：输入多段线的宽度。

4. 多边形（Polygon）

工具栏："Draw（绘制）"→

菜单栏："Draw（绘图）"→"多边形（Y）"

快捷键：POL

绘制：AutoCAD 系统提供了两种方式来绘制正多边形，即外接圆（Inscribed in circle）或内切圆（Circumscribed about circle）来确定。

例如：(1) 绘制一外接圆的 6 边形

Command：_polygon Number of sides <4>：6

Edge/ < Center of polygon >：

Inscribed in circle/Circumscribed about circle（I/C）<I>：i

Radius of circle：

Value must be positive and nonzero.

Radius of circle：

(2) 绘制一内切圆的 8 边形

Command：_polygon Number of sides <6>：8

Edge/ < Center of polygon >：

Inscribed in circle/Circumscribed about circle（I/C）<I>：c

Radius of circle：

参数：边的数目：输入正多边形的边数。最大为 1024，最小为 3。

中心点：指定绘制的正多边形的重点。

边（E）：采用输入其中一条边的方式产生正多边形。

内切于圆（I）：绘制的多边形内接于随后定义的圆。

外接于圆（C）：绘制的正多边形外切于随后定义的圆。

圆的半径：定义内接圆或外切圆的半径。

5. 矩形（Rectang）

工具栏："Draw（绘制）"→

菜单栏："Draw（绘图）"→"矩形（G）"

快捷键：REC

绘制：例如：绘制一长度为 100，宽度为 40 的矩形

Command：_rectang

Chamfer/Elevation/Fillet/Thickness/Width/ < First corner >：

Other corner：@ 100，40　　（@具有相对于的意思，100 为坐标的 x 轴的方向，40 为坐标的 y 轴方向）

参数：指定第一角点：定义矩形的一个顶点。

指定另一角点：定义矩形的另一个顶点。

倒角（C）：绘制带倒角的矩形。

第一倒角距离——定义第一倒角距离。

第二倒角距离——定义第二倒角距离。

圆角（F）：绘制带圆角的矩形。

矩形的圆角半径——定义圆角半径。

宽度（W）：定义矩形的线宽。

标高（E）：矩形的高度。

厚度（T）：矩形的厚度。

6. 圆弧（Arc）

工具栏："Draw（绘制）"→

菜单栏："Draw（绘图）"→"弧（A）"

快捷键：ARC

绘制：菜单栏中的"弧 A"内的绘制弧的方法有很多种，工具栏中的绘制指的是菜单栏中的第一种"三点 P"

例如：绘制一段弧

Command：A

ARC Center/ <Start point>：

Center/End/ <Second point>：C （这里有三种方法可绘制弧：以中心、末点、第二点来确定弧）

参数：三点：指定圆弧的起点、终点、以及圆弧上的任意一点。

起点：指定圆弧的起始点。

终点：指定圆弧的终止点。

圆心：指定圆弧的圆心。

方向：指定和圆弧起点相切的方向。

长度：指定圆弧的弦长。正值绘制小于180°的圆弧，负值绘制大于180°的圆弧。

角度：指定圆弧包含的角度。顺时针为负，逆时针为正。

半径：指定圆弧半径。按逆时针绘制正值绘制小于180°的圆弧，负值绘制大于180°的圆弧。

7. 圆（Circle）

工具栏："Draw（绘制）"→

菜单栏："Draw（绘图）"→"圆（C）"

快捷键：CR

绘制：菜单栏中的"圆 C"内的绘制弧的方法有很多种，常见的绘制方法有以下两种。

例如：（1）绘制一半径为400的圆

Command：_circle 3P/2P/TTR/ <Center point>：Diameter/ <Radius> <400.0000>：r

Requires numeric radius, point on circumference, or "D".

Diameter/ <Radius> <400.0000>：400

（2）绘制一直径为800的圆

Command：_circle 3P/2P/TTR/ <Center point>：Diameter/ <Radius> <400.0000>：d

Diameter <800.0000>：800

参数：圆心：指定圆的圆心。

半径（R）：定义圆的半径大小。

直径（D）：定义圆的直径大小。

两点（2P）：指定的两点作为圆的一条直径上的两点。

三点（3P）：指定圆周上的三点定圆。

相切、相切、半径（TTR）：指定与绘制的圆相切的两个元素，再定义圆的半径。半径值必须不小于两元素之间的最短距离。

相切、相切、相切（TTT）：该方法属于三点（3P）中的特殊情况。指定和绘制的圆相切的三个元素。

8. 插入图块（Insert）

块是一个整体概念，一个块可以由多个对象构成，但却是作为一个整体来使用。用户可以将块看作是一个对象来进行操作，如“move”、“copy”、“erase”、“rotate”、“array”和“mirror”等命令。当然，如果有必要，也可以使用“explode”命令将块分解为相对独立的多个对象。

当用户创建一个块后，AutoCAD 将该块存储在图形数据库中，此后用户可根据需要多次插入同一个块，而不必重复绘制和储存，因此节省了大量的绘图时间。此外，插入块并不需要对块进行复制，而只是根据一定的位置、比例和旋转角度来引用，因此数据量要比直接绘图小得多，从而节省了计算机的存储空间。

另外在 AutoCAD 中还可以将块存储为一个独立的图形文件，也称为外部块。这样其他人就可以将这个文件作为块插入到自己的图形中，不必重新进行创建。因此可以通过这种方法建立图形符号库，供所有相关的设计人员使用。这既节约了时间和资源，又可保证符号的统一性、标准性。

工具栏：“Draw（绘制）”→

快捷键：I

用法；例如：用该命令插入一名称为“mytriangle”，如图 1-3-1。

Command：I

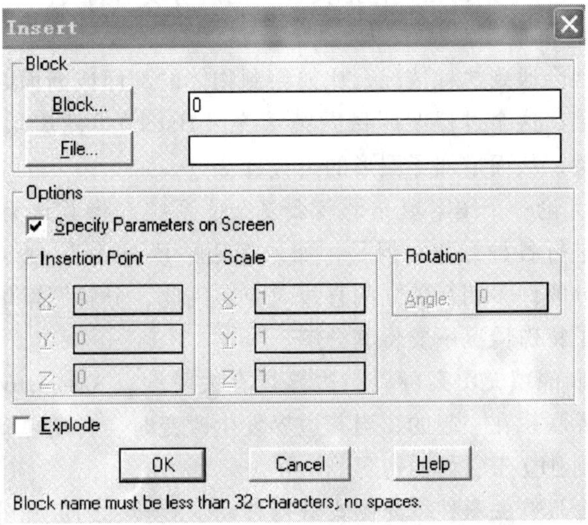

图 1-3-1 插入块

参数：(1)“Block”域用于选择要插入的图块或图形文件。

(2)“File”文本框中输入文件名或通过对话框选择文件名。

(3)“Options”域用来设置插入基点、比例系数和旋转角。

9. 创建块（Block）

工具栏：“Draw（绘制）”→

菜单栏：“Draw（绘图）”→“块（K）”→“创建”

快捷键：BL

用法例如：先绘制所需要的形体

Command：BL（输入 BL 快捷键后，弹出对话框，如图 1-3-2 所示）

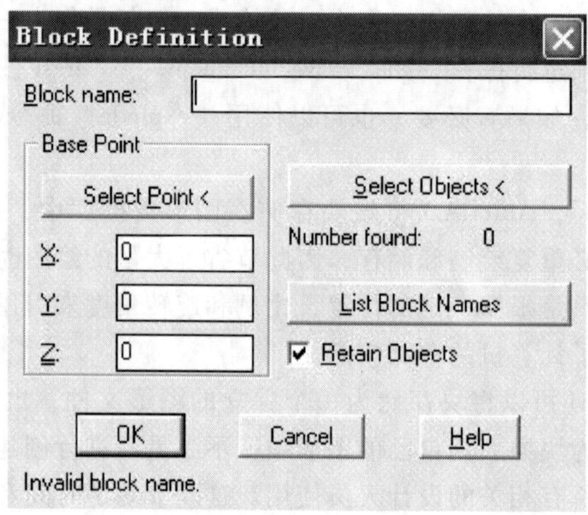

图 1-3-2　创建块

参数：(1)“Block name”编辑框内输入图块名称。

(2)“Base Point”选择要定义为块的插入基点。

(3)“Select Objects”选择物体。

(4)“List Block Name”列出当前图形文件中的所有块的列表。

10. 图案填充（Hatch）

在绘制图形时经常会遇到这种情况，比如绘制物体的剖面或断面时，需要使用某一种图案来充满某个指定区域，这个过程就叫做图案填充（Hatch）。图案填充经常用于在剖视图中表达对象的材料类型，从而增加了图形的可读性。

在 AutoCAD 中，无论一个图案填充是多么复杂，系统都将其认为是一个独立的图形对象，可作为一个整体进行各种操作。但是，如果使用“Explode”命令将其分解，则图案填充将按其图案的构成分解许多相互独立的直线对象。因此，分解图案填充将大大增加文件的数据量，建议用户除了特殊情况不要将其分解。

在 AutoCAD 中绘制的填充图案可以与边界具有关联性（Associative）。一个具有关联性的填充图案是和其边界联系在一起的，当其边界发生改变时会自动更新以适合新的边界；而非关联性的填充图案则独立于它们的边界。

注意：如果对一个具有关联性填充图案进行移动、旋转、缩放和分解等操作，该填充图案与原边界对象将不再具有关联性。如果对其进行复制或带有复制的镜像、阵列等操作，则该填充图案本身仍具有关联性，而其拷贝则不具有关联性。

工具栏："Draw（绘制）"→

菜单栏："Draw（绘图）"→"图案填充（H）"

快捷键：BH

用法：例如：在绘图区域的矩形框内填充普通砖材料图例

Command：BH（输入 BL 快捷键后，弹出对话框，如图 1-3-3 所示）

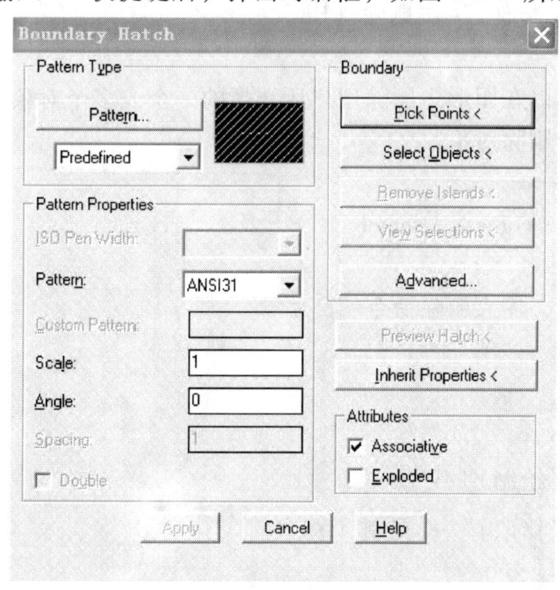

图 1-3-3　图案填充

常用参数：(1) "Pattern Type" 域内选择所需图案。

(2) "Pattern Properties" 域内调整 "Scale" 和 "Angle"。

(3) "Pick Points" 选择所需填充的封闭区域。

(4) "Advanced" 中可调整红色矩形框内的选项。

11. 多行文字（Mtext）

工具栏："Draw（绘制）"→A

菜单栏："Draw（绘图）"→"文字（X）"→"多行文字"

快捷键：MT

用法：在绘图区域内双击或拉一矩形框，即的多行文字编辑框，在黑色区域内填入文字。

常用参数：

(1) 选择文字后在红色区域内调整字体样式。在此域内，将右边的滑块拉到下方，选择字体样式。

(2) 选择文字后在蓝色区域内调整字体大小。在此域内，可输入数值，亦可选择数值。

(3) 选择文字后在绿色区域内调整字体颜色。在此域内，可选择默认的色彩，亦可在 "other…" 中选择。

(4) 选择文字后在紫色区域内调出：°、±、ϕ。

3.1.3 基本编辑工具使用

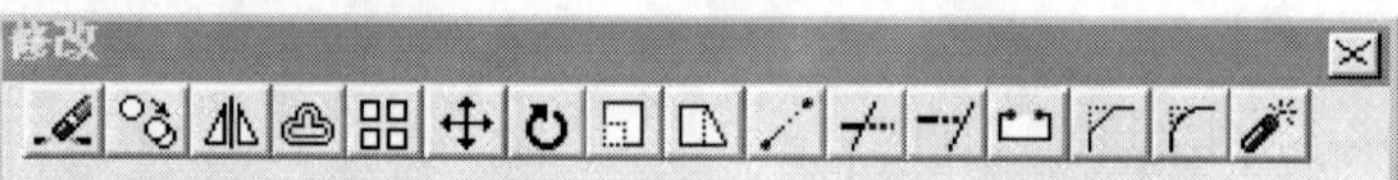

1. 删除（Erase）

工具栏：“modify（绘制）”→

菜单栏：“modify（修改）”→“删除（E）”

快捷键：E

用法：删除命令可以在图形中删除用户所选择的一个或多个对象。

方法一：输入命令删除对象

Command：_erase

Select objects：Other corner：1 found

Select objects：

方法二：选择对象，输入删除命令

Command：e

ERASE 3 found

2. 复制物体（Copy）

工具栏：“modify（绘制）”→

菜单栏：“modify（修改）”→“复制（Y）”

快捷键：C

用法：复制命令可以将用户所选择的一个或多个对象生成一个副本，并将该副本放置到其他位置。

单个物体复制：

Command：C

COPY

Select objects：1 found

Select objects：

<Base point or displacement>/Multiple：Second point of displacement：

多个物体复制：

Command：

COPY

Select objects：1 found

Select objects：

<Base point or displacement>/Multiple：M

Base point：Second point of displacement：Second point of displacement：Second point of displacement：

3. 镜像（Mirror）

工具栏：“modify（绘制）”→

菜单栏："modify（修改）"→"镜像（I）"

快捷键：C

用法：

Command：_mirror　（调用该命令后，系统首先提示用户选择进行镜像操作的对象）

Select objects：1 found　（然后系统提示用户指定两点来定义的镜像轴线）

Select objects：

First point of mirror line：　Second point：

Delete old objects？ <N>　（选择是否删除源对象）

技巧：如果在进行镜像操作的选择集中包括文字对象，则文字对象的镜像效果取决于系统变量 MIRRTEXT，如果该变量取值为 1（缺省值），则文字也镜像显示；而如果取值为 0，则镜像后的文字仍保持原方向。

4. 偏移（Offset）（图 1-3-4）

"offset" 命令可利用两种方式对选中对象进行偏移操作，从而创建新的对象：一种是按指定的距离进行偏移；另一种则是通过指定点来进行偏移。该命令常用于创建同心圆、平行线和平行曲线等。

工具栏："modify（绘制）"→

菜单栏："modify（修改）"→"偏移（S）"

快捷键：O

用法：（1）指定的距离进行偏移。

Command：

OFFSET

Offset distance or Through <100>：300

Select object to offset：

Side to offset？

Select object to offset：

（2）通过指定点来进行偏移。

Command：_offset

Offset distance or Through <Through>：t

Select object to offset：

Through point：

Select object to offset：

5. 阵列（Array）

工具栏："modify（绘制）"→

菜单栏："modify（修改）"→"阵列（A）"

快捷键：A

用法："array" 命令可利用两种方式对选中对象进行阵列操作，从而创建新的对象：一种是矩形阵列（Rectangular Array）；另一种是环形阵列（Polar Array）。

（1）矩形阵列：对一对象进行 3 列 5 行的阵列，其中 3 列间距 100，5 行间距 200。

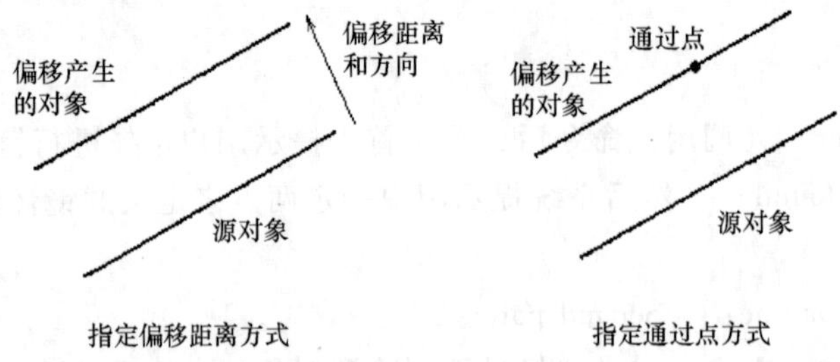

图 1-3-4　偏移操作方式的比较

Command：a

ARRAY

Select objects：Other corner：1 found

Select objects：

Rectangular or Polar array（<R>/P）：r

Number of rows（---）<1>：5

Number of columns（| | |）<1>：3

Unit cell or distance between rows（---）：200

Distance between columns（| | |）：100

（2）环形阵列：以某一点为基点 360°旋转 5 个对象。

Command：_array

Select objects：Other corner：1 found

Select objects：

Rectangular or Polar array（<R>/P）：p

Base/<Specify center point of array>：

Number of items：5

Angle to fill（+ =ccw，- =cw）<360>：360

Rotate objects as they are copied? <Y> y　　　（复制时是否旋转对象）

6. 移动（Move）

移动命令可以将用户所选择的一个或多个对象平移到其他位置，但不改变对象的方向和大小。

工具栏："modify（绘制）"→✥

菜单栏："modify（修改）"→"移动（V）"

快捷键：M

用法：

Command：_move

Select objects：1 found　　　（调用该命令后，系统将提示用户选择对象）

Select objects：

Base point or displacement：Second point of displacement：（要求用户指定一个基点（base point)，用户可通过键盘输入或鼠标选择来确定基点）这时用户有两种选择：

指定第二点：系统将根据基点到第二点之间的距离和方向来确定选中对象的移动距离和移动方向。在这种情况下，移动的效果只与两个点之间的相对位置有关，而与点的绝对坐标无。

直接回车：系统将基点的坐标值作为相对的 x、y、z 位移值。在这种情况下，基点的坐标确定了位移矢量（即原点到基点之间的距离和方向），因此，基点不能随意确定。

7. 旋转（Rotate）

旋转命令可以改变用户所选择的一个或多个对象的方向（位置）。用户可通过指定一个基点和一个相对或绝对的旋转角来对选择对象进行旋转。

工具栏："modify（绘制）"→

菜单栏："modify（修改）"→"移动（R）"

快捷键：R

用法：选择一基点，将某一对象顺时针旋转 30°

Command：_rotate

Select objects：Other corner：1 found

Select objects：　<Snap off>

Base point：'_ddosnap

Resuming ROTATE command.

Base point：

<Rotation angle>/Reference：－30　（这时有两种方式可供选择：一种直接指定旋转角度：即以当前的正角方向为基准，按用户指定的角度进行旋转。另一种选择"Reference（参照）"：选择该选项后，系统首先提示用户指定一个参照角，然后再指定以参照角为基准的新的角度。）

8. 比例（Scale）

比例命令可以改变用户所选择的一个或多个对象的大小，即在 x、y 和 z 方向等比例放大或缩小对象。

工具栏："modify（绘制）"→

菜单栏："modify（修改）"→"比例（L）"

快捷键：SC

用法：eg. 把某一对象放大 3 倍

Command：

SCALE

Select objects：Other corner：1 found

Select objects：

Base point：

<Scale factor>/Reference：3　（用户首先需要指定一个基点，即进行缩放时的中心点；然后指定比例因子，这时有两种方式可供选择：一种是直接指定比例因子：大于 1 的比例因子使对象放大，而介于 0 和 1 之间的比例因子将使对象缩小；一种是选择"Reference

(参照)”：选择该选项后，系统首先提示用户指定参照长度（缺省为1），然后再指定一个新的长度，并以新的长度与参照长度之比作为比例因子。)

9. 拉伸（Stretch）

使用拉伸命令时，必须用交叉多边形或交叉窗口的方式来选择对象。如果将对象全部选中，则该命令相当于“move”命令。如果选择了部分对象，则“stretch”命令只移动选择范围内的对象的端点，而其他端点保持不变。可用于“stretch”命令的对象包括圆弧、椭圆弧、直线、多段线线段、射线和样条曲线等。

工具栏：“modify（绘制）”→

菜单栏：“modify（修改）”→“拉伸（H）”

快捷键：S

用法：选择某一对象需拉伸的方向拉伸200

Command：s

STRETCH

Select objects to stretch by crossing-window or crossing-polygon...

Select objects：Other corner：1 found

Select objects：

Base point or displacement：

Second point of displacement：200

10. 拉长（Lengthen）（图1-3-5）

工具栏：“modify（绘制）”→

菜单栏：“modify（修改）”→“拉长（G）”

快捷键：S

用法：将一条直线往某端点方向拉长100

Command：_lengthen

DElta/Percent/Total/DYnamic/ < Select object > ：DE

(1)“DElta（增量）”：指定一个长度或角度的增量，并进一步提示用户选择对象：

Enter delta length or [Angle] <0.0000>：

Select an object to change or [Undo]：

如果用户指定的增量为正值，则对象从距离选择点最近的端点开始增加一个增量长度(角度)；而如果用户指定的增量为负值，则对象从距离选择点最近的端点开始缩短一个增量长度（角度）。

(2)“Percent（百分数）”：指定对象总长度或总角度的百分比来改变对象长度或角度，并进一步提示用户选择对象：

Enter percentage length <100.0000>：

Select an object to change or [Undo]：

如果用户指定的百分比大于100，则对象从距离选择点最近的端点开始延伸，延伸后的长度（角度）为原长度（角度）乘以指定的百分比；而如果用户指定的百分比小于100，则对象从距离选择点最近的端点开始修剪，修剪后的长度（角度）为原长度（角度）乘以指定的百分比。

(3) "Total (全部)": 指定对象修改后的总长度 (角度) 的绝对值，并进一步提示用户选择对象：

Specify total length or [Angle] <1.0000) >:

Select an object to change or [Undo]:

注意　用户指定的总长度 (角度) 值必须是非零正值，否则系统给出提示并要求用户重新指定：

Value must be positive and nonzero.

Specify total length or [Angle] <1.0000) >:

(4) "DYnamic (动态)": 指定该选项后，系统首先提示用户选择对象：

Select an object to change or [Undo]:

然后打开动态拖动模式，并可动态拖动距离选择点最近的端点，然后根据被拖动的端点的位置改变选定对象的长度 (角度)。

用户在使用以上四种方法进行修改时，均可连续选择一个或多个对象实现连续多次修改，并可随时选择 "Undo (放弃)" 选项来取消最后一次的修改。

Angle/ <Enter delta length (0) >: 100

<Select object to change >/Undo:

<Select object to change >/Undo:

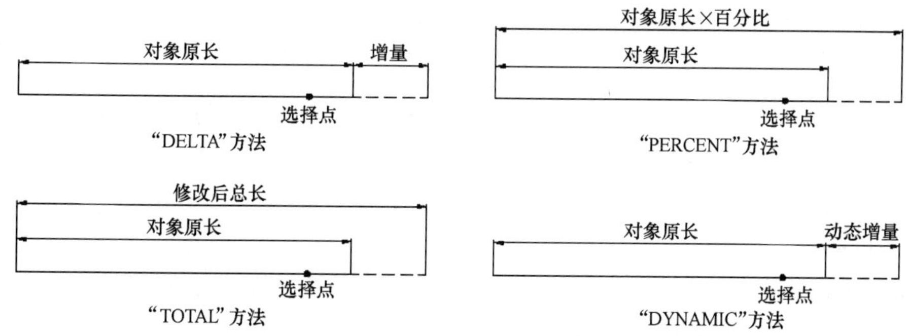

图 1-3-5　"lengthen" 命令的四种方法

11. 修剪 (Trim)

"trim" 命令用来修剪图形实体。该命令的用法很多，不仅可以修剪相交或不相交的二维对象，还可以修剪三维对象。

工具栏: "modify (绘制)"→ [icon]

菜单栏: "modify (修改)"→"修剪 (T)"

快捷键: T

用法: 例如: 将某一突出的直线修剪掉

Command: t

TRIM

Select cutting edges: (Projmode = UCS, Edgemode = No extend)　　(用户确定修剪边界)

Select objects: 1 found

Select objects:

< Select object to trim >/Project/Edge/Undo:

< Select object to trim >/Project/Edge/Undo:　　　　(此时，用户可选择如下操作：

(1) 直接用鼠标选择被修剪的对象。

(2) 按 Shift 键的同时来选择对象，这种情况下可作为"Extend（延伸）"命令使用。用户所确定的修剪边界即作为延伸的边界。

(3) "Project（投影）"选项：指定修剪对象时是否使用的投影模式。

(4) "Edge（边）"选项：指定修剪对象时是否使用延伸模式，系统提示如下：

Enter an implied edge extension mode [Extend/No extend] < No extend >:

其中"Extend"选项可以在修剪边界与被修剪对象不相交的情况下，假定修剪边界延伸至被修剪对象并进行修剪。而同样的情况下，使用"No Extend"模式则无法进行修剪。

(5) "Undo（放弃）"选项：放弃由"trim"命令所作的最近一次修改）

12. 延伸（Extend）

"extend"命令用来延伸图形实体。

工具栏："modify（绘制）"→

菜单栏："modify（修改）"→"延伸（D）"

快捷键：EX

用法：例如：将一条直线的一个端点延伸至另一条直线上

Command:

EXTEND

Select boundary edges:(Projmode = UCS, Edgemode = No extend)　　　　(系统显示"extend"命令的当前设置，并提示用户选择延伸边界）

Select objects: 1 found　　　　(用户确定延伸边）

Select objects:

< Select object to extend >/Project/Edge/Undo:　　　　(用户可选择如下操作：

(1) 直接用鼠标选择被延伸的对象。

(2) 按 Shift 键的同时来选择对象，这种情况下可作为"trim（修剪）"命令使用。用户所确定的延伸边界即作为修剪的边界）

< Select object to extend >/Project/Edge/Undo:

13. 倒角（Chamfer）（图 1-3-6）

"chamfer"命令用来创建倒角，即将两个非平行的对象，通过延伸或修剪使它们相交或利用斜线连接。用户可使用两种方法来创建倒角，一种是指定倒角两端的距离；另一种是指定一端的距离和倒角的角度。

工具栏："modify（绘制）"→

菜单栏："modify（修改）"→"倒角（C）"

快捷键：CC

用法：例如：将某两条垂直线条水平方向倒进 15，垂直方向倒进 10

首先先设置倒角参数：

Command：cc

CHAMFER

(TRIM mode) Current chamfer Dist1 = 1, Dist2 = 1

Polyline/Distance/Angle/Trim/Method/ < Select first line > : d （用户可选择如下选项：

(1) “Polyline（多段线）”：该选项用法同“fillet”命令。

(2) “Distance（距离）”：指定倒角两端的距离，系统提示如下：

Specify first chamfer distance <0.0000>:

Specify second chamfer distance <0.0000>:

(3) “Angle（角度）”：指定倒角一端的长度和角度，系统提示如下：

Specify chamfer length on the first line <0.0000>:

Specify chamfer angle from the first line <0>:

(4) “Trim（修剪）”：该选项用法同“fillet”命令。

(5) “Method（方法）”：该选项用于决定创建倒角的方法，即使用两个距离的方法或使用距离加角度方法）

Enter first chamfer distance <1>: 10

Enter second chamfer distance <10>: 15

然后选择所需要倒角的直线：

Command:

CHAMFER

(TRIM mode) Current chamfer Dist1 = 10, Dist2 = 15

Polyline/Distance/Angle/Trim/Method/ < Select first line > :

Select second line:

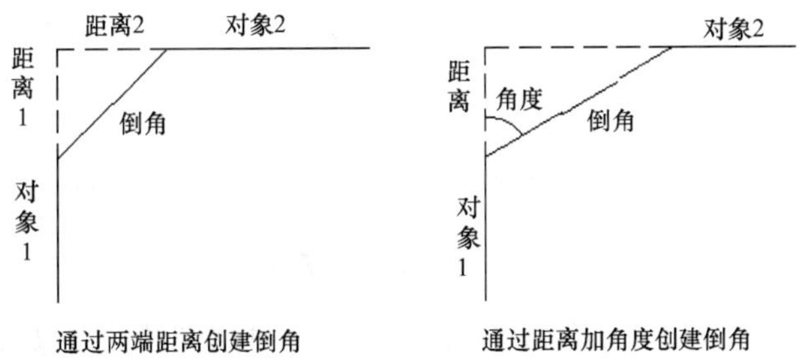

图 1-3-6　倒角的两种创建方法

14. 圆角（Fillet）（图 1-3-7）

“fillet”命令用来创建圆角，可以通过一个指定半径的圆弧来光滑地连接两个对象。可以进行圆角处理的对象包括直线、多段线的直线段、样条曲线、构造线、射线、圆、圆弧和椭圆等。其中，直线、构造线和射线在相互平行时也可进行圆角。

工具栏：“modify（绘制）”→

菜单栏：“modify（修改）”→“圆角（F）”

快捷键：F

用法：例如：将某两条垂直线条做半径为 100 的圆角

首先设置圆角参数：

Command：F

FILLET

（TRIM mode）Current fillet radius = 0

Polyline/Radius/Trim/< Select first object >：R （用户可选择如下选项：

（1）Polyline（多段线）"：选择该选项后，系统提示用户指定二维多段线，并在二维多段线中两条线段相交的每个顶点处插入圆角弧。

Select 2D polyline：

（2）"Radius（半径）"：指定圆角的半径，系统提示如下：

Specify fillet radius <0.0000>：

（3）"Trim（修剪）"：指定进行圆角操作时是否使用修剪模式，系统提示如下：

Enter Trim mode option [Trim/No trim] <Trim>：）

Enter fillet radius <0>：100

然后选择所需要圆角的直线：

Command：

FILLET

（TRIM mode）Current fillet radius = 100

Polyline/Radius/Trim/ <Select first object>：

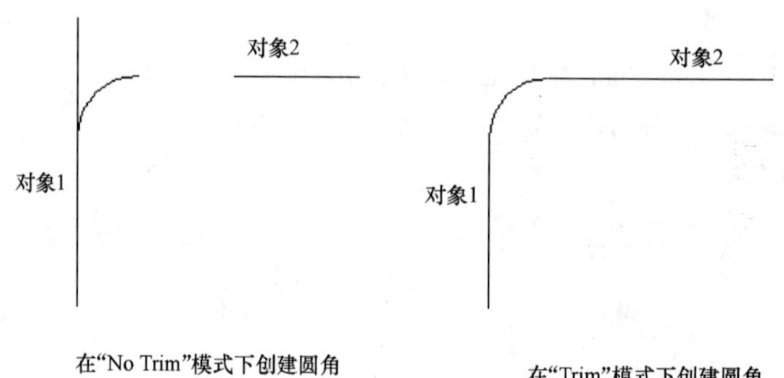

在"No Trim"模式下创建圆角　　在"Trim"模式下创建圆角

图 1-3-7　圆角命令的修剪模式

说明：使用"fillet"命令时必须先启动命令，后选择要编辑的对象；启动该命令时已选择的对象将自动取消选择状态。

注意：如果要进行圆角的两个对象都位于同一图层，那么圆角线将位于该图层。否则，圆角线将位于当前图层中。此规则同样适用于圆角颜色、线型和线宽。

15. 分解（Explode）

分解命令用于分解组合对象，组合对象即由多个 AutoCAD 基本对象组合而成的复杂对象，例如多段线、多线、标注、块、面域、多面网格、多边形网格、三维网格以及三维实体等等。

工具栏："modify（绘制）"→

菜单栏："modify（修改）"→"分解（ X）"

快捷键：X

用法：分解一个对象有两种方法，即：输入分解命令，选择对象；选择对象，输入分解命令

第一种：

Command：x

EXPLODE

Select objects：Other corner：1 found

Select objects：

第二种：

Command：x

EXPLODE 1 found

3.2 制定绘图计划

传达室建筑施工图绘制要求学生独立完成。学生个人在前面识读传达室建筑施工图的基础上，制定绘图计划，并填写绘图计划表（表 1-3-1）。

表 1-3-1 绘图计划表

学生姓名		学号	
工程名称			

序号	图样名称	进度安排
1		
2		
3		
4		
5		
6		

3.3 绘制传达室一层平面图

图 1-3-8 是本任务要绘制的传达室建筑三维模型。

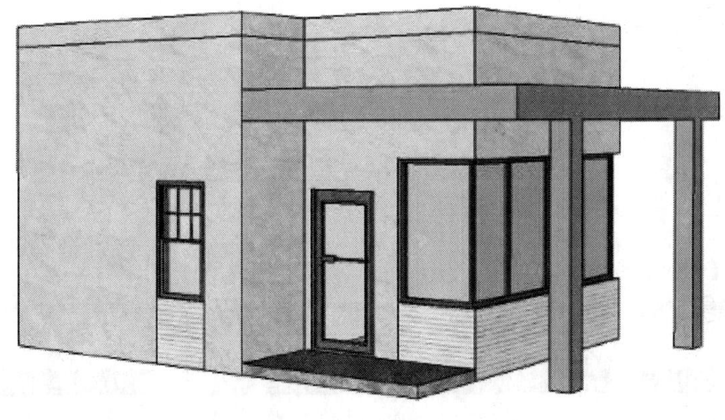

图 1-3-8 传达室三维模型

1. 绘制轴网

鼠标左键点击右边菜单平面-轴线-直线轴网，命令提示行提示“请选择/1-生成新数据/2-修改已有数据/<1>:”，回车或鼠标右键选择“1-生成新数据”，跳出轴网数据编辑对话框（图1-3-9），类型选择中默认下开间，数据编辑中尺寸输入1500，点击加入，接着依次在尺寸中输入2800、2100、2100，点击加入；类型选择中点击左进深，数据编辑中输入尺寸1500，点击加入，接着依次在尺寸中输入2400、1300，点击加入；点击OK。鼠标左键在绘图界面中点击一下，轴网绘制完成（图1-3-10）。利用图层属性，修改轴线线型为点划线。

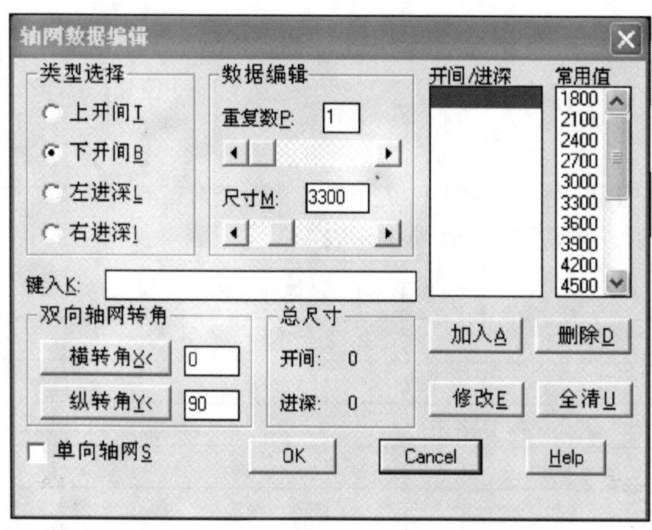

图1-3-9　轴网数据编辑对话框

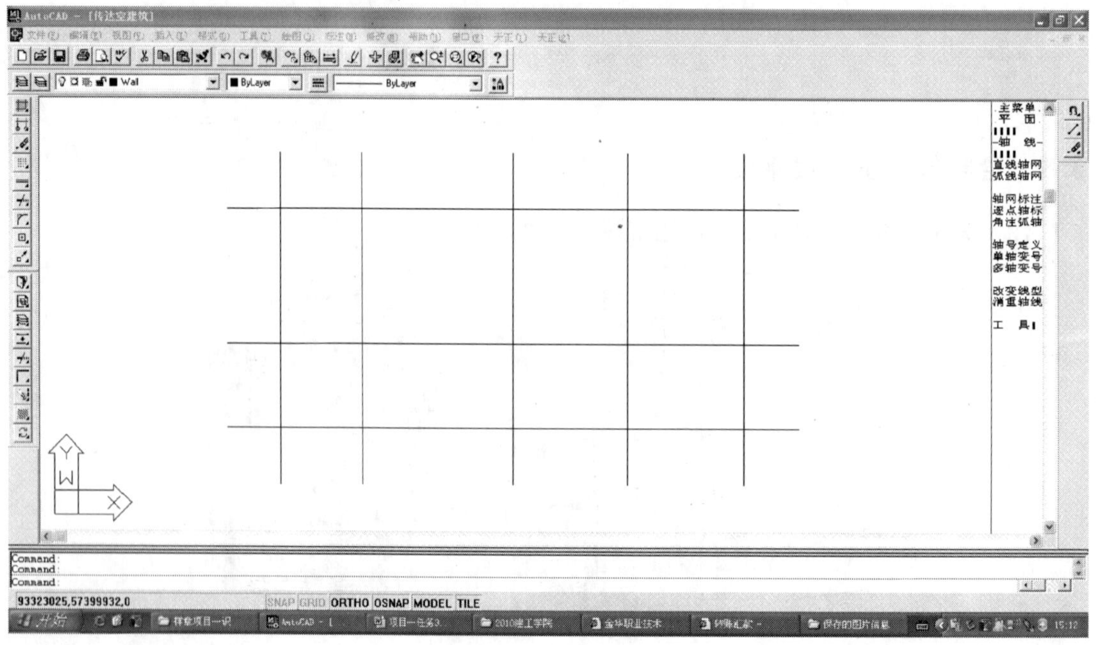

图1-3-10　轴网生成

2. 轴网标注

鼠标左键点击右侧菜单中平面-轴线-轴网标注，命令提示行提示“请点取要标注轴线一侧的横断轴线 <退出>:”，点击最下面一根水平轴线，命令提示行提示“起始轴的编号(1 A A1 AA) <1>:”，回车，垂直轴线轴网编号完成。同样方法完成其他三面的轴网标注(图 1-3-11)。

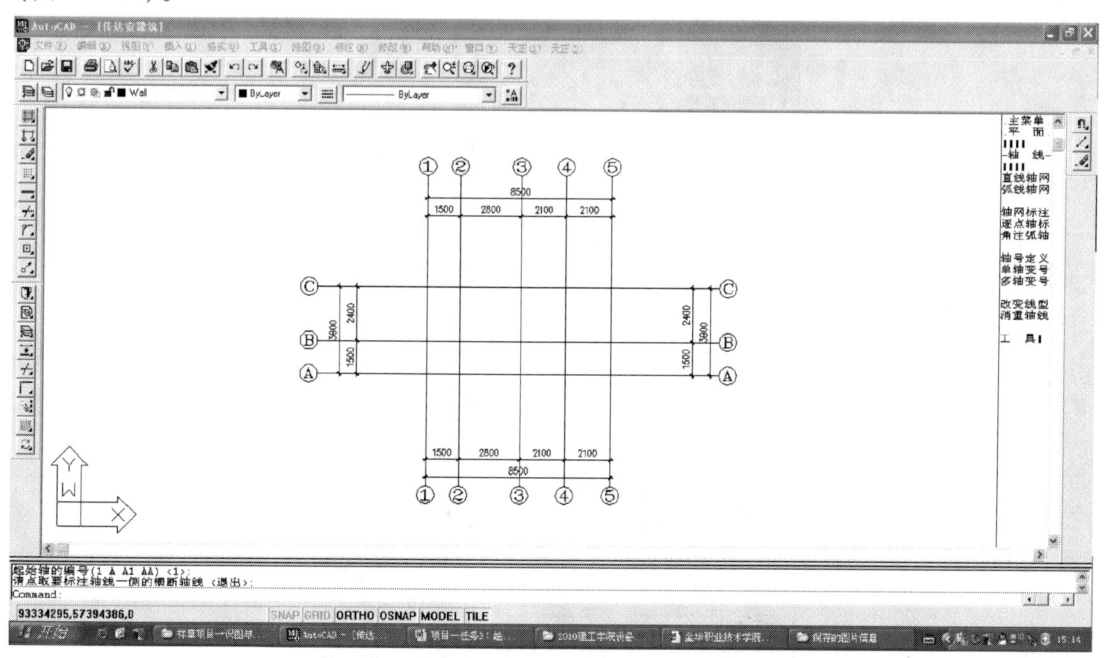

图 1-3-11　轴网标注

轴网标注好后，进行轴号横移动等修改，完成如图 1-3-12 所示。

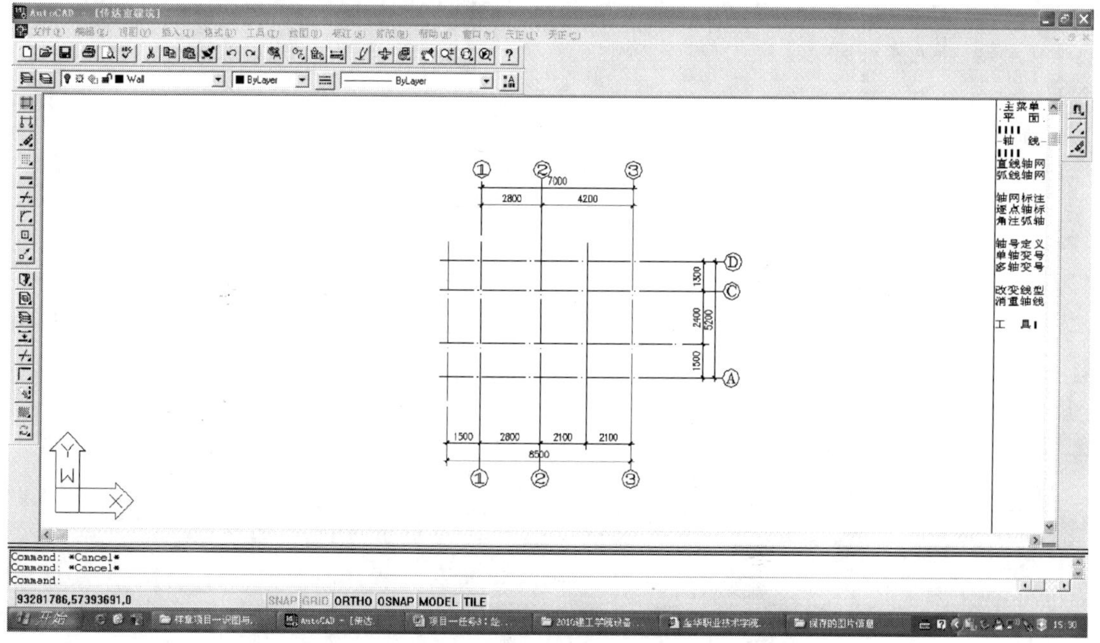

图 1-3-12　轴网标注修改

3. 绘制墙体

点击右边菜单初始设置，跳出建筑图初始设置对话框，修改墙线设置，左墙厚 120，右墙厚 120，点击 OK（图 1-3-13）。鼠标左键点击平面-双线墙-双线直墙，鼠标左键点击轴网角点，完成墙体绘制（室内 120 墙，设置左墙厚 60，右墙厚 60，完成绘制）（图 1-3-14）。

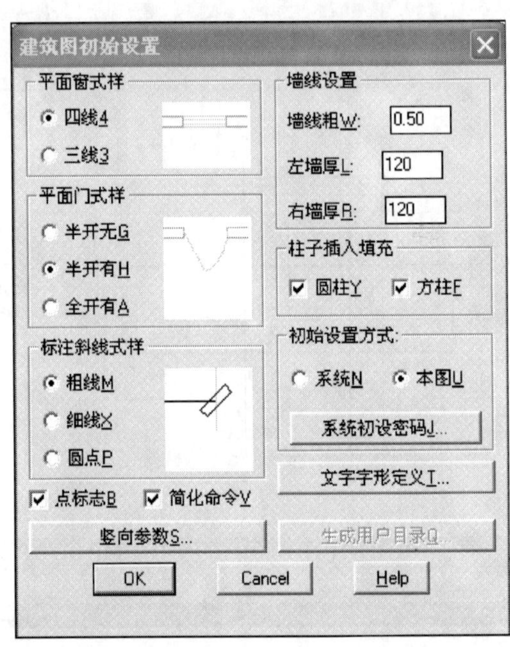

图 1-3-13　墙体厚度设置

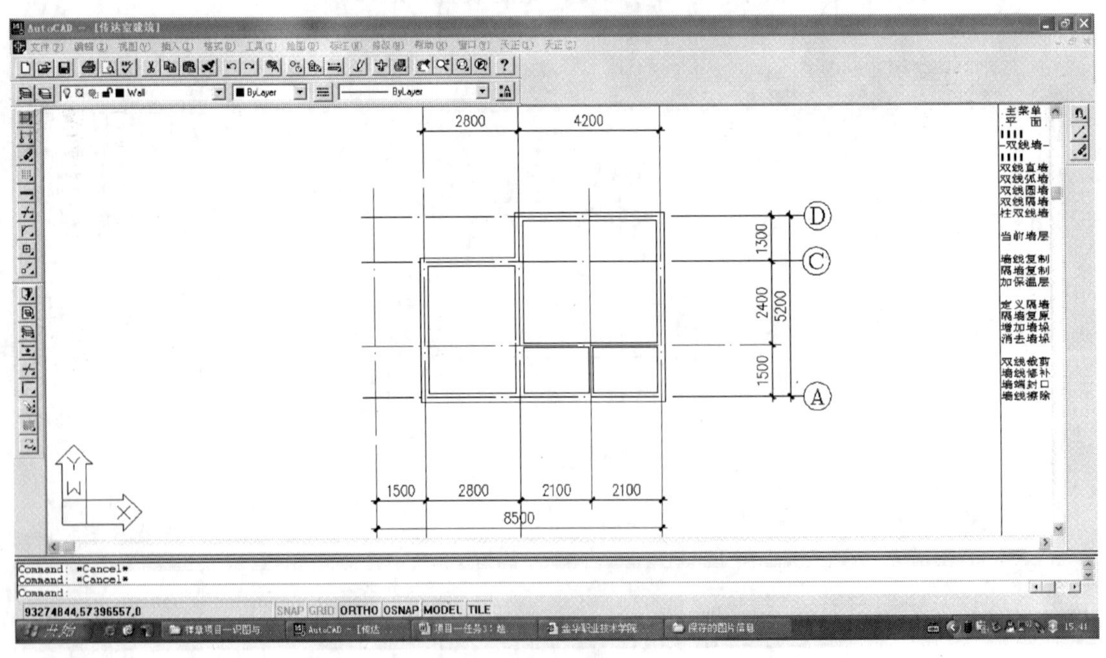

图 1-3-14　墙线绘制

4. 插入门窗

鼠标左键点击平面-门窗-垛宽插入，命令提示行提示“请输入从基点到门窗侧边的距离<240>:”，键盘输入550，鼠标左键点击3～4轴间墙体，命令提示行提示“门窗的宽度(可点取轴线的跨越点)/S-选择已有门窗/<4500>:”，键盘输入窗户宽度900，回车或空白键，插入了1个窗户；鼠标左键点击平面-门窗-门窗名称，点击刚绘制的窗户在命令栏输入窗户的名称（C2），直接回车或空白键，以同样的方法完成其他窗户的绘制。在平面图中仅反映门窗的平面位置、洞口尺寸及与轴线的关系。高度方向的尺寸在立面图、剖面图或门窗表中查找。在施工图中，门用代码“M”表示，窗用代码“C”表示，如M1表示编号为1的门，C2则表示编号为2的窗。门窗的制作安装需查阅相应的详图或设计说明。

鼠标左键点击平面窗，窗插入换成门插入，点击门窗选型，跳出平面门窗形式设定对话框（图1-3-15），点击选门式样，跳出平面门图块对话框，选择所需的单扇门形式，点击OK，回到平面门窗形式设定对话框，点击OK。此时，门的形式已经设定好，接下去要插入门。门插入具体方法与窗插入一样。门绘制完成后，左键单击平面-门窗-工具-加门口线，左键点击需加门口线的门，右击确定，在需要加门口线的一侧左键点击一下，绘制完成（图1-3-16）。

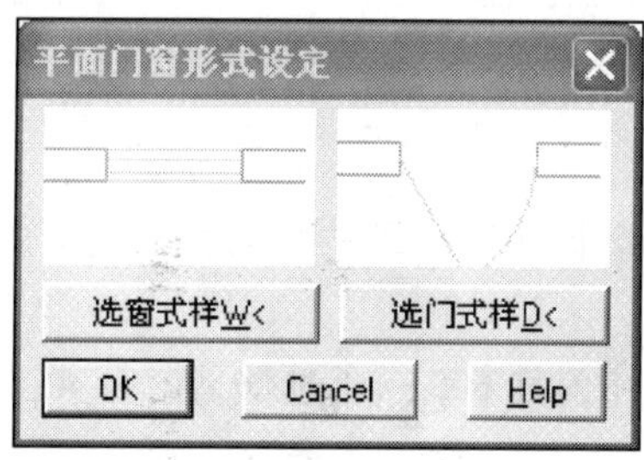

图1-3-15　平面门窗形式设定对话框

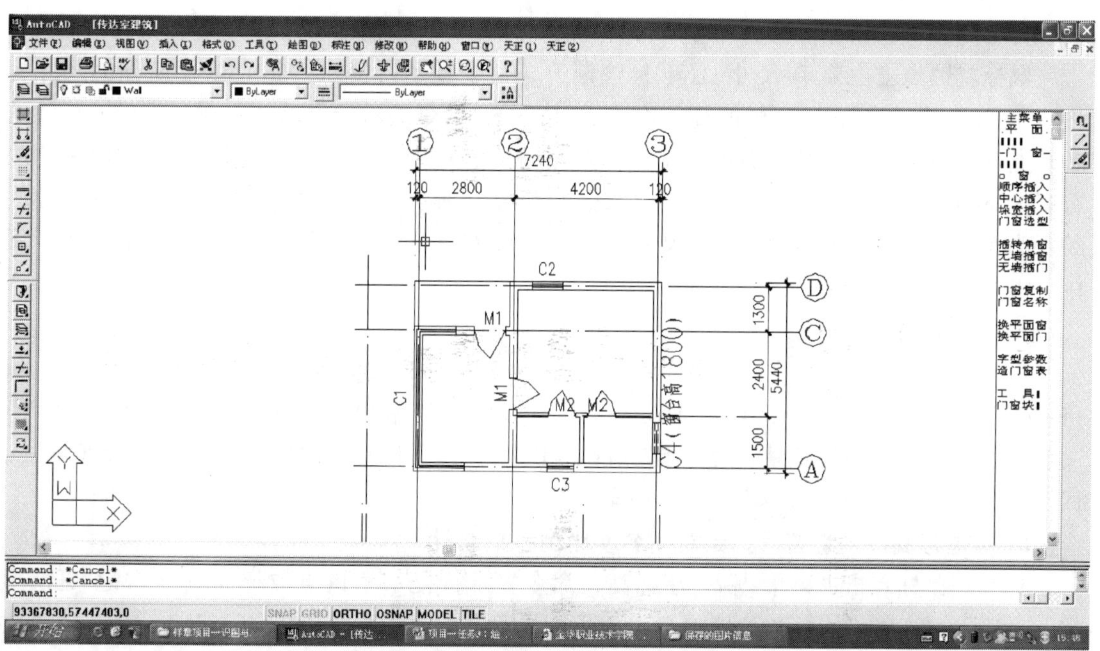

图1-3-16　门窗插入

5. 插入柱子，绘制附属设施

方柱插入　鼠标左键点击平面-柱子-方柱插入，跳出“柱参数定义”对话框（图1-3-17），设置尺寸参数：柱宽240，柱高240，基点定位：横偏0，纵偏0，转角0，点击OK回到绘图界面，鼠标左键框选D轴3与5轴的交点，插入柱子。其他柱子插入方法一致。

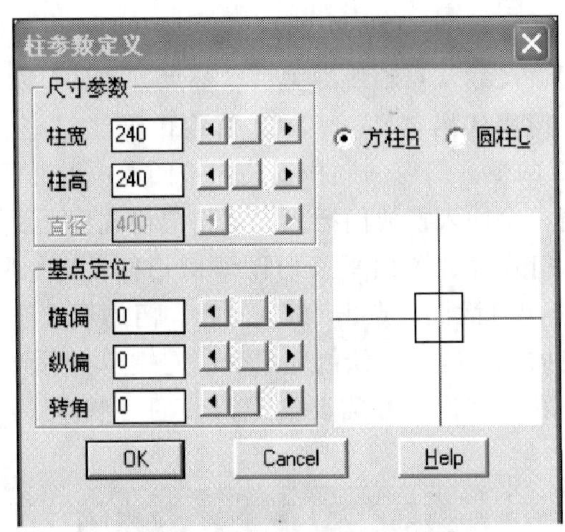

图1-3-17　柱参数定义

窗套绘制　依据提供尺寸绘制外轮廓线，填充后，定义成块，移动到合适位置，其余拷贝复制。

散水　将四周外墙线各往外偏移600，通过修剪，画45°斜线，并改变图层属性（图层及颜色），完成散水绘制。

6. 尺寸标注

将上面①～③轴里面这道尺寸线拷贝一行，间距自行控制。

鼠标左键点击主菜单-尺寸-工具-标注断开，命令提示行提示“请点取要断开的尺寸标注 <退出>:”，点击2～3轴间最下面这道尺寸线；命令提示行提示“再点一下尺寸标注的断开点（或键入断开尺寸：右侧输正值，左侧输负值）<退出>:”，点击2～3轴间窗户的右侧，2800尺寸线断开成为1100和1700；再点击1700尺寸线，点击门右侧，1700尺寸线断开为560和1140，再点击1140尺寸线，点击门左侧。其余用同样方法将尺寸断开（图1-3-18），也可直接用拷贝命令复制。

7. 文字标注

房间名称　鼠标左键点击主菜单-文字-文字标注，跳出“编辑文字”对话框，输入“值班室”字样（图1-3-19），点击OK，命令提示行“请给出文字的插入点（左下角点）<退出>:”，点击标注位置；命令提示行“字高（小于15为出图实际字高）<500>:”，回车；命令提示行“转角 <0>:”，回车。

8. 标注标高、剖切符号，绘制图名、比例、指北针

标高　鼠标点击主菜单-标高-注标高，命令提示行提示“请点取标高点［右键-更换形式］<退出>:”，点击标注位置，命令提示行提示“此处的标高为 <403.367>:”，输入数字0.000，回车或鼠标右键。

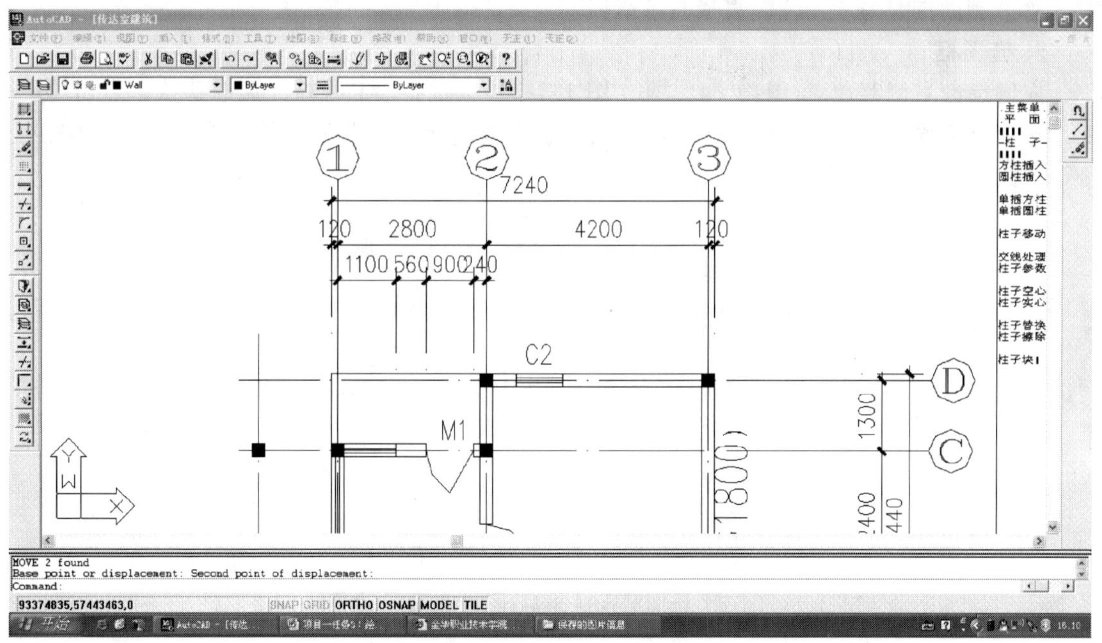

图 1-3-18　尺寸标注断开

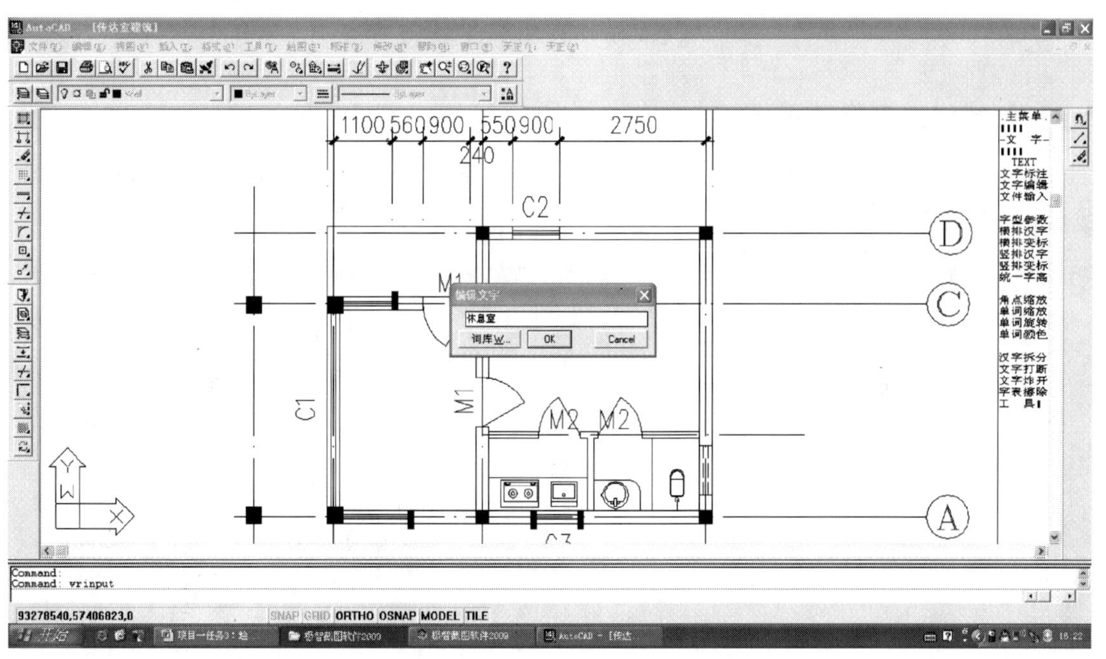

图 1-3-19　文字标注

剖切符号　鼠标点击主菜单-标号-大剖切号，命令提示行提示“请输入剖切线的起始点/P-采用已有的剖切线/ <退出>:”，鼠标左键点击第一点，命令提示行提示“第二点 <退出>:”，鼠标左键点击第二点，命令提示行提示“下一点 <结束剖切线>:”，右键或回车；命令提示行提示“请给出剖视方向 <退出>:”，鼠标左键点击左边任一点；命令提示行提示“剖面图号 <1>:”，直接右键或回车。

9. 套图框

左键点击右侧菜单-布图-实插图框（图 1-3-20），选择 A3 图幅，其他默认，点击 OK。每个设计单位均有自己规定的图框形式，可根据需要直接调用即可。课程训练期间所用图框统一格式，图纸幅面 A3。

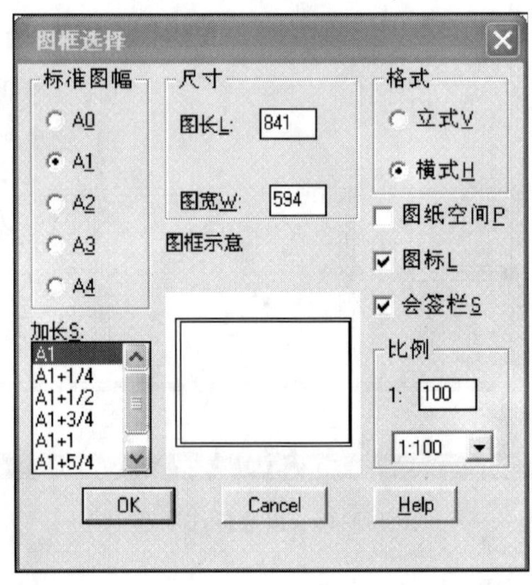

图 1-3-20　图框插入对话框

3.4　绘制传达室屋顶平面图

将首层平面图拷贝一个，打开图层，关闭轴网与轴线图层，删除剩余图层显示线体，完成后打开所有图层（图 1-3-21）。

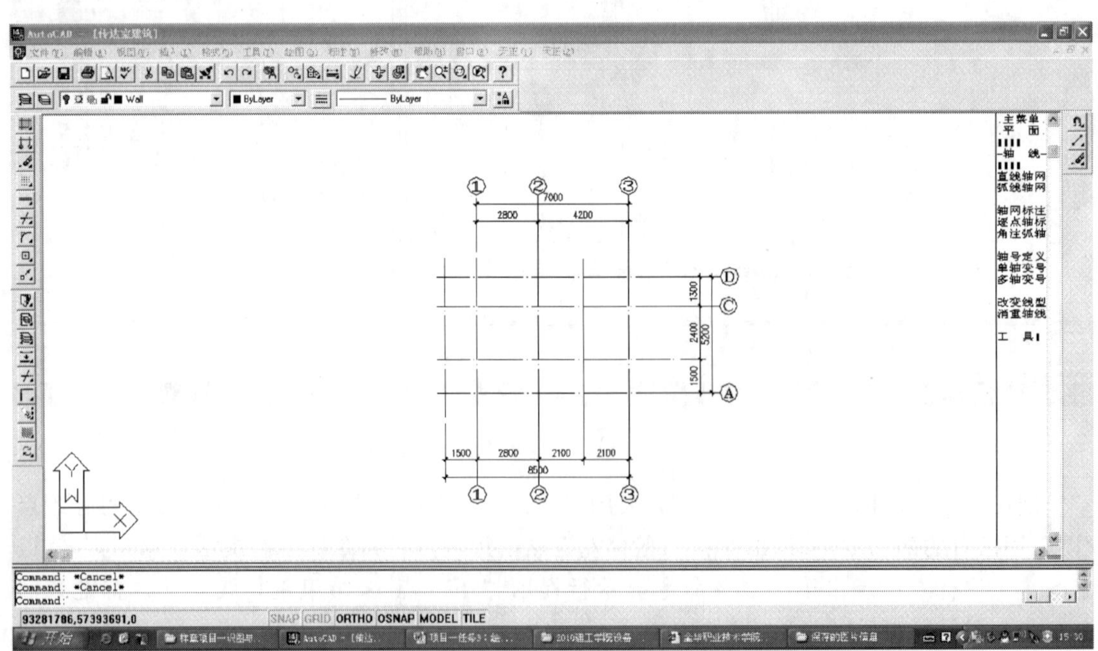

图 1-3-21　删除图层

打开图层对话框，新建一个图层命名为“檐沟”（图 1-3-22），点击 OK。绘制檐沟如图 1-3-23 所示。

在屋顶做上绿化（通过填充完成），并标上屋面坡度和标高（图 1-3-24）。

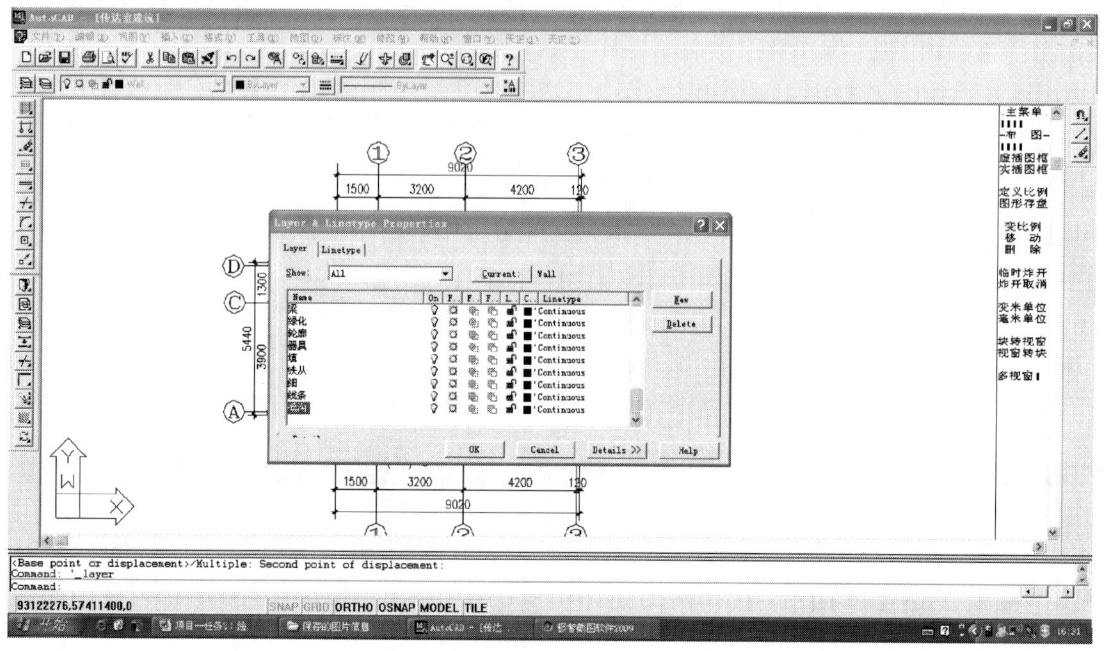

图 1-3-22　新增图层

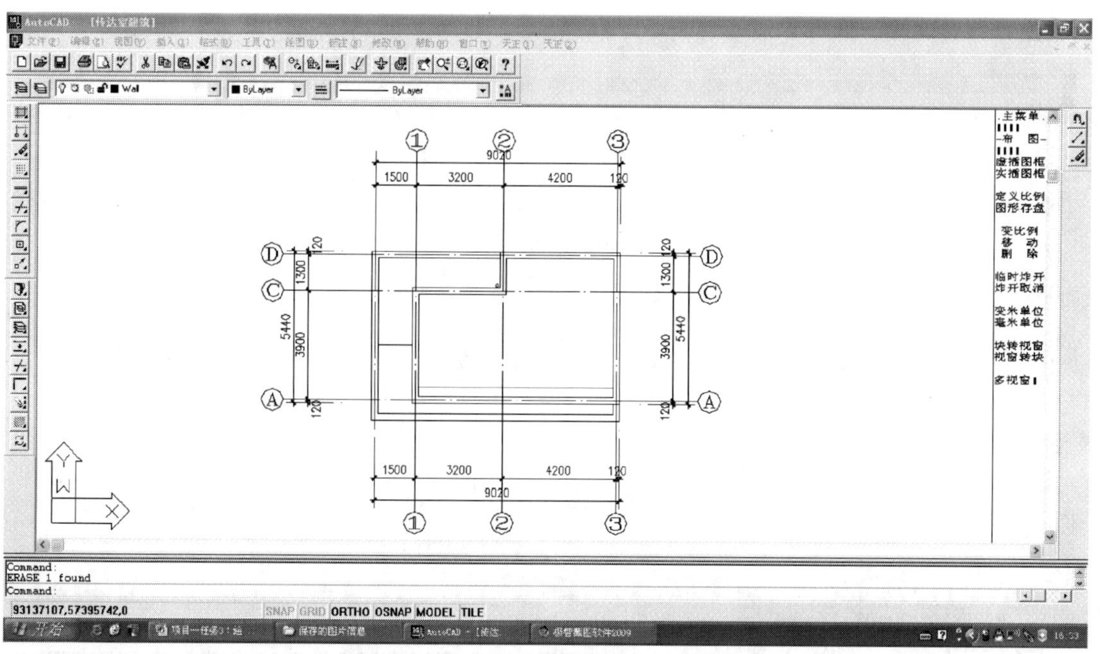

图 1-3-23　绘制檐沟

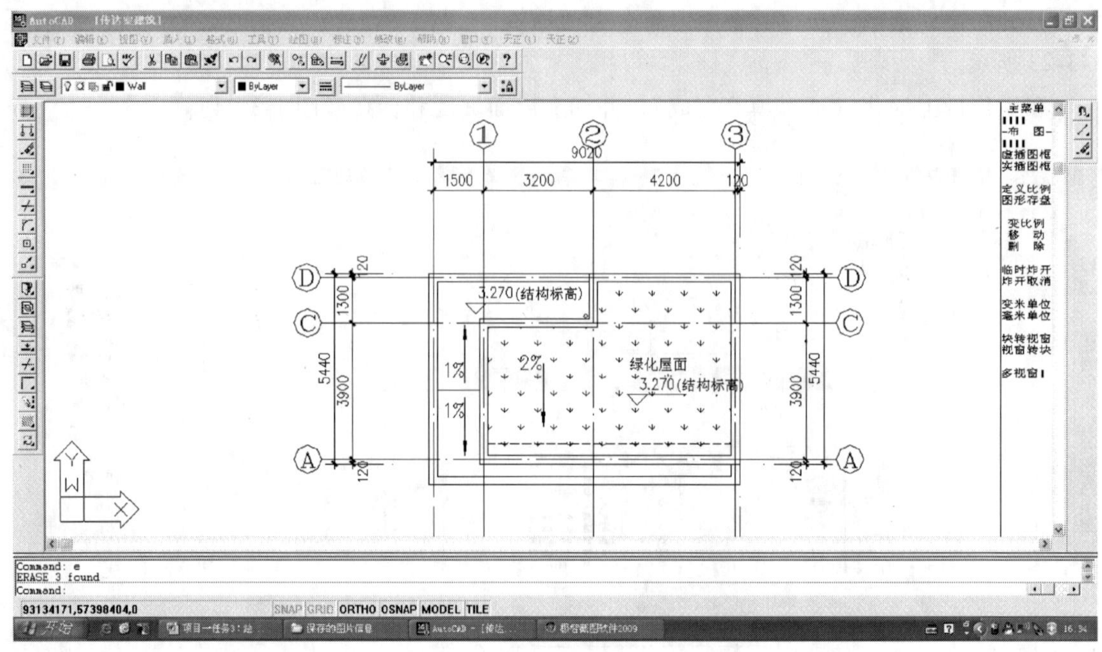

图 1-3-24　屋顶坡度、标高

3.5　绘制传达室立面图

绘制①~③轴立面图

拷贝一个首层平面图，在其正下方画一条线宽为100的地平线（左键点击上方菜单中的绘图—多段线，左键在需要绘制地平线的位置点一下，在命令栏中输入W，再输入100，回车或空格键两次，即可完成线宽为100的线条），如图1-3-25所示。

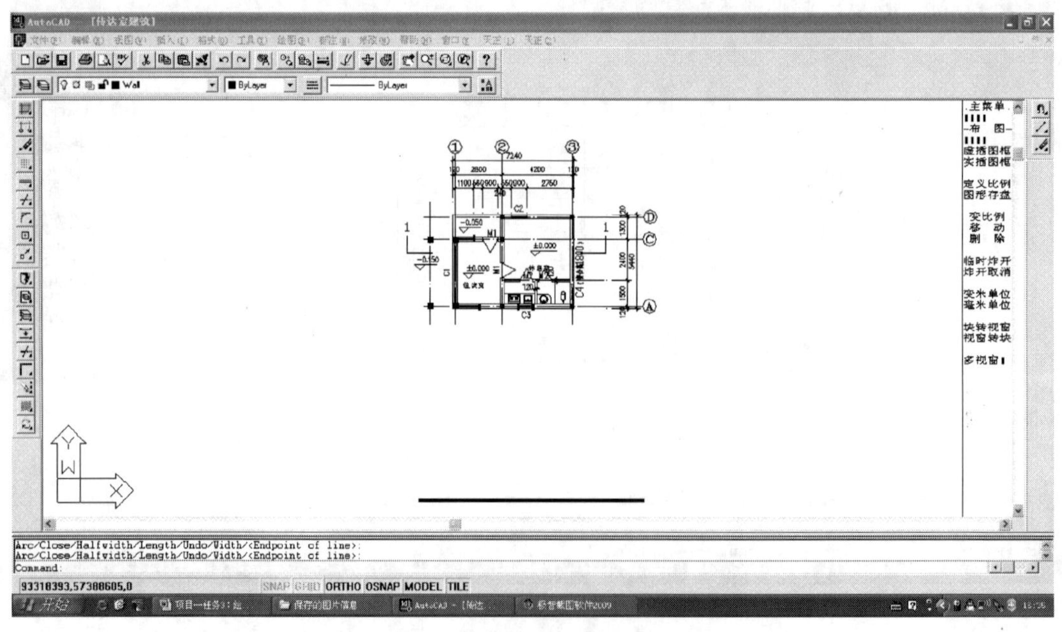

图 1-3-25　以平面为参照

从平面图中的柱子边线、墙线、门窗两侧引直线到地平线，以确定立面中柱子、墙体和门窗的大致位置，如图 1-3-26 所示。

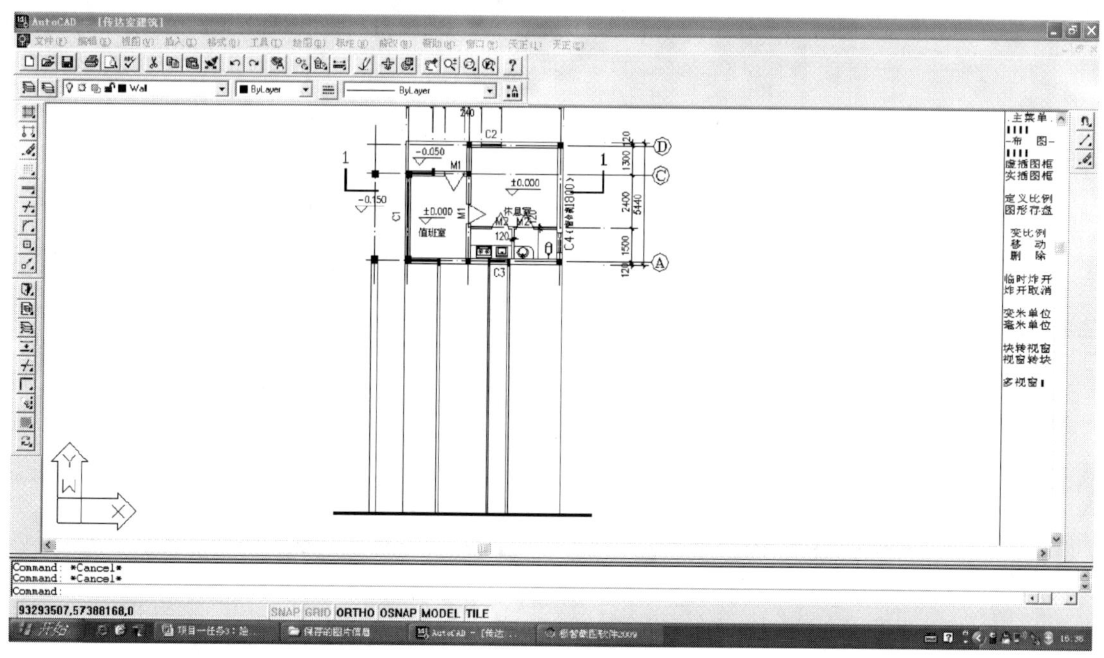

图 1-3-26　以平面对齐

将地平线向上偏移 1000 确定窗台高度，再向上分别偏移 1800、100、300、400 和 700 确定窗高，窗套，层高，女儿墙的位置。并通过修改—修剪命令，并做好图层分类，绘制完成如图 1-3-27 所示。

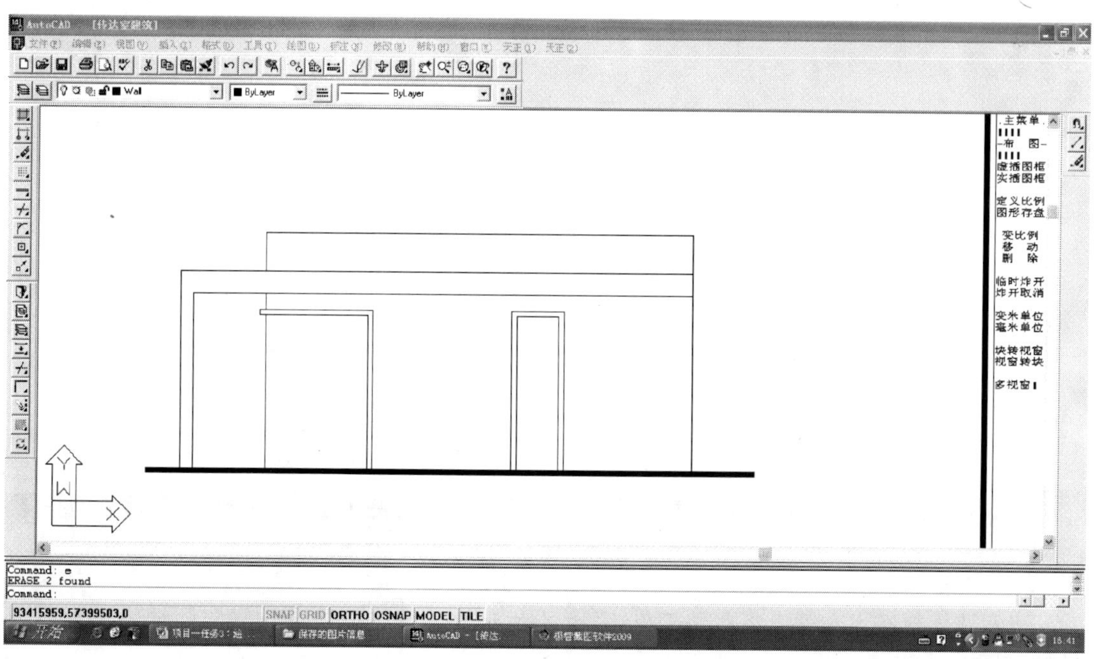

图 1-3-27　确定外轮廓

接下去就是绘制窗户了，可以通过自己绘制，也可以通过右侧菜单-图库-图块输出（图1-3-28），选择立面窗图块，选择合适的窗型插入，如图 1-3-29 所示。

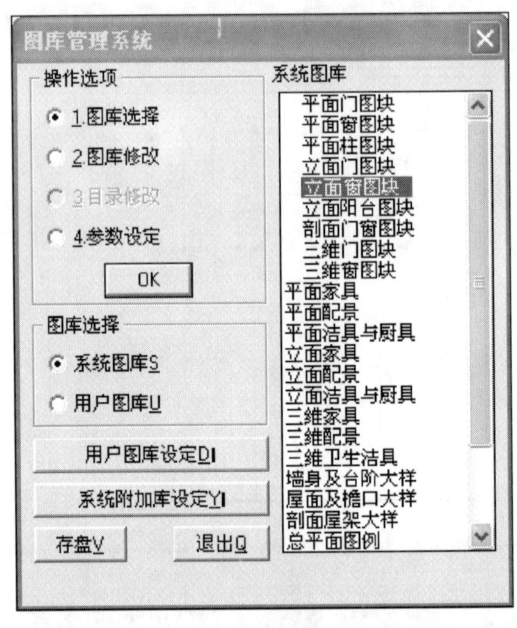

图 1-3-28　插入立面窗

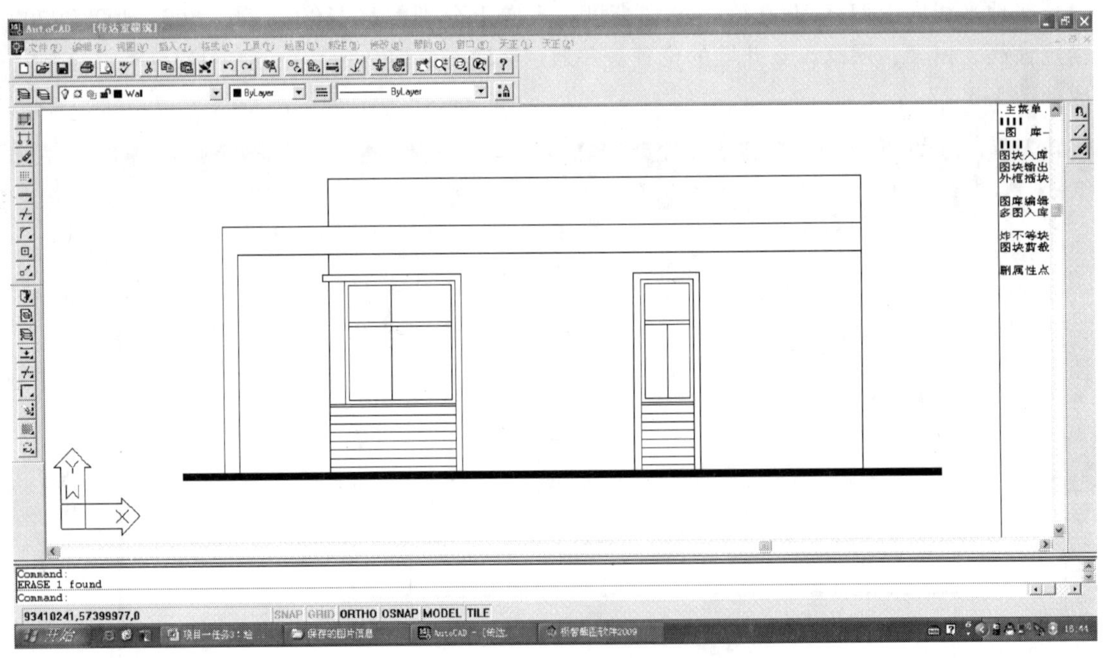

图 1-3-29　立面门窗绘制

确定墙体材料，左键点击右侧菜单-标号-引出标注，根据需要分别在对话框中输入所需材料（图 1-3-30）。

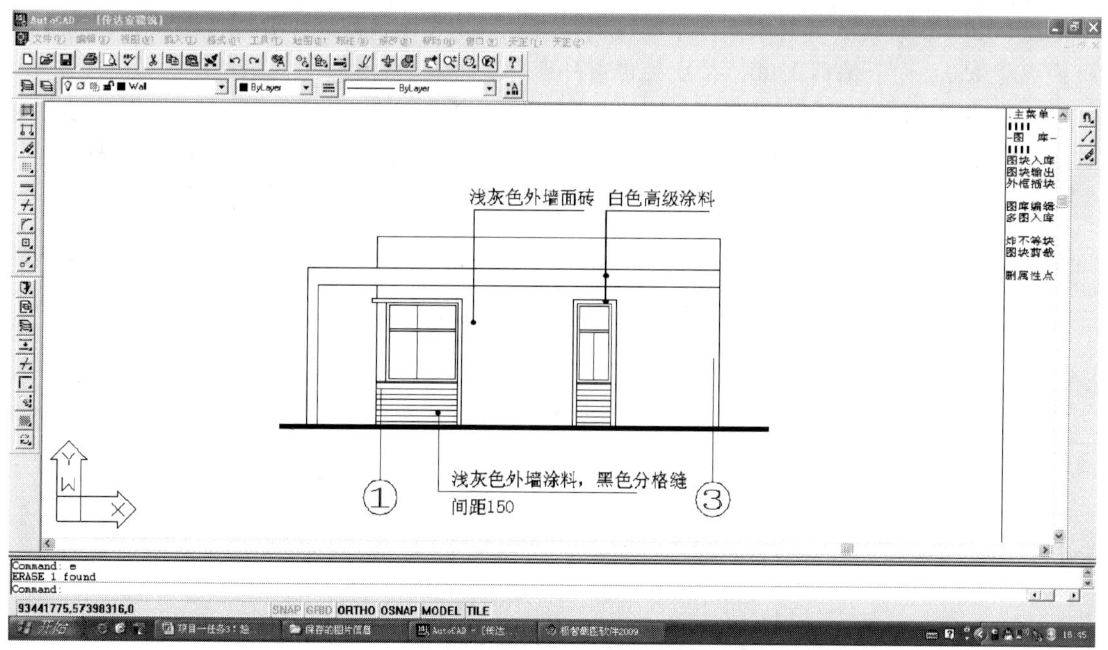

图 1-3-30　材料标注

标注（图 1-3-31），这个与平面中的标注相似，在这不做讲解。

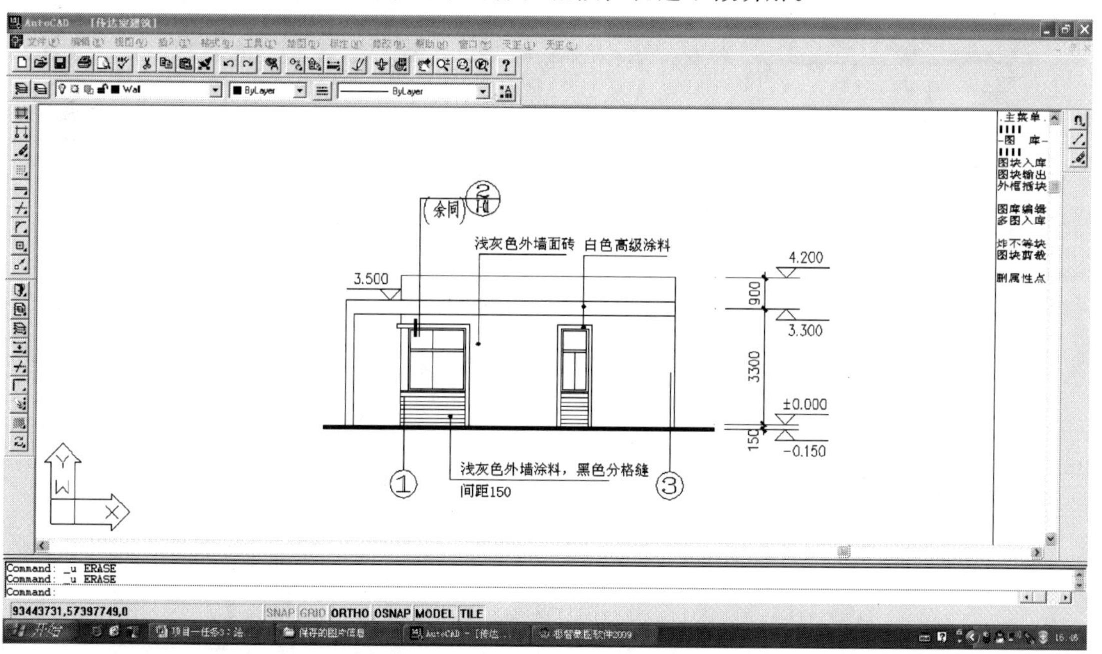

图 1-3-31　立面尺寸和标高标注

另外三个立面，以相同的方法绘制。

3.6　绘制传达室剖面图

绘制剖面图的总体思路同平面和立面，从整体到局部。将一层平面图拷贝，对应平面图中的①、②、③轴线，确定剖面图中的横向位置。确定室内地坪线，并以此为参照，向下拷贝或偏移150、向上偏移3300，依次确定室外地坪、层高位置线。

确定轴线、地平线、层高线后，绘制墙体和楼板厚度，再绘制门窗、梁、女儿墙等（图1-3-32）。绘制时，注意剖到的和看到的物体。再标注尺寸、标高、图名及比例，套图框。

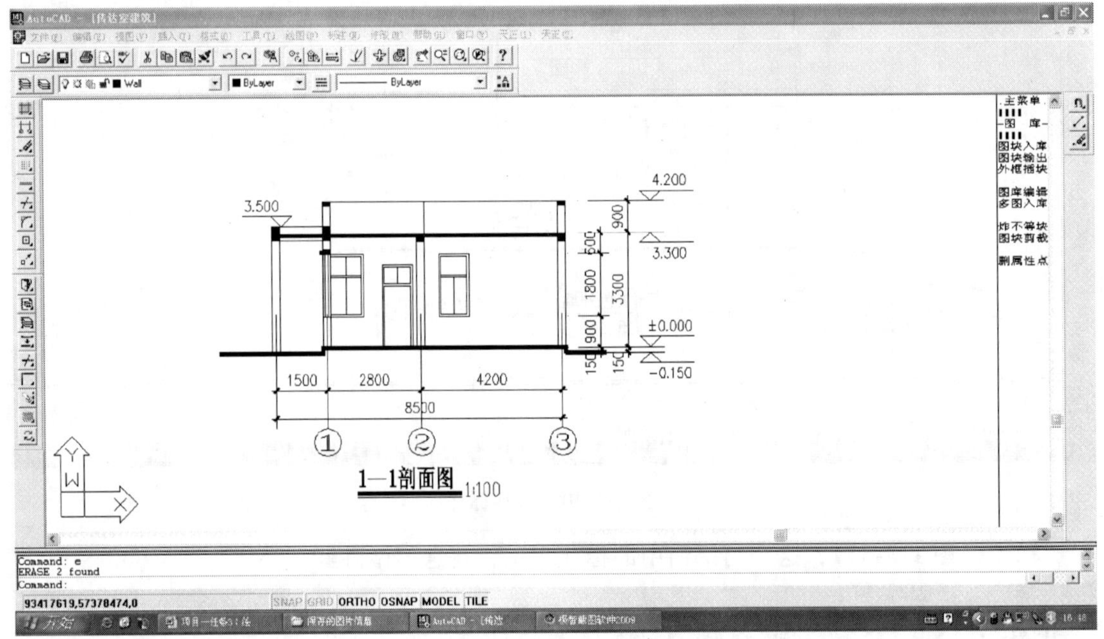

图 1-3-32　1—1 剖面图

任务4：评审传达室建筑施工图

4.1　校对传达室建筑施工图

学生本人按照样图进行校对，并填写图样校对单（表1-4-1）。

表 1-4-1　图样校对单（自评用表）

工程名称			
图纸名称			
校对情况记录			
评价分值			
校对人(签字)		日期	

4.2 审核传达室建筑施工图

两个学生相互审核，并填写图样审核单（表1-4-2）。

表1-4-2 图样审核单（互评用表）

工程名称			
组别			
组员			
审查情况记录			
评价分值			
审查组长(签字)		日期	

4.3 审查传达室建筑施工图

指导教师对图纸进行审查评价，并填写图样审查单（表1-4-3）。

表1-4-3 图样审查单（教师用表）

工程名称			
组别			
组员			
审核情况记录			
评价分值			
审核人(签字)		日期	

复习与思考

1. 建筑物的分类方式有哪些？按照不同的分类方式各有哪些类型？
2. 建筑物的等级怎样划分？
3. 耐火极限的含义是什么？
4. 民用建筑的耐火等级是如何划分的？
5. 民用建筑主要由哪些部分组成？各部分的作用是什么？
6. 什么是基本模数？什么是扩大模数和分模数？
7. 投影是如何分类的？各类投影有哪些特点？
8. 三面投影是如何形成的？
9. 点、线、面的投影规律有哪些？
10. 什么是剖面图？常用的剖面图有哪几种？
11. 试说明剖切符号的具体表示方法。
12. 什么是断面图？常用的断面图有哪几种？
13. 剖面图与断面图的区别有哪些？
14. 建筑施工图的内容有哪些？
15. 建筑平面图是怎样形成的？其主要图示内容有哪些？
16. 建筑平面图采用的比例有哪些？常用比例为多少？
17. 建筑立面图的命名规则是什么？其主要图示内容有哪些？
18. 建筑剖面图的主要图示内容有哪些？
19. 定位轴线的作用是什么？定位轴线如何编号？
20. 尺寸标注的四要素是什么？试说明他们的绘制要求。
21. 什么是绝对标高？什么是相对标高？

项目二　识读与绘制住宅楼施工图

项目描述：

通过学习基础、墙体、楼板、楼梯、屋面等建筑构造组成，掌握项目知识准备，学会识读多层住宅建筑、结构施工图，绘制多层住宅建筑施工图。

知识目标：

1. 掌握基础的构造。
2. 掌握墙体的构造。
3. 掌握楼板的构造。
4. 掌握楼梯的构造。
5. 掌握屋面的构造。

任务目标：

1. 识读住宅楼建筑施工图。
2. 识读住宅楼结构施工图。
3. 绘制住宅楼建筑施工图。

任务1　项目知识准备

1.1　基础

1.1.1　基础与地基

基础是建筑物的重要组成部分，它直接与土壤接触，并将建筑物上部所承受的各种荷载传到地基上。支撑基础的土层称为地基，它不是建筑物的组成部分。地基分为天然地基和人工地基两大类。凡天然土层本身有足够的强度，能直接承受建筑物荷载的称为天然地基。凡天然土层本身的承载能力弱，或建筑物上部荷载较大时，须预先对土壤层进行加工或加固处理，然后才能承受建筑物荷载的地基称为人工地基。人工加固地基通常采用压实法、换土法、化学加固法和打桩法。

1.1.2　基础的埋置深度

为确保建筑物的坚固安全，基础要埋入土中一定的深度。一般把室外设计地面至基础底面的垂直距离称为基础的埋置深度，简称基础的埋深。如图 2-1-1 所示。

基础按埋置深度不同分为浅基础和深基础两类。埋深小于 5m 的称为浅基础；埋深大于或等于 5m 的称为深基础。在保证安全使用的前提下，应优先选用浅基础，可降低工程造价。但由于地表土层成分复杂，性能不稳定，因此基础埋深不宜小于0.5m。

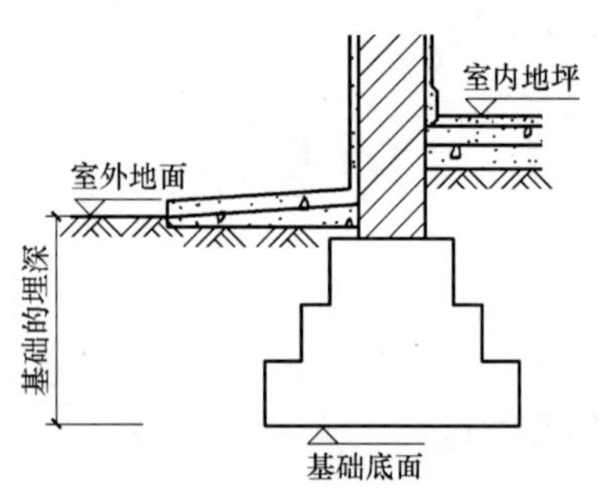

图 2-1-1　基础的埋深

1.1.3　影响基础埋深的因素

（1）建筑物上部荷载的大小和性质：建筑物上部荷载有恒载和活载之分，其中恒载引起的沉降量最大，因此当恒载较大时，基础埋深应大一些。荷载按作用方向又分竖向和水平方向，当水平荷载较大时，为了保证建筑的稳定性，也常将埋深加大。一般高层建筑的基础埋置深度常为地面以上建筑物总高度的1/10左右。

（2）工程地质条件：基础底面应尽量选在常年未经扰动而且坚实平坦的土层或岩石上，俗称“老土层”。当表面软弱土层较厚时，可采用深基础或人工地基。

（3）水文地质条件：选择基础埋深时，需先确定地下水的常年水位和最高水位，一般宜将基础落在地下常年水位和最高水位之上，这样可不需进行特殊防水处理，节省造价，也方便施工，还可防止或减轻地下水中化学元素对基础的侵蚀。当必须埋在地下水位以下时，宜将基础埋置在最低地下水位以下不小于200mm处，如图2-1-2所示。

（4）地基土壤冻胀深度：应根据当地的气候条件了解土层的冻结深度，一般将基础的垫层部分做在土层冻结深度以下，如图2-1-3所示。否则，冬天土层的冻胀力会把房屋拱起，产生变形；天气转暖，冻土解冻时又会产生陷落。反复的冻融循环会使建筑产生裂缝甚至破坏。

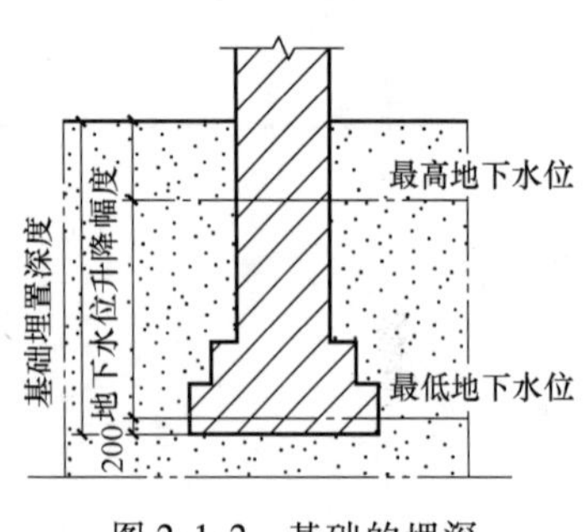

图 2-1-2　基础的埋深

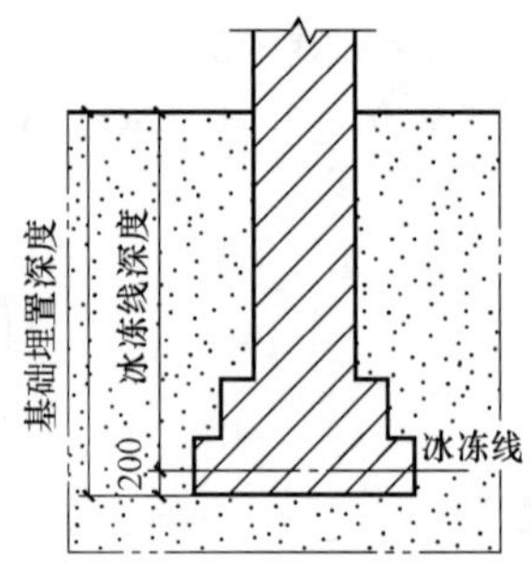

图 2-1-3　基础的埋深

（5）相邻建筑物基础的影响：新建建筑物的基础埋深不宜深于相邻的原有建筑物的基础。当新建基础深于原有基础时，则要采取一定的措施加以处理，以保证原有建筑的安全和正常使用。

1.1.4　基础的类型

基础的类型很多，主要根据建筑物的结构类型、体量高度、荷载大小、地质水文和材料选择等因素来确定。

1. 按所用材料及受力特点分类

（1）刚性基础：由刚性材料制作的基础称为刚性基础。一般把抗压强度高而抗拉、抗剪强度较低的材料称为刚性材料。常用的刚性材料有砖、灰土、混凝土、三合土、毛石等。为满足地基容许承载力的要求，基础底面宽度 B 一般大于上部墙宽，即 $B>B_0$，上部荷载一定的情况下，地基承载力愈小，基底宽 B 愈大。当 B 很大时，往往挑出部分也将很大。从基础受力方面分析，挑出的基础相当于一个悬臂梁，它的底面将受拉。为了保证基础不被拉力、剪力破坏，基础必须具有相应的高度（基础底面到基础顶面的距离称为基础高度）。

通常按刚性材料的受力状况，基础在传力时只能控制在材料的允许范围内，这个控制范围的夹角称为刚性角，用 α 表示。砖、石基础的刚性角控制在(1∶1.25)～(1∶1.50)（26°～33°）以内，如图 2-1-4 所示；素混凝土基础刚性角控制在 1∶1（45°）以内，如图 2-1-5 所示。刚性基础的受力、传力特点如图 2-1-6 所示。

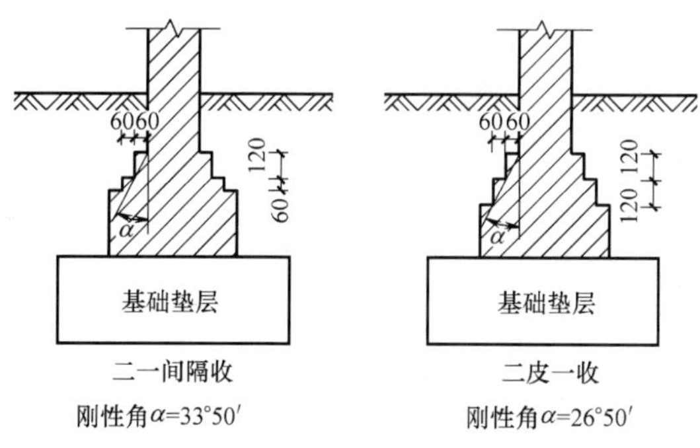

图 2-1-4　砖砌基础的刚性角范围

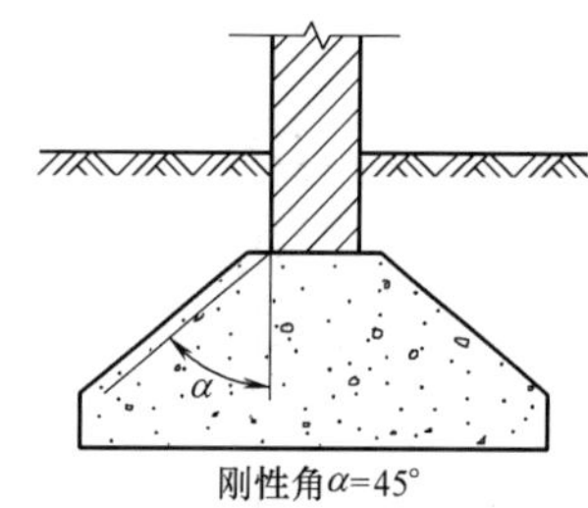

图 2-1-5　素混凝土基础的刚性角范围

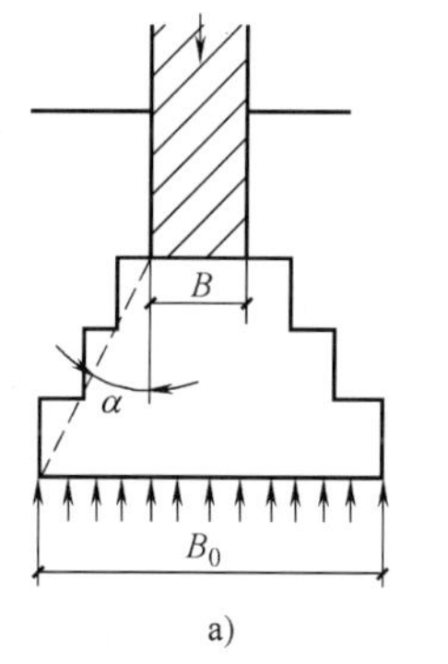

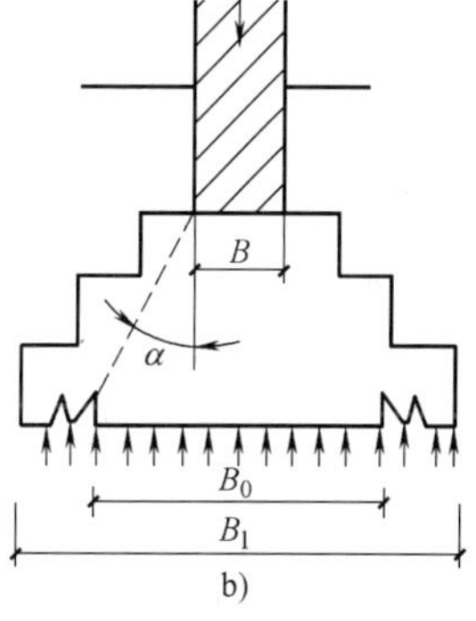

图 2-1-6　刚性基础的受力、传力

a）基础受力在刚性角范围以内　b）基础宽度超过刚性角范围而破坏

（2）柔性基础：当建筑物的荷载较大而地基承载能力较小时，基础底面 B 必须加宽，如果仍采用刚性材料做基础，势必加大基础的深度，这样很不经济。如果在混凝土基础的底部配以钢筋，利用钢筋来承受拉应力，使基础底部能够承受较大的弯矩，这时，基础宽度不受刚性角的限制，故称钢筋混凝土基础为非刚性基础或柔性基础，如图 2-1-7 所示。

2. 按基础的构造形式分类

（1）条形基础：当建筑物上部结构采用墙承重时，基础沿墙身设置成长条形，纵横向连续交叉，这类基础称为条形基础，如图 2-1-8 所示。

（2）独立基础：当建筑物上部结构采用框架结构或单层排架结构承重时，基础常与框架柱或排架柱对应，形成独立基础，构造形式常采用方形或矩形，这类基础称为独立式基础或柱式基础，如图 2-1-9a 所示。独立式基础是柱下基础的基本形式。这类基础的优点是减

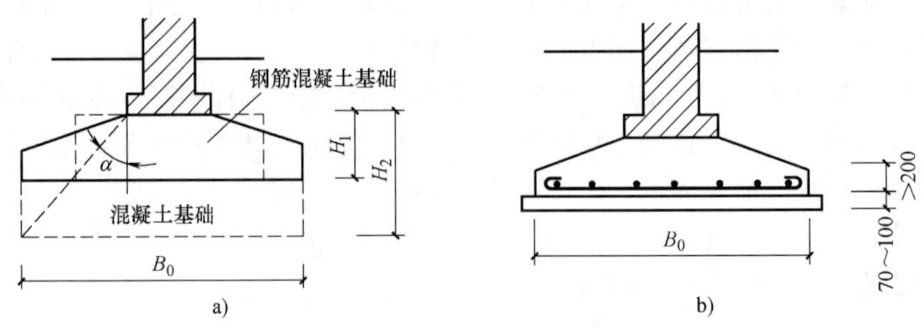

图 2-1-7　钢筋混凝土基础

a）混凝土与钢筋混凝土基础比较　b）基础配筋情况

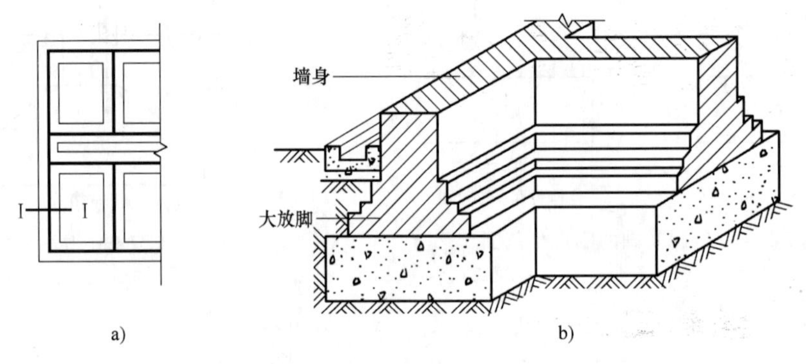

图 2-1-8　条形基础

a）平面　b）Ⅰ—Ⅰ剖面

少土方工程量，节约基础材料。

当柱采用预制构件时，则基础做成杯口形，然后将柱子插入并嵌固在杯口内，故称杯形基础，如图 2-1-9b 所示。

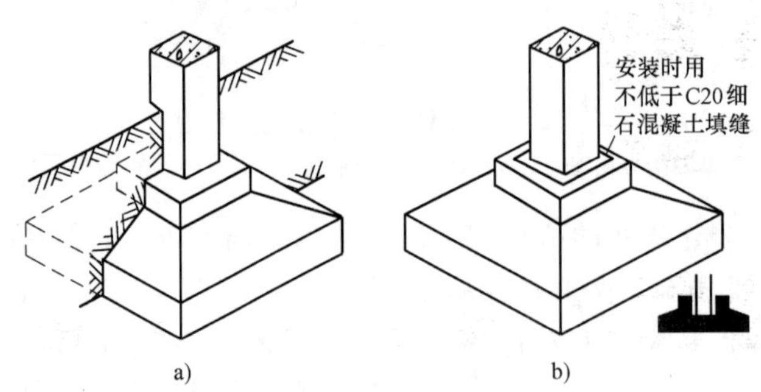

图 2-1-9　独立基础

a）现浇基础　b）杯形基础

（3）井格基础：当地基条件较差，基础的底面积也较大，柱下使用独立基础已经不能满足承载力和整体性要求，此时常将同一排柱下基础连在一起，形成柱下条形基础。有时为了进一步提高建筑物的整体性，防止柱子之间产生不均匀沉降，常将柱下基础沿纵横两个方向扩展连接起来，做成十字交叉的井格基础，如图 2-1-10 所示。

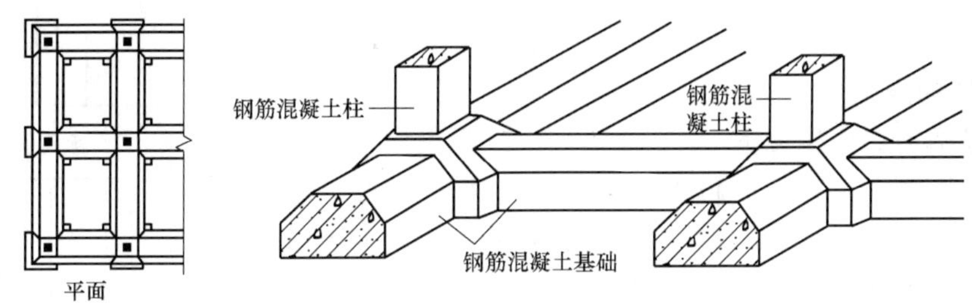

图 2-1-10　井格基础

（4）筏形基础：当建筑物上部荷载大，而地基又比较软弱，这时采用简单的条形基础或井格基础已不能适应地基变形的需要，通常将墙或柱下基础连成一片，使建筑物的荷载承受在一块整板上成为筏形基础。筏形基础有平板式和梁板式两种，如图 2-1-11 所示。

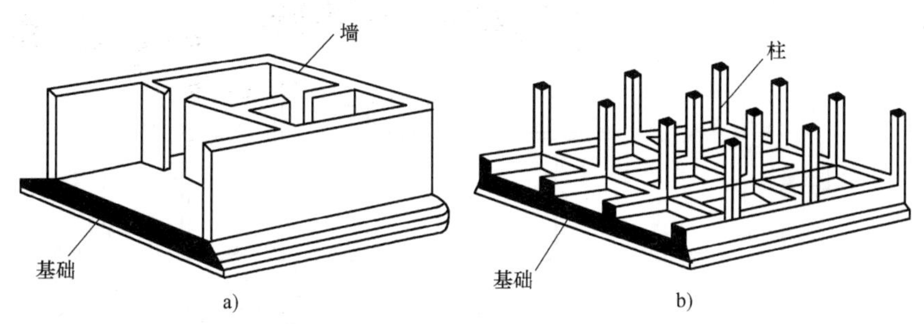

图 2-1-11　筏形基础

a）平板式　b）梁板式

（5）箱形基础：当筏形基础做得很深时，常将基础改做成箱形基础。箱形基础是由钢筋混凝土底板、顶板和若干纵、横隔墙组成的整体结构，基础的中空部分可用作地下室（单层或多层的）或地下停车库。箱形基础整体空间刚度大，整体性强，能抵抗地基的不均匀沉降，较适用于高层建筑或在软弱地基上建造的重型建筑物，如图 2-1-12 所示。

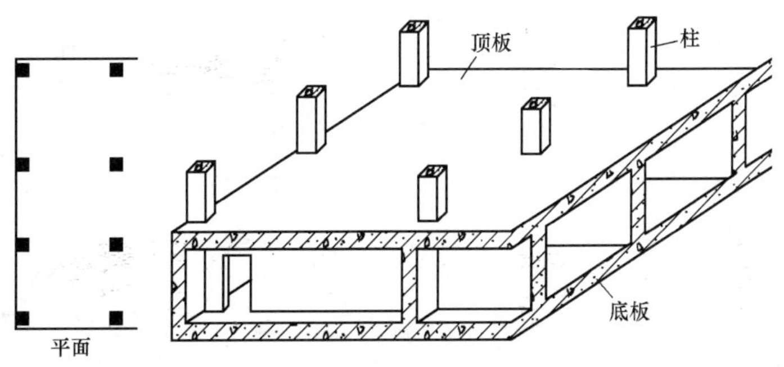

图 2-1-12　箱形基础

（6）桩基础：当建筑物的荷载较大，浅层地基土不能满足建筑物对地基承载力或变形的要求，而又不适宜采取其他地基处理措施时，可考虑采用桩基础。桩基础由承台和桩柱组成，如图 2-1-13 所示，是目前应用较为广泛的基础形式，具有承载力高、沉降量少、节省材料、减少土方工程量、缩短工期等优点。

1.2 墙体

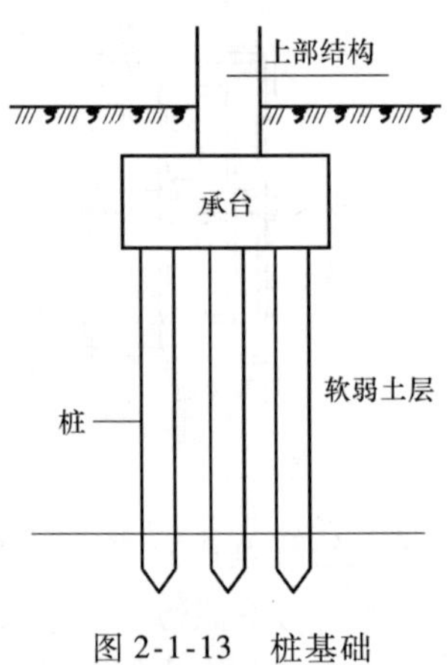

图 2-1-13 桩基础

1.2.1 墙体的类型

1. 按墙体所在位置分类

墙体依其在房屋中所处位置的不同，有外墙和内墙之分。沿房屋四周边缘分布的墙称为外墙；被外墙所包围的墙体称为内墙。外墙属于房屋的外围护结构，起着分隔室内外空间、遮风、挡雨、保温、隔热的作用；内墙主要起分隔房屋的内部空间的作用。其中，沿房屋短轴方向布置的墙称横墙，横向外墙统称为山墙；沿房屋长轴方向布置的墙称为纵墙，纵墙有外纵墙与内纵墙之分。对于一片墙来说，窗与窗之间和窗与门之间的称为窗间墙；窗台下面的墙称为窗下墙，如图 2-1-14 所示。

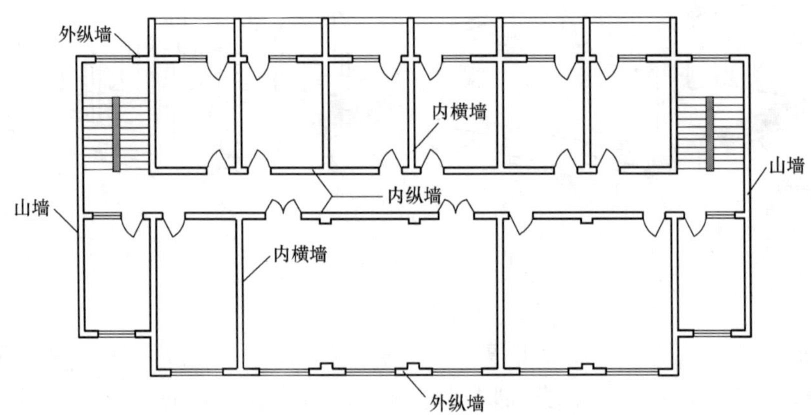

图 2-1-14 墙体各部分名称

2. 按墙体受力状况分类

在砌体结构房屋中，墙体按受力方式有承重墙和非承重墙之分。凡是承担建筑上部构件传来荷载的墙称为承重墙；不承担建筑上部构件传来荷载的墙称为非承重墙。非承重墙包括自承重墙和隔墙，自承重墙不承受外来荷载，仅承受自身重量并将其传至基础；隔墙起分隔房间的作用，不承受外来荷载，并把自身重量传给梁或楼板。框架结构房屋中的墙体填充在梁柱结构之间称框架填充墙。

3. 按墙体建造材料的不同分类

墙体按照建造材料的不同分为砖墙、石墙、土墙、砌块墙、混凝土墙等。其中粘土砖虽然是我国传统的墙体材料，但它越来越受到材源的限制，我国有很多地方已经限制在建筑业中使用实心粘土砖。石材和生土往往作为地方材料在产地使用，价格虽低但加工不便。砌块墙是砖墙的良好替代品，由多种轻质材料和水泥等制成，例如加气混凝土砌块。混凝土墙则可以现浇或预制，在多、高层建筑中应用较多。

4. 按墙体构造和施工方式分类

墙体按构造方式分为实体墙、空体墙和组合墙三种。实体墙由单一材料组成，如砖墙、砌块墙等。空体墙也是由单一材料组成，可由单一材料砌成内部空腔，也可用具有孔洞的材料建造墙，如空斗砖墙、空心砌块墙等。组合墙由两种以上材料组合而成，例如混凝土、加气混凝土复合板材墙。其中混凝土起承重作用，加气混凝土起保温隔热作用。

墙体按施工方法可以分为块材墙、板筑墙及板材墙三种。块材墙是用砂浆等胶结材料将砖石块材等组砌而成，例如砖墙、石墙及各种砌块墙等。板筑墙是在现场立模板，现浇而成的墙体，例如现浇混凝土墙等。板材墙是预先制成墙板，施工时安装而成的墙，例如预制混凝土大板墙、各种轻质条板内隔墙等。

1.2.2 墙体的设计要求

进行墙体设计时，应该依照其所处位置和功能不同，分别满足以下要求：

1. 具有足够的强度和稳定性

强度是指墙体承受荷载的能力，它与所采用的材料以及同一材料的强度等级有关。作为承重墙的墙体，必须具有足够的强度，以确保结构的安全。

墙体的稳定性与墙的高度、长度和厚度有关。高而薄的墙稳定性差，矮而厚的墙稳定性好；长而薄的墙稳定性差，短而厚的墙稳定性好。

2. 满足建筑节能要求

墙体作为外围护结构，对房屋的使用能耗有较大影响，为贯彻国家的节能政策，墙体必须通过建筑设计和构造措施来满足保温、隔热方面的要求，以达到节约能源，改善室内环境的目的。

对有保温要求的墙体，要提高其热阻，通常采取以下措施：

（1）增加墙体的厚度：墙体的热阻与其厚度成正比，欲提高墙身的热阻，可增加其厚度。

（2）选择导热系数（热导率）小的墙体材料：要增加墙体的热阻，宜选用导热系数小的保温材料，如泡沫混凝土、加气混凝土、陶粒混凝土、膨胀珍珠岩、膨胀蛭石、浮石及浮石混凝土、泡沫塑料、矿棉及玻璃棉等。其保温构造有单一材料的保温结构和复合保温结构之分。

（3）采取隔蒸汽措施：为防止墙体产生内部凝结，常在墙体的保温层靠高温一侧，即蒸汽渗入的一侧，设置一道隔蒸汽层。隔蒸汽材料一般采用沥青、卷材、隔汽涂料以及铝箔等防潮、防水材料。

要满足墙体的隔热要求，通常采取的措施有：

① 外墙采用浅色而平滑的外饰面，如白色外墙涂料、浅色墙地砖、金属外墙板等，以反射太阳光，减少墙体对太阳辐射的吸收。

② 在外墙内部设通风间层，利用空气的流动带走热量，降低外墙内表面温度。

③ 在窗口外侧设置遮阳设施，以遮挡太阳光直射室内。

④ 在外墙外表面种植攀缘植物使其遮盖整个外墙，吸收太阳辐射热，从而起到隔热作用。

3. 满足隔声的要求

为保证室内有一个良好的声学环境，墙体必须具有足够的隔声能力。设计中要满足规范对不同类型建筑、不同位置墙体的隔声要求。

墙体隔声主要隔离由空气直接传播的噪声。一般采取以下措施：

（1）加强墙体缝隙的填密处理。

（2）增加墙厚和墙体的密实性。

（3）采用有空气间层式多孔性材料的夹层墙。

（4）尽量利用垂直绿化降噪声。

4. 满足防火要求

作为建筑墙体的材料及厚度，应满足有关防火规范中对燃烧性能和耐火极限的规定。当建筑的单层建筑面积或长度达到一定指标时，应划分防火分区，以防止火灾蔓延。防火分区一般用防火墙进行分隔。

此外，对墙体的设计还应根据实际情况，考虑墙体的防潮、防水、防辐射及经济等各方面的要求。

1.2.3 砌块墙材料及规格

砌块墙是用砂浆将块材按一定技术要求砌筑而成的墙体，其材料主要分为块材和砂浆。

块材是砌块墙的主要组成部分，约占砌体总体积的78%以上。我国目前的块材主要有砖、砌块、石材等。我国现行粘土砖的规格是240mm×115 mm×53 mm（长×宽×高），如图2-1-15所示。KP1型空心粘土砖的规格是240mm×115 mm×90mm（长×宽×高），如图2-1-16所示。

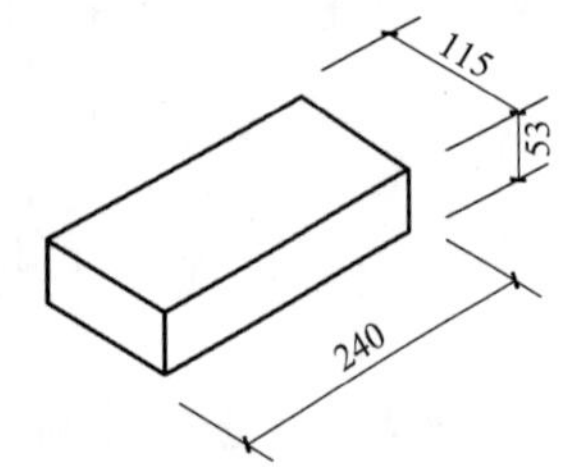

图2-1-15 普通实心砖的尺寸

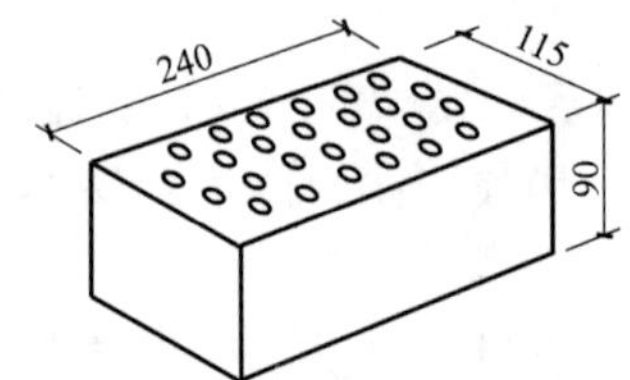

图2-1-16 KP1型空心粘土砖的尺寸

砌块墙中砂浆的作用是将块材连成整体，从而改善块材在砌体中的受力状态，使其应力均匀分布，同时因砂浆填满了块材间的缝隙，也降低了砌体的透气性，提高了砌体的防水、隔热、抗冻等性能。按配料成分不同，常用的砂浆有水泥砂浆、混合砂浆、石灰砂浆等几种。

（1）水泥砂浆由水泥、砂加水拌和而成，属水硬性材料，强度高，但可塑性和保水性较差，适应砌筑湿环境下的砌体，如地下室、砖基础等。

（2）石灰砂浆由石灰膏、砂加水拌和而成。由于石灰膏为塑性掺合料，所以石灰砂浆的可塑性很好，但它的强度较低，且属于气硬性材料，遇水强度即降低，所以适宜砌筑低层民用建筑的地上砌体。

（3）混合砂浆由水泥、石灰膏、砂加水拌和而成。既有较高的强度，也有良好的可塑性和保水性，故在民用建筑中被广泛采用。

砂浆强度等级有M15、M10、M7.5、M5、M2.5、M1、M0.4共7个级别。常用的砌筑砂浆是M1～M5几个级别，M5以上属于高强度砂浆。

1.2.4 砖墙的组砌方式

为了保证墙体的强度，墙体的缝隙必须横平竖直，错缝搭接，避免通缝。同时砌缝砂浆必须饱满，厚薄均匀。以普通粘土砖为例，常用的错缝方法是将顶砖和顺砖上下皮交错砌筑。每排列一层砖称为一皮。常见的砖墙组砌方式有全顺式（120 墙），一顺一顶式、三顺一顶式或多顺一顶式、每皮顶顺相间式也叫十字式（240 墙），两平一侧式（180 墙）等，砖墙的组砌方式如图 2-1-17 所示。

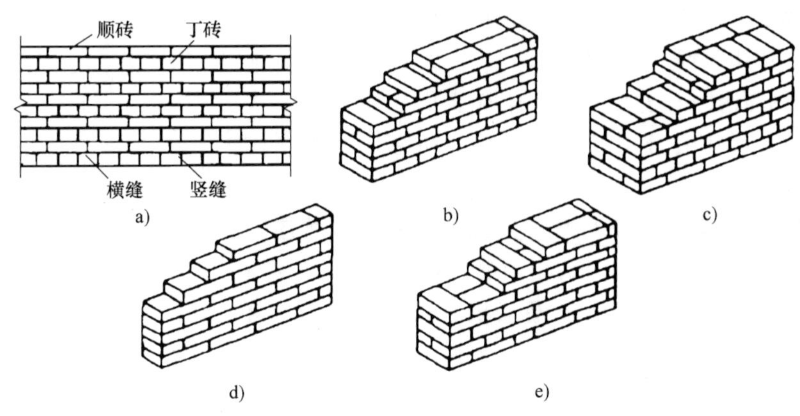

图 2-1-17　常见的几种砖墙砌法

a）砖缝形式　b）、c）一顺一丁式　d）全顺式　e）顺丁相间式

1.2.5　墙体的细部构造

墙体的细部构造包括墙脚（勒脚、散水、明沟）、窗台、门窗过梁、变形缝、圈梁、构造柱和防火墙等。

1. 墙脚

底层室内地面以下，基础以上的墙体常称为墙脚。墙脚包括勒脚、墙身防潮层、散水和明沟等。

（1）勒脚：勒脚是外墙墙身接近室外地面的部分，为保护外墙脚，防止机械碰伤，防止雨水上溅墙身而造成墙体风化，并有美观等作用而做的加固构造。自室外地面算起，勒脚的高度一般应在 500mm 以上，有时为了建筑立面形象的要求，经常把勒脚顶部提高至首层窗台处。勒脚一般采用以下几种构造做法（图 2-1-18）。

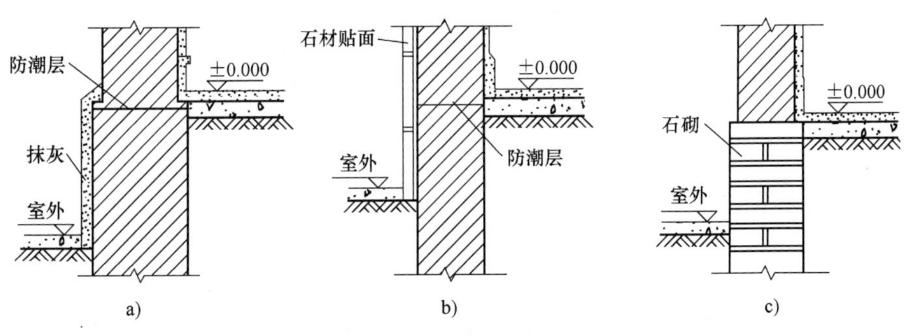

图 2-1-18　勒脚构造做法

a）抹面　b）贴面　c）石材

抹面：可采用 20 厚 1∶3 水泥砂浆抹面，1∶2 水泥白石子浆水刷石或斩假石抹面。此法多用于一般建筑，为防止抹灰起壳脱落，除严格施工操作外，常用增加抹灰的“咬口”进

行加强。

贴面：可采用天然石材或人工石材，如花岗石、水磨石板等。其耐久性、装饰效果好，用于高标准建筑。还可采用石材，如条石等砌筑。

（2）防潮层：由于地表水和地下水的毛细作用所形成的地潮，会沿墙身不断上升（图2-1-19），不但影响墙体强度，而且会使室内抹灰粉化脱落，抹灰表面生霉，影响人体健康，所以需要在墙身中设置防潮层。防潮层有水平防潮层和垂直防潮层。

1）墙身水平防潮层：墙身水平防潮层设置的位置应在室内地坪与室外地坪之间，标高相当于 -0.060m，且距室外地面至少150mm以上，如果防潮层设置位置不恰当，就不能完全隔阻地下潮气，如图2-1-20所示。

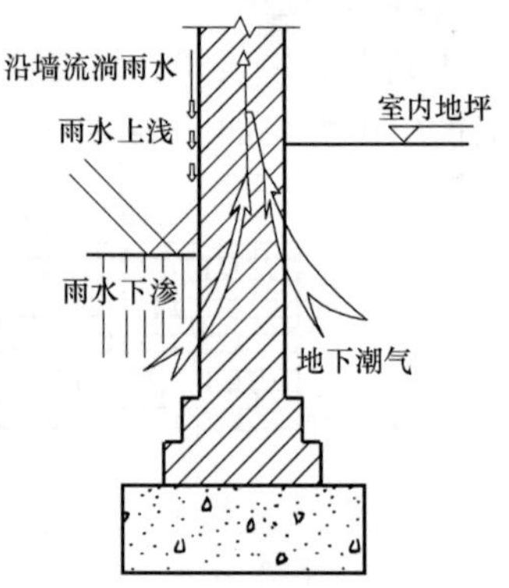

图2-1-19　地潮对墙身的影响

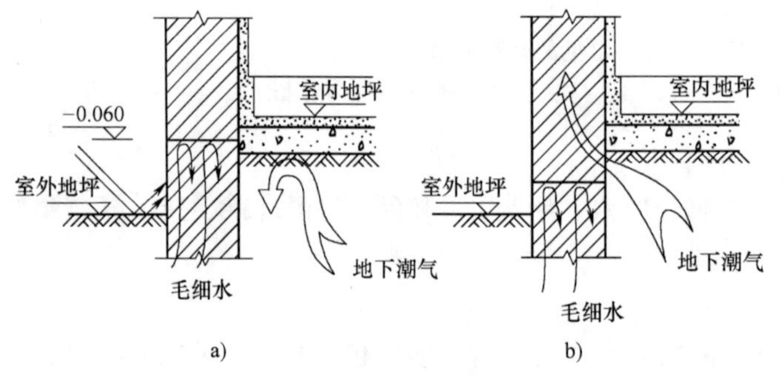

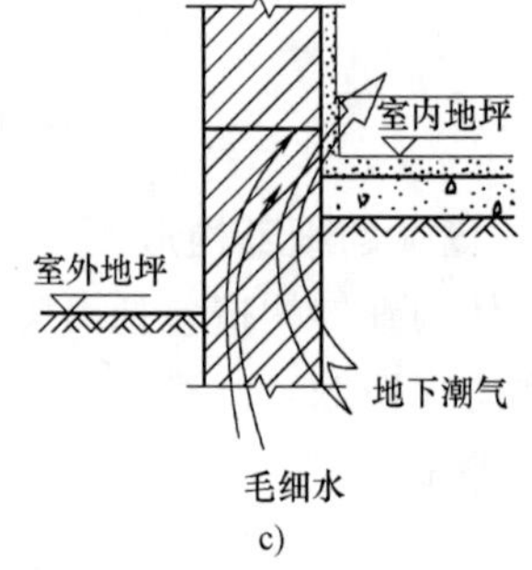

图2-1-20　水平防潮层的位置

a）位置恰当　b）位置偏低　c）位置偏高

墙身水平防潮层的构造做法常用以下几种（图2-1-21）：

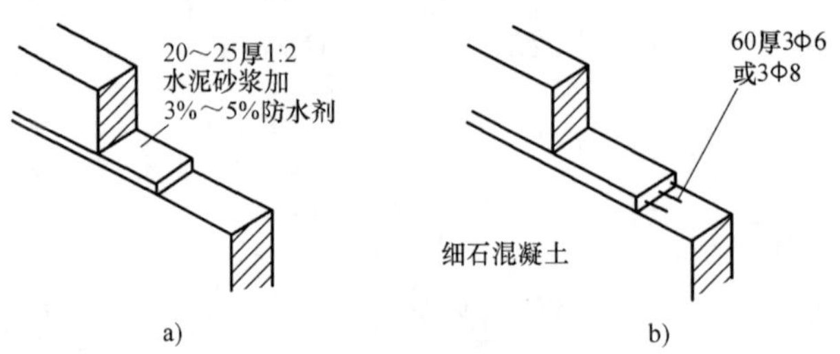

图2-1-21　墙身水平防潮层构造做法

a）防水砂浆防潮层　b）细石混凝土防潮层

第一，防水砂浆防潮层，采用1∶2水泥砂浆加水泥用量3%～5%防水剂，厚度为20～25mm或用防水砂浆砌三皮砖作防潮层。这种做法构造简单，但砂浆开裂或不饱满时影响防潮效果。

第二，细石混凝土防潮层，采用60mm厚的细石混凝土带，内配三根Φ6钢筋，其防潮性能较好。

如果墙脚采用不透水的材料（如条石或混凝土等），或设有钢筋混凝土地圈梁时，可将地圈梁的位置提高至 -0.060m 标高处，兼起墙身防潮层的作用。

2）墙身垂直防潮层：当相邻室内地坪出现高差或室内地面低于外地面时，不仅要求按地坪高差的不同在墙身设两道水平防潮层，而且为了避免高地坪房间（或室外地面）填土中的潮气侵入墙身，还应对有高差部分的垂直墙面采取垂直防潮措施。其具体做法是在高地坪房间填土前，于两道水平防潮层之间的垂直墙面上，先用水泥砂浆抹灰，再涂冷底子油一道，热沥青两道（或其他防潮处理），而在低地坪一边的墙面上，则采用水泥砂浆打底的墙面抹灰，如图 2-1-22 所示。

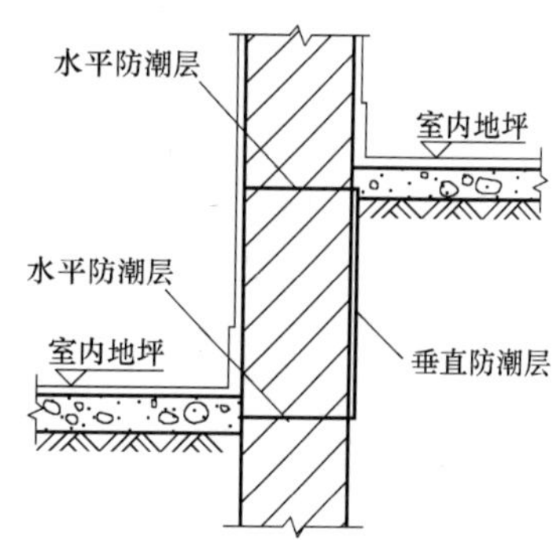

图 2-1-22　墙身垂直防潮层构造做法

（3）散水与明沟：为了及时排除雨水，防止雨水侵蚀墙身，房屋四周需设散水或明沟。当屋面为有组织排水时一般设明沟或暗沟，也可设散水。屋面为无组织排水时一般设散水，但应加滴水砖（石）带。散水的做法通常是在素土夯实上铺三合土、混凝土等材料，厚度 60～70mm，并应设不小于 3% 的排水坡，宽度一般为 600～1000mm，如图 2-1-23 所示。散水与外墙交接处应设分格缝，分格缝用弹性材料嵌缝，表面嵌上油膏，防止外墙下沉时将散水拉裂。散水整体面层沿纵向距离每隔 6～12m 做一道伸缩缝，缝宽 20mm，缝内嵌上油膏。

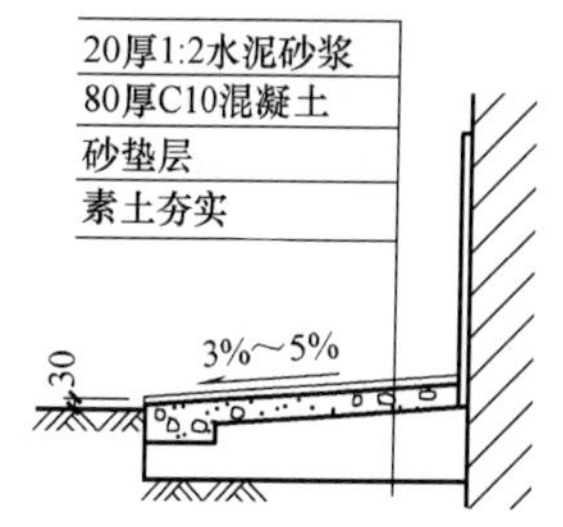

图 2-1-23　散水构造做法

明沟是设置在外墙四周的排水沟，将水有组织地导向集水井，然后流入排水系统。明沟的构造做法一般用素混凝土现浇，或用砖石铺砌成一定宽度和深度的沟槽，然后用水泥砂浆抹面，沟底应做纵坡，坡度为 0.5% ～1%，宽度为 220～350mm，如图 2-1-24 所示。

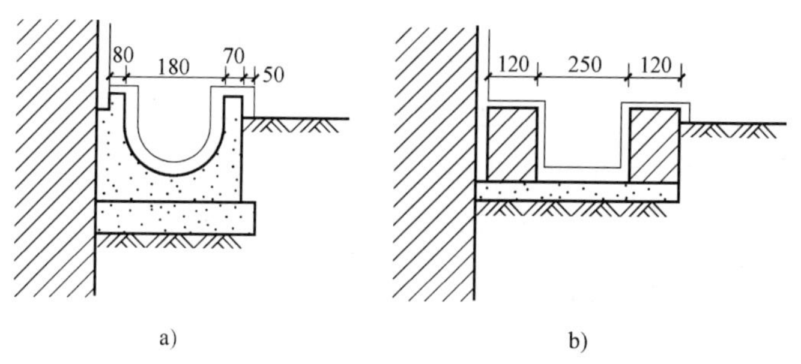

图 2-1-24　明沟构造做法

a）混凝土明沟　b）砖砌明沟

2. 窗台

窗台是设于窗洞口下部的构件，分内窗台和外窗台两种。

外窗台的作用主要是排出窗面雨水，保证下部墙体的干燥，同时也对建筑的立面起到装饰作用。外窗台有悬挑和不悬挑两种。悬挑窗台常用砖砌或采用预制钢筋混凝土，其挑出的尺寸应不小于 60mm。砖砌外窗台可以平砌或侧砌，窗台的坡度可以利用斜砌的砖形成。

内窗台的窗台板一般采用预制钢筋混凝土板，装修标准较高的房间也可以采用天然石材，窗台板不宜采用木材等防水性能差的材料制作，否则容易受到冷凝水的侵蚀。窗台板一般依靠窗间墙支承，两端伸如入墙内60mm，沿内墙面挑出约40mm。

图2-1-25是几种常见的窗台举例。

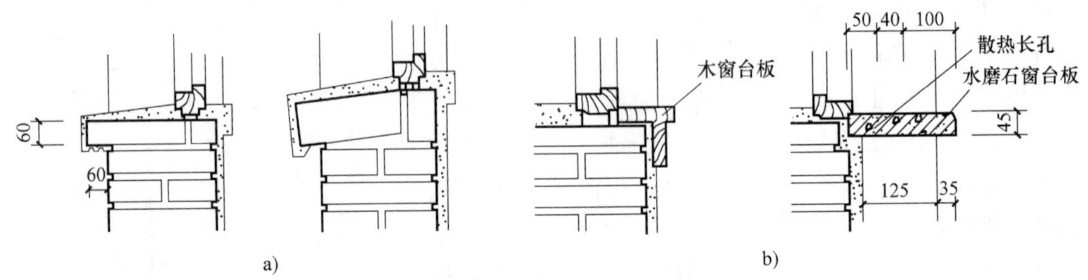

图2-1-25 窗台构造举例

a）外窗台 b）内窗台

3. 门窗过梁

当墙体上设置门窗洞口时，为了支撑门窗洞口上传来的荷载，并把这部分荷载传递给两侧的墙体，常在门窗洞口上设置横梁，即门窗过梁。由于砖在砌筑时是相互咬合的，会在砌体内部产生内拱作用，因此过梁并不承担其上墙体的全部荷载，而是只承担了一部分荷载，约为门洞跨度1/3高度范围内墙体的重量。当过梁的有效范围内有集中荷载存在时，则应另行计算过梁上的荷载数值。

过梁的种类较多，目前常见的过梁形式有砖拱过梁、钢筋砖过梁和钢筋混凝土过梁三种。

（1）砖拱过梁：砖拱过梁分为平拱和弧拱。由竖砌的砖作拱圈，一般将砂浆灰缝做成上宽下窄，上宽不大于20mm，下宽不小于5mm。砖强度等级不低于MU7.5，砂浆强度等级不能低于M2.5，砖砌平拱过梁净跨宜小于1.2m，中部起拱高约为$L/50$，如图2-1-26所示。

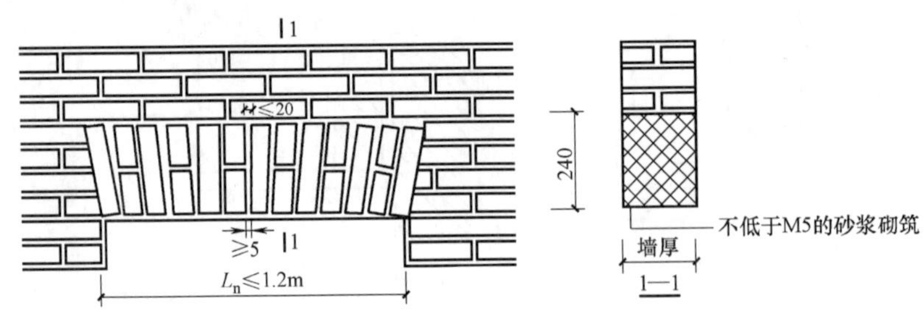

图2-1-26 砖砌平拱过梁

（2）钢筋砖过梁：钢筋砖过梁用砖不低于MU7.5，砌筑时一般在洞口上方先支木模，砖平砌，下设3～4根Φ6钢筋，要求伸入两端墙内不少于240mm，梁高砌5～7皮砖或大于或等于$L/4$，钢筋砖过梁最大跨度宜小于1.5m，如图2-1-27所示。

（3）钢筋混凝土过梁：钢筋混凝土过梁有现浇和预制两种，梁高及配筋由计算确定。为了施工方便，梁高应与砖的皮数相适应，以方便墙体连续砌筑，故常见梁高为60mm、120mm、180mm、240mm，即60mm的整倍数。梁宽一般同墙厚，梁两端支承在墙上的长度

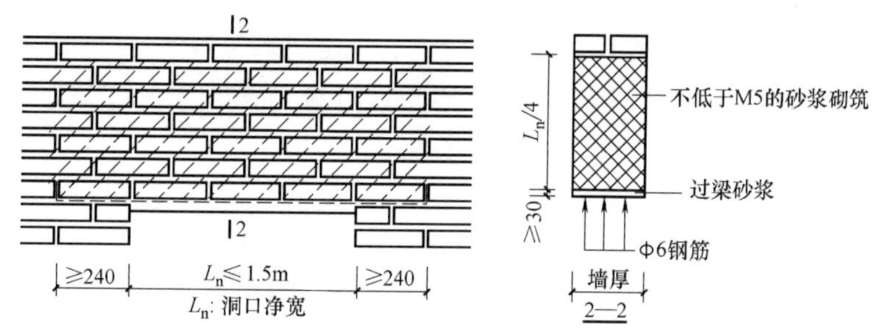

图 2-1-27　钢筋砖过梁

不少于 240mm，以保证足够的承压面积。

过梁断面形式有矩形和 L 形，如图 2-1-28 所示。为简化构造，节约材料，可将过梁与圈梁、悬挑雨篷、窗楣板或遮阳板等结合起来设计。如在南方炎热多雨地区，常从过梁上挑出 300 ~ 500mm 宽的窗楣板，既保护窗户不淋雨，又可遮挡部分直射太阳光。

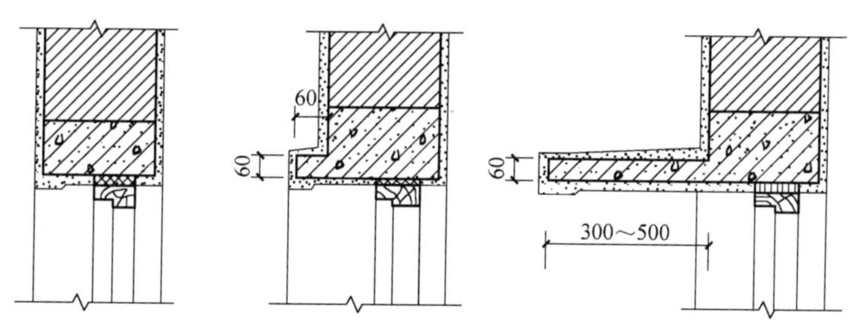

图 2-1-28　钢筋混凝土过梁

砖拱过梁、钢筋砖过梁是我国传统的过梁形式，由于承载力低，对地基不均匀沉降和震动荷载、集中荷载较敏感，对抗震不利，跨度受限等原因，在工程中已较少采用。随着建筑技术的发展和对建筑结构要求的提高，目前工程中应用最多的是钢筋混凝土过梁。

4. 圈梁

（1）圈梁的设置要求：圈梁又称腰箍，是沿外墙、内纵墙和主要横墙设置的处于同一水平面内的连续封闭梁。圈梁可以提高建筑物的空间刚度和整体性，增加墙体稳定，减少由于地基不均匀沉降而引起的墙体开裂，并防止较大振动荷载对建筑物的不良影响。在抗震设防地区，设置圈梁是减轻震害的重要构造措施。

（2）圈梁的构造：圈梁有钢筋砖圈梁和钢筋混凝土圈梁两种。

钢筋砖圈梁就是将前述的钢筋砖过梁沿外墙和部分内墙连通砌筑而成，多用在非抗震区。钢筋混凝土圈梁宽度一般与墙厚相同，高度不小于 120mm，常见的有 180mm 和 240mm。钢筋混凝土外墙圈梁顶一般与楼板相平，内墙预制楼板的圈梁一般在楼板之下。

钢筋混凝土圈梁被门窗洞口截断时，应在洞口部位增设相同截面的附加圈梁。附加圈梁与圈梁的搭接长度不应小于垂直间距的两倍，并不小于 1m，如图 2-1-29 所示。

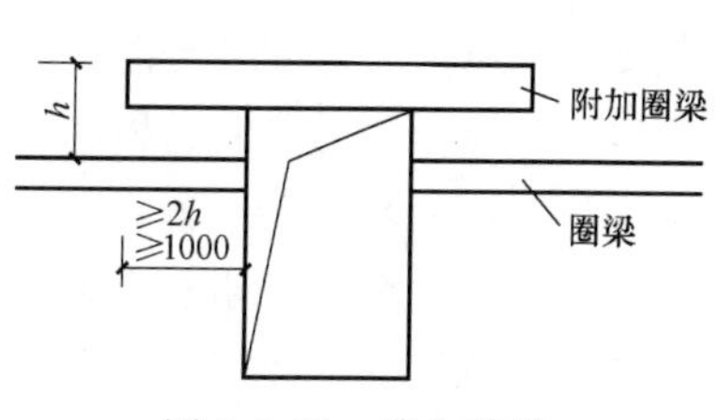

图 2-1-29　附加圈梁

5. 构造柱

为了提高砌体结构的整体性和稳定性，以增强建筑物的抗震能力，除了设置圈梁外，还应加设钢筋混凝土构造柱。钢筋混凝土构造柱从竖向加强墙体的连接，与圈梁一起构成空间骨架，提高了建筑物的整体刚度和墙体抵抗变形的能力，使建筑物做到裂而不倒。

（1）构造柱的设置原则：构造柱是从抗震角度考虑设置的，一般应设置在以下三个位置上，即外墙转角、内外墙交接处及楼梯间的四角。

（2）构造柱的构造特点

1）构造柱的截面不应小于 180mm×240mm，主筋不小于 4Φ10。

2）施工时，应先放构造柱的钢筋骨架，再砌砖墙，最后浇筑混凝土。这样做的好处是结合牢固，节省模板。

3）构造柱处墙体宜砌成马牙搓形式，即每 300mm 高伸出 60mm，每 300mm 高再收回 60mm。

4）构造柱的下部应伸入地梁内，无地梁时应伸入室外地坪下 500mm 处，构造柱的上部应伸入顶层圈梁，以形成封闭的骨架。

5）构造柱与墙之间应沿墙高每 500mm 设 2Φ6 拉结钢筋，每边伸入墙内不小于 1m，如图 2-1-30 所示。

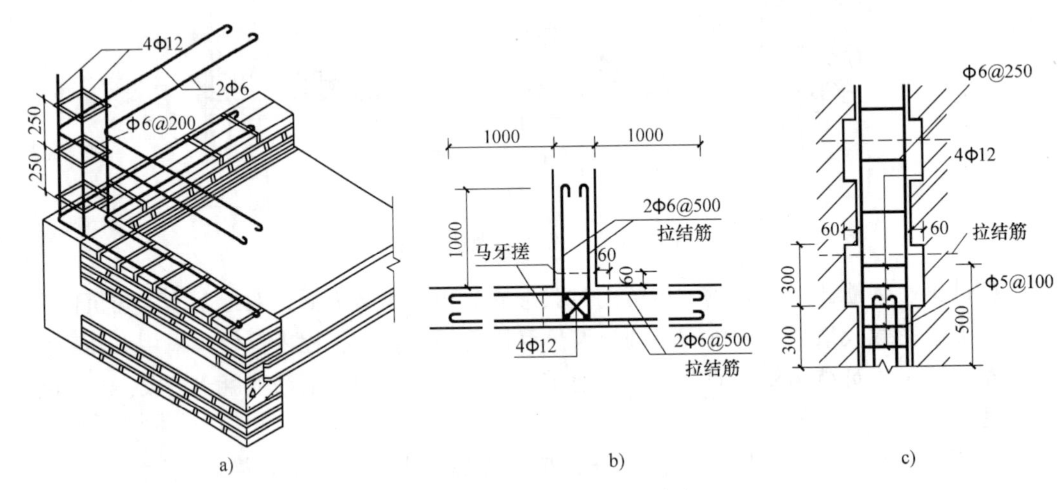

图 2-1-30　砖砌体中的构造柱

a）外墙转角处　b）内外墙交接处　c）构造柱纵剖面

1.3　楼地层

1.3.1　楼地层的设计要求

楼板层是沿水平方向分隔上下空间的承重结构构件，它除了承受并传递竖向和水平荷载，具有足够的强度和刚度外，还应具有一定的防水、防火和隔声能力。地层是分隔建筑物最底层房间和下部土壤的构件，即底层地坪，它承受着作用在上面的各种荷载，并把他们传给地基。我们通常把楼板层和地面通称为楼地层，楼地层必须具备如下设计要求：

（1）坚固要求：为了保证结构的安全，楼地层必须具有足够的强度和刚度。

（2）防潮、防水要求：对有水侵蚀的楼地层必须具有防潮、防水的能力，以免由于水的渗透影响建筑的正常使用。

（3）热工和防火要求：一般楼地层应有一定的蓄热性，即人在楼面或地面上应有舒适的感觉，并应符合防火规范的规定。

（4）隔声要求：为避免楼层上、下空间相互干扰，楼板层应具备一定的隔声能力。

1.3.2 楼板层的组成

为了满足楼板层的使用要求，楼板层一般由面层、结构层、顶棚层和附加层组成，如图2-1-31所示。

（1）面层：面层又称楼面，是楼板层上表面的构造层，也是室内空间下部的装修层。面层对结构层起保护作用，使结构层免受损坏，同时，也起装饰室内的作用。

（2）结构层：结构层位于面层和顶棚层之间，是楼板层的承重部分。结构层承受楼板层上的全部荷载，并对楼板层的隔声、防火起主要作用。

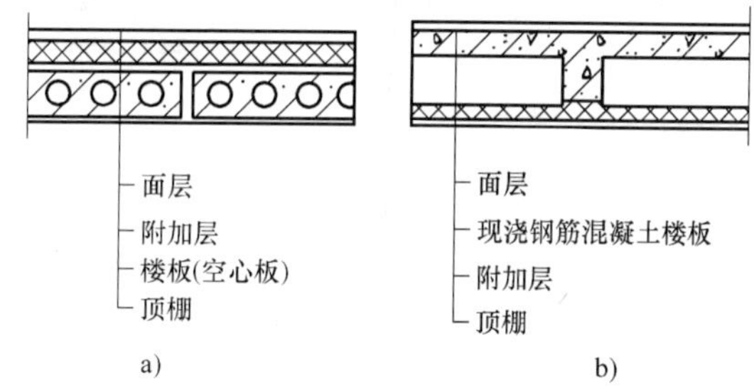

图2-1-31　楼板层的组成

a）预制钢筋混凝土楼板层　b）现浇钢筋混凝土楼板层

（3）顶棚层：顶棚层又称天花板、天棚，是楼板层下表面的构造层，也是室内空间上部的装修层。顶棚的主要作用是保护楼板、装饰室内、安装灯具、敷设管线等。

（4）附加层：附加层通常设在面层和结构层之间，有时也在结构层和顶棚层之间，主要有管线敷设层、防水层、隔声层、保温或隔热层等。管线敷设层是用来敷设水平管线的构造层；防水层是用来防止水渗透的构造层；隔声层是为隔绝撞击声而设的构造层；保温或隔热层是改善热工性能的构造层。

1.3.3 地层的组成

地层的基本组成有面层、垫层和基层，有时地层为满足其他功能要求，往往还需增加附加层，如图2-1-32所示。

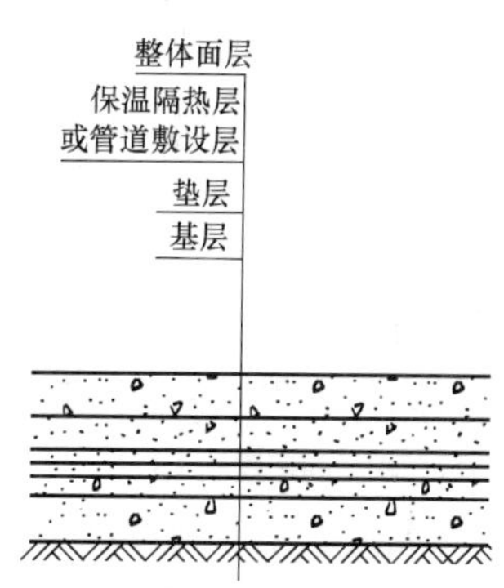

图2-1-32　地层的组成

（1）面层：又称地面，是地坪层最上面、人们直接接触的部分，起保护垫层和装饰室内的作用。面层的材料和做法应根据室内的使用、耐久性要求和装修要求来确定。

（2）垫层：垫层是承受面层的荷载并均匀传递给基层的构造层，分为刚性垫层和柔性垫层两类。刚性垫层有足够的整体刚度，受力后变形很小，常用的有低强度等级的素混凝土、碎砖三合土。柔性垫层整体刚度很小，受力后易产生塑性变形，常用的有砂、碎石、炉渣等。

（3）基层：基层是最终承受荷载的土层，一般为原土层，若土层较差时，可掺碎砖、石子并夯实。

（4）附加层：附加层主要是为满足某些特殊使用功能要求而设置的某些层次，如结合层、防水层、保温层、管道敷设层等。

1.3.4 楼板层的类型

根据所采用材料的不同，楼板可分为木楼板、钢筋混凝土楼板以及压型钢衬板组合楼板等多种形式，如图2-1-33所示。

木楼板具有自重轻、构造简单、吸热指数小等优点，但耐久和耐火性能差，除林区外现

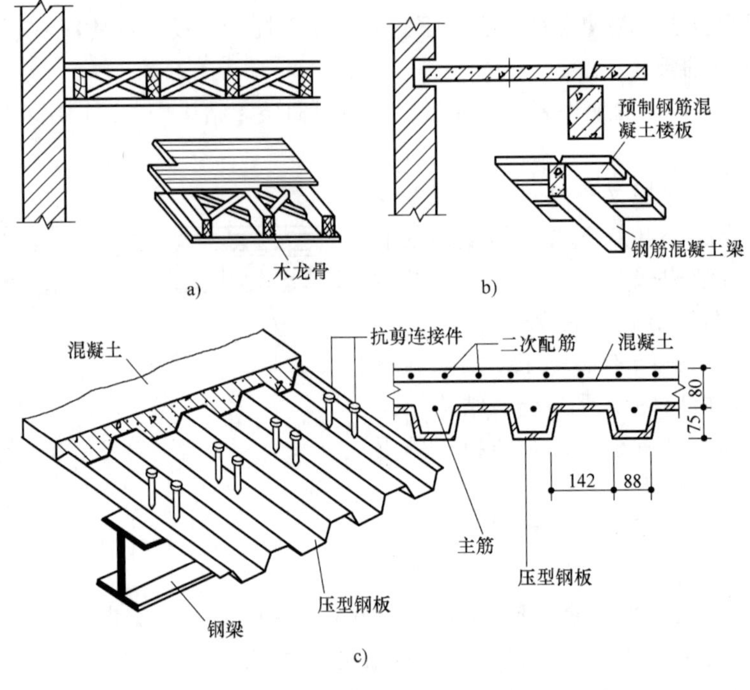

图 2-1-33　楼板类型

a）木楼板　b）钢筋混凝土楼板　c）压型钢衬板组合楼板

已极少采用。

钢筋混凝土楼板强度高、刚度大、耐久和耐火性能好，且混凝土可塑性大，能浇成各种形状和尺寸，因而被广泛采用。

压型钢衬板组合板是以压型钢板为衬板与混凝土浇筑在一起而构成的楼板。这种楼板具有承载能力大、刚度大、整体性好、施工方便，且有利于各种管线的敷设等优点。适用于大空间建筑和高层建筑，在国外已普遍采用，但其耐火性和耐腐蚀性不如钢筋混凝土楼板，且用钢量大，造价较高，国内采用较少。

1.3.5　钢筋混凝土楼板

钢筋混凝土楼板按施工方式又分为现浇整体式钢筋混凝土楼板、预制装配式钢筋混凝土楼板和装配整体式钢筋混凝土楼板三种。

1. 现浇整体式钢筋混凝土楼板

现浇钢筋混凝土楼板是在现场支模板、绑扎钢筋、浇捣混凝土，经养护而成。这种楼板具有成型自由、整体性和防水性好的优点，但模板用量大、工期长、工人劳动强度大，且受施工季节的影响较大。

现浇钢筋混凝土楼板根据受力和传力情况分有板式楼板、梁板式楼板、井式楼板和无梁楼板组合板。

（1）板式楼板：板内不设梁，直接支撑在墙上，这种楼板称为板式楼板。板式楼板具有底面平整、便于施工支模的优点，但板跨超过一定范围时不经济，因而多用于平面尺寸较小的房间，如住宅中的厨房、卫生间，公共建筑中的走廊等。

（2）梁板式楼板：当房间的跨度较大时，若仍采用板式楼板，会因板跨较大而增加板厚，这不仅使材料用量增多，板的自重加大，而且使板的自重在楼面荷载中所占的比重增加。为了使楼板结构的受力和传力更为合理，应采取措施减小板跨，通常可在板下设梁来增加板的支点，从而减小板跨。由梁、板组合而成的楼板称为梁板式楼板（又称为肋形楼板）。梁板式通常在纵横两个方向都设置梁，如图 2-1-34 所示，有主梁和次梁之分。主梁一般沿房间短跨布置，支承在墙或柱上；次梁则垂直于主梁布置，支承在主梁上；板支承在次梁上。

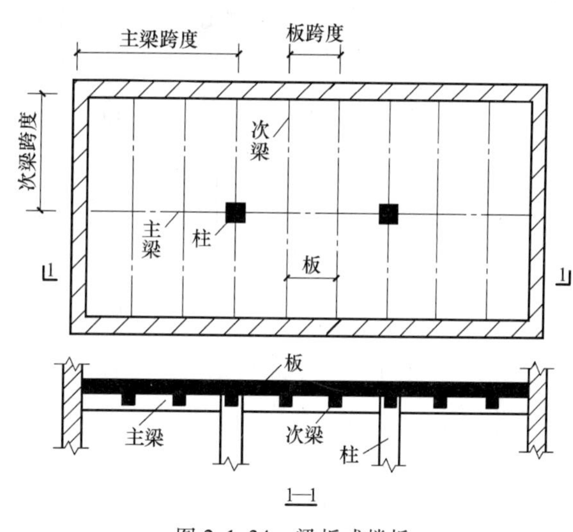

图 2-1-34 梁板式楼板

（3）井式楼板：当房间尺寸较大并接近正方形时，常沿两个方向布置等距离、等截面的梁，从而形成井格式的梁板结构（图 2-1-35），称为井式楼板，它是梁板式楼板的一种特殊布置形式。这种结构无主次梁之分，中部不设柱子，梁通常采用正交正放或正交斜放的布置形式，由于布置规整，具有较好的装饰性，常被用于公共建筑的门厅和大厅。

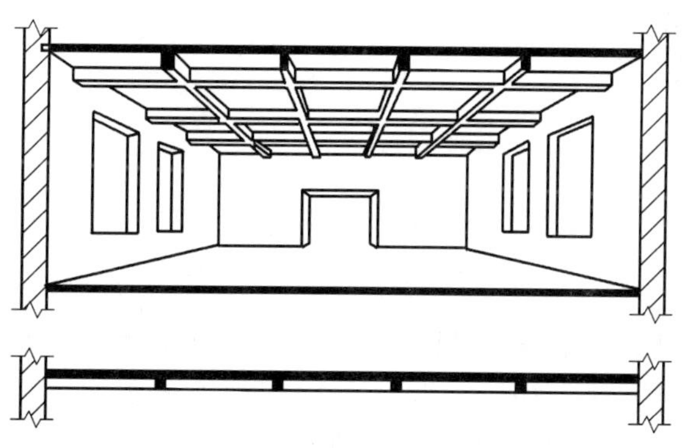
图 2-1-35 井式楼板

（4）无梁楼板：对平面尺寸较大的房间或门厅，有时楼板也可以直接支承在柱上，不设梁，这种楼板称为无梁楼板，分为有柱帽和无柱帽两种类型。当楼面荷载较小时，可采用无柱帽式无梁楼板；当荷载较大时，为避免楼板太厚，应采用有柱帽无梁楼板，如图 2-1-36所示。无梁楼板的柱网一般宜布置为方形，柱距以 6m 左右较为经济。由于板跨较大，板厚不宜小于 150mm。这种楼板多用于荷载较大的展览馆、商店、仓库等建筑。

2. 预制装配式钢筋混凝土楼板

装配式钢筋混凝土楼板是指由在预制构件加工厂或施工现场制作的钢筋混凝土楼板现场装配而成的楼板。这种楼板不在施工现场浇筑混凝土，可节省模板，缩短工期，而且施工不受季节限制，有利于实现建筑工业化，但整体性较差，对抗震设防要求较高的地区应慎用。

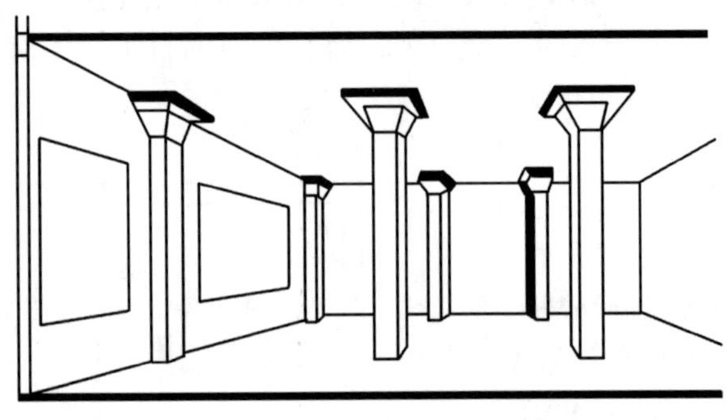

图 2-1-36　无梁楼板

预制钢筋混凝土楼板有预应力和非预应力两种。预应力楼板是指在顶制加工中，预先给它一个压应力，在安装受荷以后，板所受到的拉应力和预先给的压应力平衡。预应力楼板的抗裂性和刚度均好于非预应力楼板，且板型规整、节约材料、自重减轻、造价降低。预应力楼板和非预应力楼板相比，可节约钢材 30%～50%，节约混凝土 10%～30%。

预制钢筋混凝土楼板常用类型有实心平板、空心板、槽形板三种，如图 2-1-37 所示。

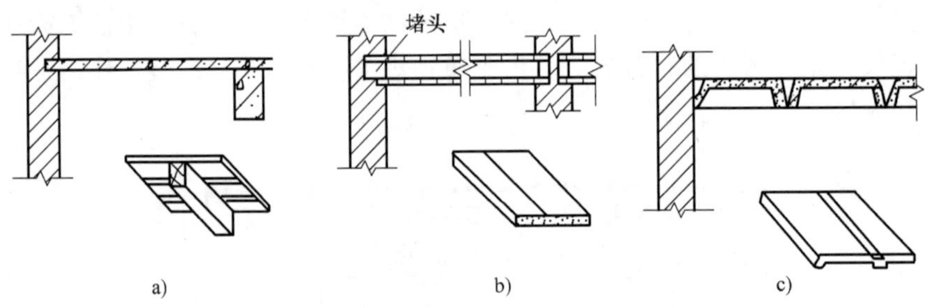

图 2-1-37　预制钢筋混凝土楼板类型
a）实心平板　b）空心板　c）槽形板

预制钢筋混凝土楼板应有足够的搁置长度。板在梁上的搁置长度应不小于 80mm；支承于内墙上时搁置长度应不小于 100mm；支承于外墙上时搁置长度应不小于 120mm。铺板前，先在墙或梁上用 20mm 厚 M5 水泥砂浆找平（即坐浆），然后再铺板，使板与墙或梁有较好的连接，同时也使墙体受力均匀。楼板与墙体、楼板与楼板之间常用锚固钢筋（又称拉结筋）予以锚固。

在进行板的结构布置时，一般要求板的规格、类型越少越好。安装预制板时，为使板缝灌浆密实，要求板块之间离开一定距离，以便填入细石混凝土。板的接缝有端缝和侧缝两种。端缝一般以细石混凝土灌注，使之相互连接。对整体性要求较高的建筑，可在板缝配筋或用短钢筋与预制吊钩焊接，如图 2-1-38 所示。侧缝一般有 V 形缝、U 形缝、凹槽缝三种形式（图 2-1-39）。常见的为 V 形缝。凹槽缝的受力状态最好，但灌缝较困难。

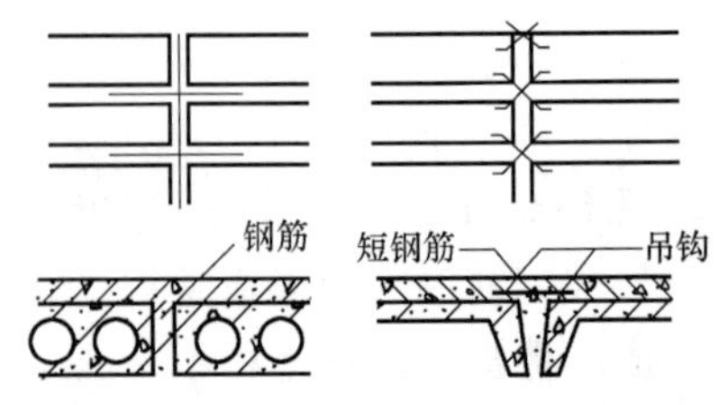

图 2-1-38　整体性要求较高时的板缝处理

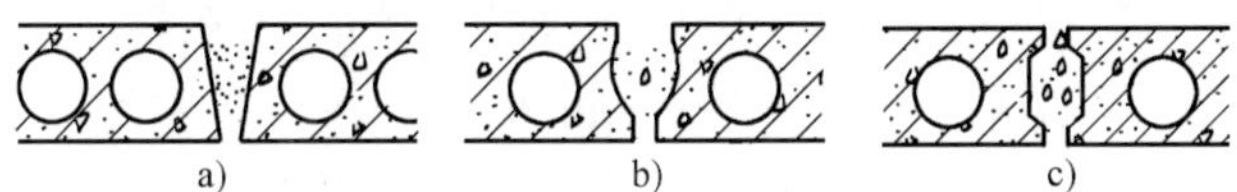

图 2-1-39　预制钢筋混凝土楼板类型

a）V 形缝　b）U 形缝　c）凹槽缝

3. 装配整体式钢筋混凝土楼板

装配整体式楼板是在楼板中预制部分构件，然后在现场安装，再以整体浇筑的办法连接而成的楼板，或在现浇（亦可预制）密肋小梁间安放预制空心砌块并现浇面层而制成的楼板结构，它们兼有整体性强和节省模板等特点。

叠合楼板是由预制薄板（顶应力）与现浇混凝土层叠合而成的装配整体式楼板，又称预制薄板叠合楼板（图 2-1-40）。这种楼板以预制混凝土薄板为永久模板而承受施工荷载，板面现浇混凝土叠合层，所有楼板层中的管线等均事先埋在叠合层内，现浇层内只需配置少量支座负筋。叠合楼板上下表面平整，便于面层装修，整体性好，刚度大，适用于对整体刚度要求较高的高层建筑和大开间建筑。

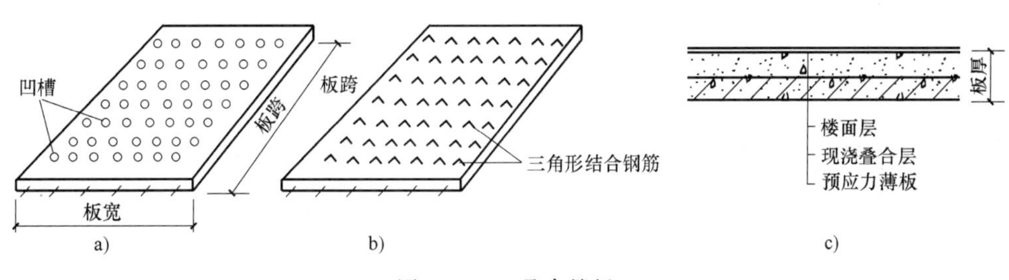

图 2-1-40　叠合楼板

a）预制薄板的板面刻槽　b）预制薄板板面露出三角形结合筋　c）叠合楼板组成

1.3.6　地面防潮与楼面防水

1. 地面防潮

地面与土层直接接触，土壤中的水分会因毛细作用上升引起地面受潮，严重影响室内卫生和使用，因此需对地层作防潮处理。

在地面垫层和面层之间加设防潮层，可以有效阻止地下潮气上升，形成防潮地面，如图 2-1-41 所示。防潮层一般构造为：先刷冷底子油一道，再铺设热沥青、油毡等防水材料，阻止潮气上升。也可在垫层下均匀铺设卵石、碎石或粗砂等，切断毛细水的道路。

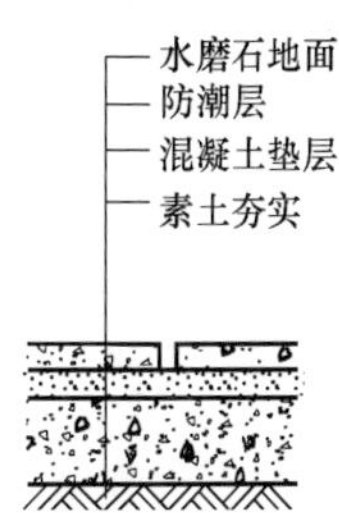

图 2-1-41　地面防潮做法

架空地面也可使地层有效防潮。具体做法是：将地层底板搁置在地垄墙上，将地层架空，使地层结构层与回填土之间有一定距离，形成通风间层，同时利用建筑的室内外高差，在接近室外地面的墙上留出通风洞，带走地下潮气。避免地下潮气像实铺地面那样直接影响底层地面。

2. 楼面防水

建筑物内的厕所、淋浴间等由于使用功能的要求，往往容易积水，处理不当容易发生渗水、漏水现象。为了不影响房间的使用，应做好楼面防水处理。

用水频繁的房间，楼板应以现浇为宜。为了排水通畅，需在楼面设置一定的坡度，一般为 1% ~1.5%，并在最低处设置地漏。为了防止积水外溢，有水房间的楼地面标高应比相邻房间或走廊低 20 ~30mm，或在门口做 20 ~30mm 高的挡水门槛。

对防水要求较高的地方，可在楼板面层与结构层之间设置防水层一道，常见的防水材料有防水卷材、防水砂浆或防水涂料。并将防水层沿房间四周向上翻起 100 ~150mm。当遇到开门处，防水层应铺出门外至少 250mm。如图 2-1-42 所示。

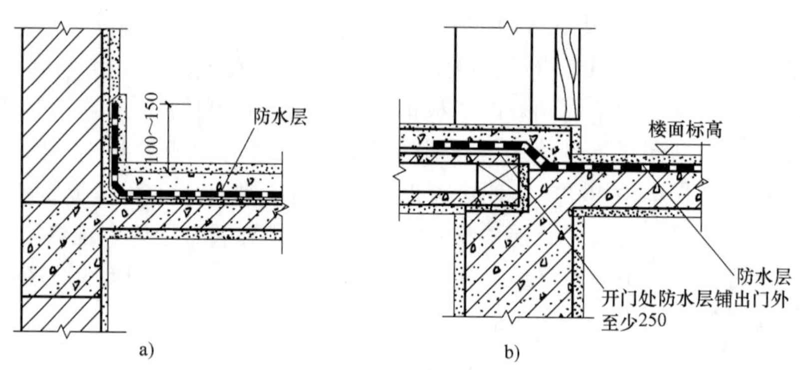

图 2-1-42　用水房间地面构造

a）防水层上翻　b）防水层铺出门外

当有立管穿越楼板层时，一般在在管道穿过的周围用 C20 干硬性细石混凝土捣固密实，再以卷材或防水涂料作密封处理。热力管道穿越楼板时，为防止由于温度变化，出现热胀冷缩，致使管壁周围漏水，应在穿越处埋设比热力管道直径稍大的套管，套管高出楼面约 30mm 左右。

1.3.7　阳台

阳台是建筑物室内的延伸，泛指有永久性上盖、有围护结构、有台面、与房屋相连、可以活动和利用的房屋附属设施，可供居住者进行室外活动、晾晒衣物等用处。另外，良好的阳台造型设计还可以增加建筑物的外观美观。

1. 阳台的形式

根据其封闭情况分为非封闭阳台和封闭阳台；根据其与主墙体的关系分为挑阳台和凹阳台（图 2-1-43）。阳台四周一般设栏板或栏杆，便于人们在阳台上休息或存放杂物。

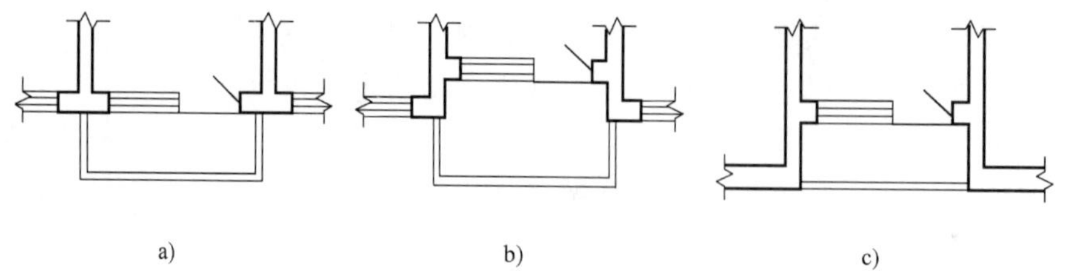

图 2-1-43　阳台的类型

a）挑阳台　b）半挑半凹阳台　c）凹阳台

阳台通常采用钢筋混凝土制作，挑出长度为 1.5m 左右。阳台常见的结构形式有挑板式、挑梁式（图 2-1-44）两种，如果挑出长度不大，大约在 1.2m 以下时，可以将楼板延伸挑出墙外，称为挑板式。当挑出长度较大时，一般需要先有悬臂梁，再由其来支撑板，称为挑梁式。

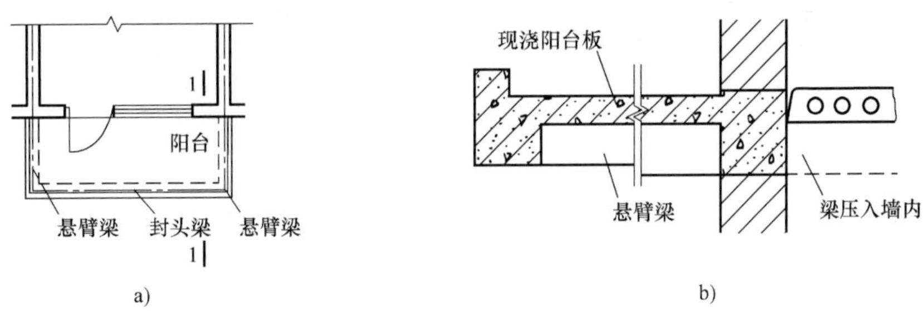

图 2-1-44　挑梁式阳台

a）平面图　b）1—1 剖面图

2. 阳台的细部构造

（1）栏杆、栏板：阳台的栏杆和栏板是阳台的围护结构，应有足够的强度和适当的高度，以保证使用安全。低层、多层住宅扶手的高度不应低于 1.05m，高层建筑不应低于 1.1m。另外，栏杆扶手还兼起装饰作用，应考虑美观。

从外形上分，栏杆有空花栏杆、实心栏板及二者组合而成的组合式栏杆。从材料上分，栏杆有金属栏杆、钢筋混凝土栏杆和空花栏杆，大多采用金属栏杆，金属栏杆一般采用圆钢、方钢、扁钢或钢管等。

金属栏杆与阳台板（或面梁）、扶手的连接，可通过预埋件焊接或预留孔洞插接；扶手为非金属不便直接焊接时，可在扶手内设预埋件与栏杆焊接。现浇混凝土栏板经立模、扎筋后，可与阳台板或面梁、挑梁、扶手一道整浇。

（2）排水处理：为避免落入阳台的雨水泛入室内，阳台的地面应较室内地面低 20mm，并应沿排水方向做排水坡。阳台的排水分为外排水和内排水，外排水适应于低层建筑，即阳台的地面向两侧做出 0.5% 的坡度，阳台外侧设置泄水管将水排出。泄水管可采用直径 40 ~ 50mm 镀锌铁管或塑料管，外挑长度不少于 80mm，以防落水溅到下面的阳台上，如图 2-1-45所示。内排水适用于多层或高层建筑，一般是在阳台内侧设置地漏和排水立管，将积水引入地下管网，如图 2-1-46 所示。

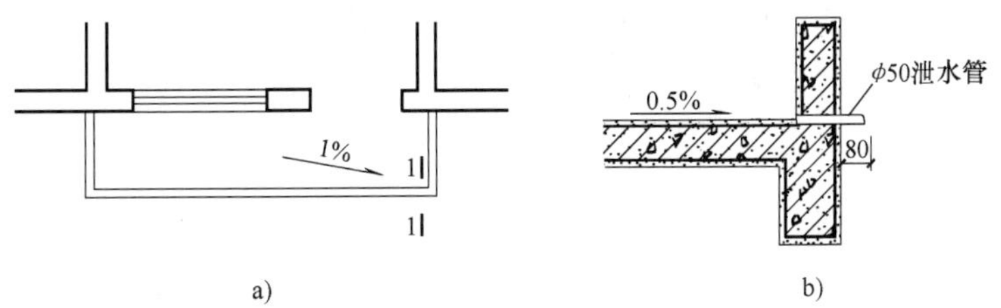

图 2-1-45　阳台外排水

a）平面图　b）1—1 剖面图

1.3.8　雨篷

雨篷位于建筑物出入口上方，用于遮挡雨水，并具有一定装饰性。

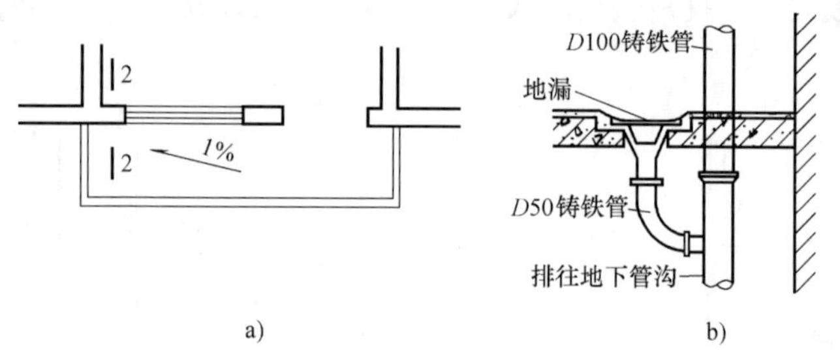

图 2-1-46 阳台内排水

a）平面图 b）2—2 剖面图

雨篷尺寸不大时常用钢筋混凝土悬挑构件，有板式和梁板式两种形式，悬挑长度一般为1～1.5m。由于雨篷所受的荷载较小，因此板式雨篷多做成变截面，考虑受力和排水坡度，一般板的根部厚度不小于70mm，端部厚度不小于50mm。对梁板式雨篷，为保证雨篷底部平整，常将雨篷的梁反到上部，呈反梁结构。为防止雨篷倾覆，常将雨篷与入口处门过梁或圈梁整浇在一起。

雨篷顶面应做好防水和排水处理。通常采用防水水泥砂浆抹面，厚度一般为20mm，并应沿墙根向上做成泛水，高度不小于250mm，同时还应沿排水方向做出排水坡（图2-1-47a）。对于翻梁式梁板结构雨篷，根据立面排水需要，通常沿雨篷外缘做挡水边坎，并在一端或两端设泄水管，其构造同阳台泄水管（图2-1-47b）。

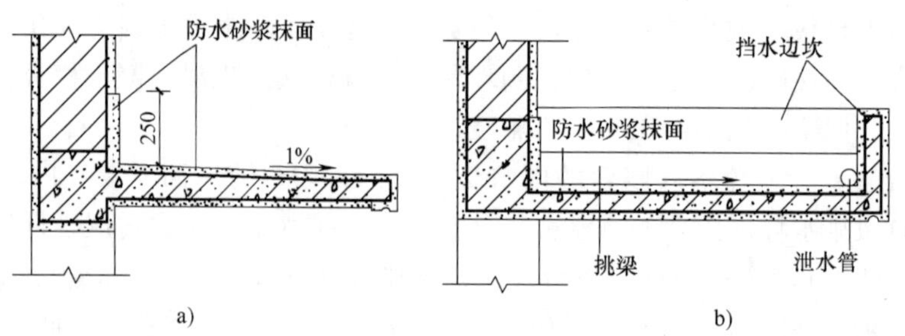

图 2-1-47 雨篷构造

a）板式雨篷 b）梁板式雨篷

如果雨篷挑出尺寸过大，也可采用悬挂式结构，悬挂的雨篷一般采用装配构件，骨架以钢构件居多，雨篷面板常常采用玻璃，这种造型通透华丽，具有现代感，能起到很好的装饰效果。

1.4 楼梯

在建筑中，楼梯是联系上下层的垂直交通设施。楼梯应满足人们日常的垂直交通、搬运家具设备和紧急情况时安全疏散的要求，其数量、位置、平面形式应符合有关规范和标准的要求，同时由于楼梯对建筑具有装饰作用，应考虑楼梯对建筑整体空间效果的影响。

1.4.1 楼梯的形式

楼梯的分类一般按下列原则进行：

（1）根据结构的材料：可分为钢筋混凝土楼梯、钢楼梯、木楼梯和组合材料楼梯。

（2）根据楼梯的位置：可分为室内楼梯和室外楼梯。

（3）根据楼梯的使用性质：可分为主楼梯、辅助楼梯、疏散楼梯及消防楼梯。

（4）根据楼梯的平面形式：可分为直跑楼梯、双跑折角楼梯、双跑平行楼梯、双跑直楼梯、三跑楼梯、四跑楼梯、双分式楼梯、双合式楼梯、八角形楼梯、圆形楼梯、螺旋楼梯、弧形楼梯、剪刀式楼梯、交叉式楼梯等。如图 2-1-48 所示。

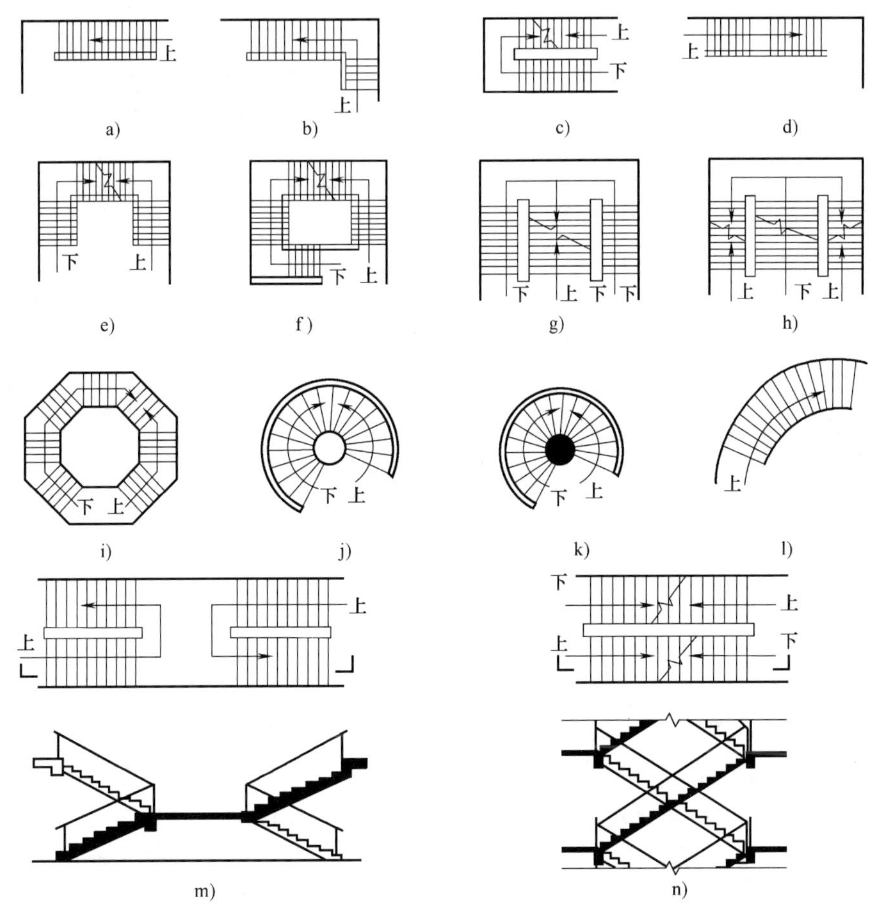

图 2-1-48　楼梯的形式

a）直跑楼梯　b）双跑折角楼梯　c）双跑平行楼梯　d）双跑直楼梯　e）三跑楼梯　f）四跑楼梯　g）双分式楼梯　h）双合式楼梯　i）八角形楼梯　j）圆形楼梯　k）螺旋楼梯　l）弧形楼梯　m）剪刀式楼梯　n）交叉式楼梯

楼梯的平面形式是根据其使用要求，建筑平面、空间的特点，建筑的性质和楼梯在建筑中的位置等因素确定的。比如，在民用住宅、医院、教学楼、商场等公共建筑中常用双跑平行楼梯。三跑楼梯、双分平行楼梯、双合平行楼梯等是根据建筑使用要求在双跑平行楼梯的基础上演变而成的。在公共建筑和酒店大厅、建筑室内装修等，为了达到美观、大方的装饰效果，可以采用螺旋楼梯或弧形楼梯。由于螺旋、弧形楼梯踏步为扇面形式，交通能力较差，一般不用于安全疏散，如果用于疏散作用的，踏步尺寸应满足相关规范要求。

1.4.2　楼梯的组成

楼梯主要由楼梯段、楼梯平台和栏杆扶手组成（图 2-1-49），楼梯的尺度与建筑功能、使用性质和人流量等因素相关。楼梯的宽度、数量和间距除满足使用要求外，还应满足建筑消防、防火的相关规定。

1. 楼梯段

楼梯段是楼梯的主要组成部分，由若干踏步构成，从地面或楼梯平台到相邻平台为一楼梯段，规范规定每楼梯段的踏步数量宜在 3 ~ 18 步。

2. 楼梯平台

楼梯平台根据其位置不同，一般分为楼层平台和中间平台两种。前者位于楼层处，其标高与楼层一致，主要用于人流的缓冲。后者位于两楼层之间，主要用于楼梯段的转折连接，同时为上下楼的人提供休息空间，因此又称为休息平台。

3. 栏杆和扶手

栏杆是楼梯的安全设施。一般设在楼梯段临空侧和平台临空边，要求坚固、可靠，按规定设置足够的安全高度和杆间宽度。楼梯段宽度较大时，还应根据相关规定在梯段中部加设栏杆。栏杆上部起固定栏杆作用，同时供人们上楼扶持用的连续配件，称为扶手。

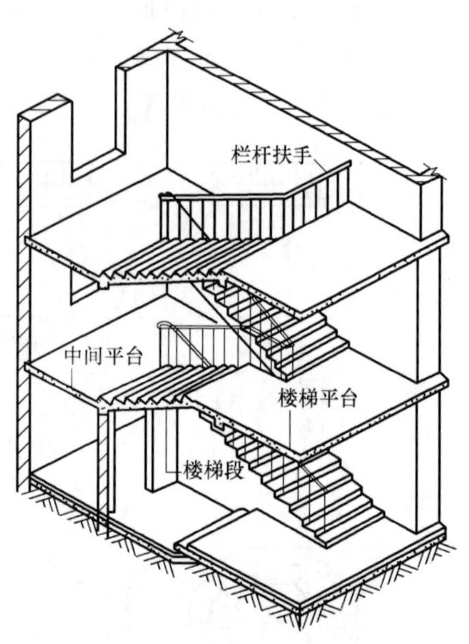

图 2-1-49 楼梯的组成

1.4.3 楼梯平面设计

楼梯平面设计主要内容是楼梯段宽度、平台宽度和梯段长度的确定。平面设计与楼梯间的开间、进深和建筑物的层高有关，当楼梯间尺寸确定后，根据建筑物的层高即可进行楼梯平面设计。

1. 楼梯段（*B*）和平台（*D*）宽度计算

楼梯段和平台是楼梯满足人们的通行和物品的搬运的核心部分，主要根据设计人流股数（即通行人数的多少）进行宽度的确定。国家规定，在计算通行量时每股人流按[0.55 + (0 ~ 0.15)]m 计算，其中 0 ~ 0.15m 为人在行进时的摆幅，同时考虑携带物品，通常情况下楼梯的净宽（即扶手中心线至楼梯间墙面的水平距离）应满足：供单人通行时不小于 900mm，供双人通行时为 1100 ~ 1400mm，供三人通行时为 1650 ~ 2100mm，如图 2-1-50 所示。

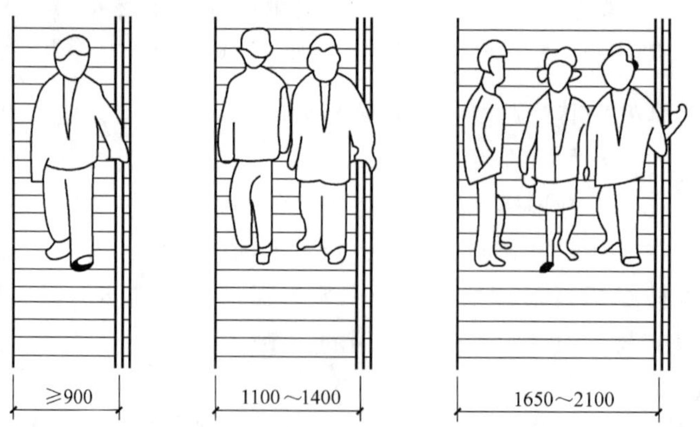

图 2-1-50 楼梯段宽度和人流股数的关系

在实际中往往根据楼梯间的宽度和楼梯形式确定楼梯段的净宽度，以双跑楼梯为例，当楼梯间开间净宽为 A 时，则梯段的净宽度 B 为

$$B = \frac{A - C}{2}$$

式中　C——两梯段之间的缝隙宽（即梯井宽度），一般在 100mm 左右，公共建筑可取 160～200mm。对于有儿童经常使用的楼梯，当梯井宽度大于 200mm 时，必须采取安全措施，防止儿童坠落。

为了搬运家具设备的方便和通行的需要，楼梯平台宽度 D 不应小于楼梯段净宽 B，即 $D \geqslant B$，且不小于 1.1m，梯段宽度与平台宽度关系如图 2-1-51 所示。

2. 梯段长度计算

梯段的长度取决于踏步的数量，计算梯段长度的主要目的是为了校对平台宽度与踏面宽度是否符合规定，同时验算楼梯间进深是否满足设计要求。如平行等跑楼梯，当踏步数量 N 已知，如图 2-1-52 所示，其梯段长度 L 为

$$L = \left(\frac{N}{2} - 1\right)b$$

式中　$\left(\frac{N}{2} - 1\right)$——梯段的踏面宽度在平面上的数量，由于平面上平台内已包含一级踏步宽度，故计算时必须减去 1。

b——楼梯踏面的宽度。

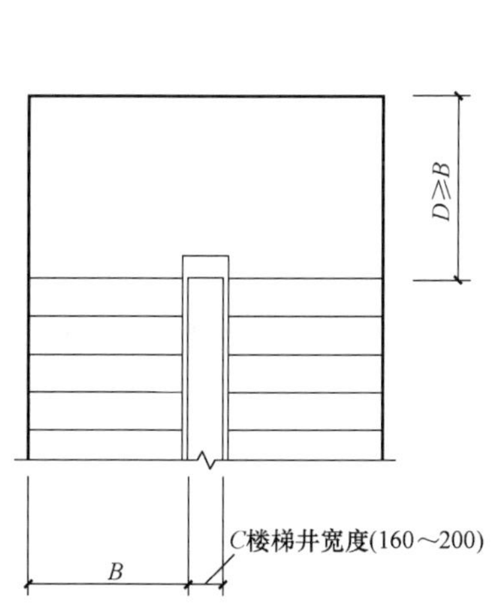

图 2-1-51　平台宽度和楼梯段宽度的关系

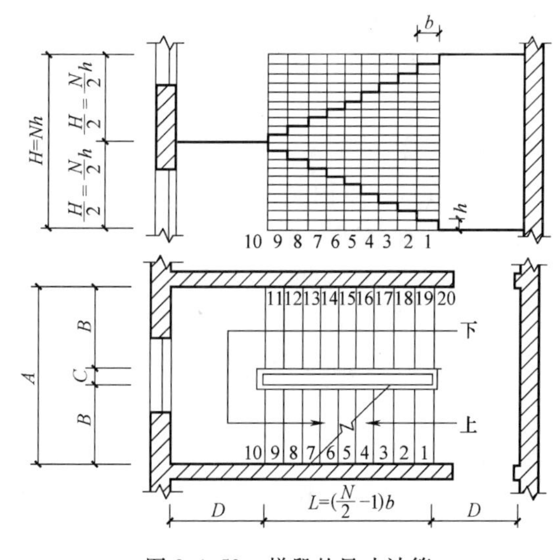

图 2-1-52　梯段的尺寸计算

1.4.4 楼梯剖面设计

楼梯剖面设计主要包括踏步尺寸和数量的确定以及坡度的选择。

1. 踏步尺寸和数量的确定

踏步是由踏面和踢面组成（图 2-1-53），两者一般相互垂直，供人们行走时踏脚的水平面称为踏面，与踏面垂直的平面称为踢面，踏面与踢面之间的尺寸关系决定了楼梯的坡度。工程上一般要求踏面的宽度大于成年男子脚的长度，以保证足够的落脚平面宽度。踏面的宽度决定了踢面的高度。工程上常用下面的经验公式来计算踏步的尺寸：

$$2h + b = 600 \sim 620\text{mm}$$

式中　h——踢面高度；

　　　b——踏面宽度。

600～620mm 为人行走时的平均步距。

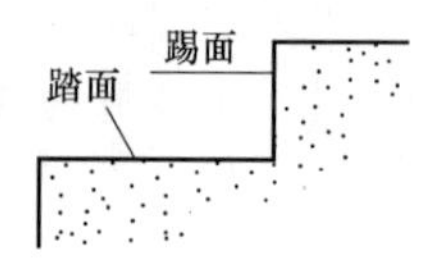

图 2-1-53　楼梯踏步

踏步尺寸还需结合建筑物功能、楼梯的人流量和使用对象进行选择。具体规定见表 2-1-1。

表 2-1-1　常用适宜踏步尺寸　　单位：mm

名称	住宅	学校、办公楼	剧院、食堂	医院（病人用）	幼儿园
踢面高度	156～175	140～160	120～150	150	120～150
踏面宽度	250～300	280～340	300～350	300	260～300

踏步尺寸初定后，可以根据建筑物的层高 H，利用公式：踏步数量（N）= 层高（H）/踢面高度（h）确定踏步数量。当为双跑平行楼梯（既两梯段踏步数量相同）踏步数最好为偶数，如果求得 N 为奇数，可以调整踢面高度 h，使得 N 为偶数。

2. 楼梯坡度的选择

如前所述，确定了踏步尺寸也就决定了楼梯的坡度。楼梯的坡度可以用楼梯段和水平面之间的夹角表示。夹角越小，楼梯越平缓，行走时就较舒适。反之，行走时就较吃力。但楼梯的坡度越小，对于相同层高来说，它的水平投影面积越大，越不经济。为了兼顾使用性和经济性，必须合理选择楼梯坡度。人流量大的建筑物，楼梯的坡度要小些，如商场、剧院等。使用人数少的，可略大些，如别墅、住宅等。有时还要考虑使用对象，如幼儿园的楼梯坡度要平缓些。

楼梯的坡度一般以 23°～45°为宜。一般认为 30°左右是楼梯的适宜坡度，通常将楼梯坡度控制在 38°以内。坡度大于 45°时，需要借助手力扶持才能较自如地上下，此时称为爬梯。爬梯多出现在通往屋顶或电梯机房等非公共区域。坡度为 10°～23°时，称为台阶；小于 10°，坡度较为平缓，作成斜面更便于通行，称为坡道。为了便于轮椅、病床车或叉车等的通行，坡道在医院、厂房等的室内外连接处出现的频率较高。市政工程中应用也较多。而在建筑内由于电梯、自动扶梯的大量采用，坡道在建筑内已经很少见。

1.4.5　楼梯净空高度

楼梯净空高度包括梯段之间的净高和平台下通道处的净高，如图 2-1-54 所示。

1. 楼梯段之间的净空高度

楼梯段之间的净空是指梯段上任一踏步踏面至上方梯段下表面之间的垂直距离或至上方平台（或平台梁）底面之间的垂直距离。楼梯段之间的净空与人体尺寸、楼梯坡度有关。

我国规定，楼梯段之间的净高不应小于 2.2m。通常楼梯段之间的净空与房屋净高相接近，工程上基本能满足大于或等于 2.2m 的要求。

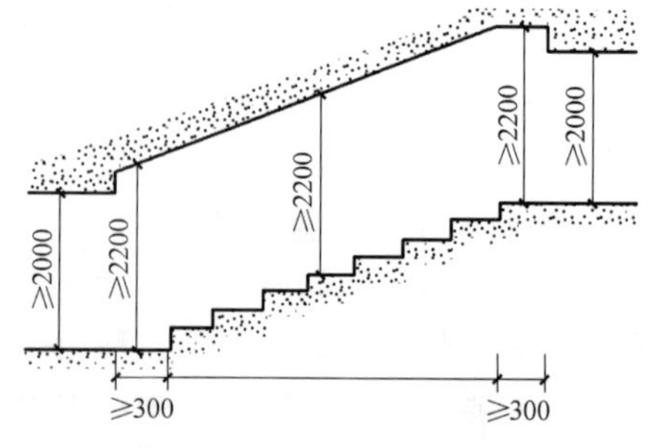

图 2-1-54　楼梯净空高度

2. 平台下通道处的净空高度

平台下通道处的净空高度是指底层地面至底层平台（或平台梁）底面的垂直距离；或是同侧相临两平台之间的净空垂直距离。我国规定平台下通道处的净高不应小于2.0m。底层平台下设通道时，其净高要求往往需要采取一定的措施才能满足要求：

方法一：将底层第一梯段增长，形成步数不等的梯段（图2-1-55a），这时须加大进深。

方法二：保持梯段长度不变，降低梯间底层的室内地面标高（图2-1-55b）。

方法三：将上述两种方法结合使用（图2-1-55c）。

方法四：底层用直跑楼梯（图2-1-55d），由于梯段太长，楼梯部分台阶经常设置在室外，并且一般需要设置中间平台。

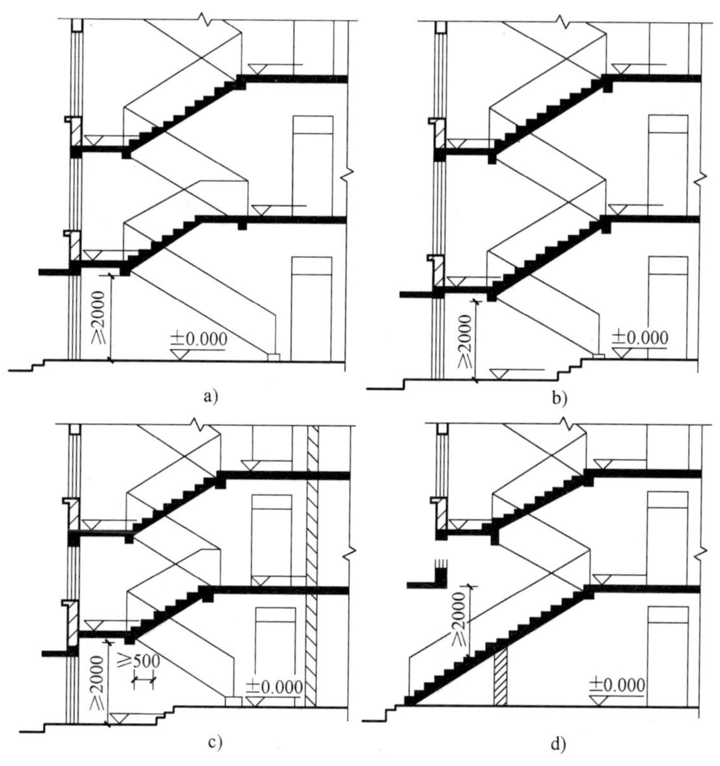

图2-1-55　平台下做出入口时楼梯净高设计的几种方式

a）底层长短跑　b）局部降低底层室内地面　c）a和b相结合　d）底层直跑楼梯

1.4.6　楼梯的主要安全设施

1. 栏杆和扶手

（1）栏杆和扶手的设置：楼梯栏杆是楼梯的重要安全设施。当楼梯段的垂直高度超过1.0m时，就应当在其一侧或两侧或楼梯段中间设置栏杆，具体视梯段的宽度而定。扶手是用于人们上楼梯时连续扶持的构件，为人们上下楼梯提供方便。扶手一般随栏杆一起设置。

楼梯的栏杆和扶手尺度的设置与人体尺度直接相关，应根据建筑物的性质、使用对象和栏杆、扶手的位置不同而合理的确定尺度，主要包括栏杆的高度和杆间距。栏杆高度是指踏步前缘至上方扶手中心的垂直距离。杆间距是指相临杆件的净距。一般室内楼梯栏杆高度不应小于 0.9m；室外楼梯栏杆高度不应小于 1.05m；高层建筑室外楼梯栏杆高度不应小于 1.1m。为了保证使用安全，楼梯栏杆间距一般在 110～120mm。

（2）栏杆和扶手的构造：目前建筑中采用的栏杆多用金属材料制作，如钢材、铝材、铸铁花饰等，也有用木材、混凝土制作。通常采用相同或不同规格的金属型材料焊接，形成不同的形式，在达到结构安全的同时，起到装饰作用。

栏板是指做成实体的楼梯侧向安全设施。常用的材料可以是钢筋混凝土、加设钢筋网的砌体、木材、有机玻璃或钢化玻璃等。栏板表面应平整光滑，便于清洗。可以与梯段直接相连或通过垂直构件安装。

扶手常用的材料有木材（以优质硬木为主）、金属型材（如铁管、不锈钢管、铝合金管等）、工程塑料以及水泥砂浆抹灰、水磨石、天然石材等。扶手表面必须光滑、圆顺，给人舒适的感觉。

栏杆与梯段的连接一般有三种方式（图 2-1-56）。在梯段踏步上预留孔洞，栏杆插入后用细石混凝土填实固定；通过对应位置预埋铁件焊接；在踏步上电锤钻孔，用膨胀螺栓固定铁件，将栏杆焊接在铁件上。栏杆与扶手的连接要视两者的材料而定（图 2-1-57），钢管扶手与钢栏杆采用焊接；木质或塑料的扶手与钢栏杆是通过栏杆顶部通长扁铁焊接或螺栓连接；水泥砂浆抹灰扶手直接连接在砖砌或混凝土栏板上；水磨石、天然石材扶手与砖或混凝土栏板用水泥砂浆固定。

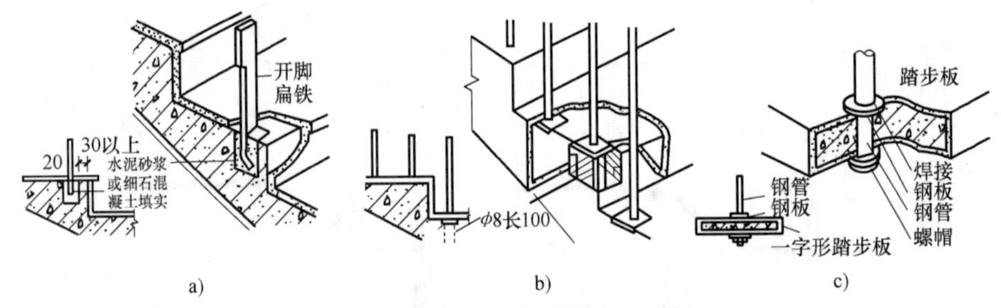

图 2-1-56　常见栏杆与楼梯段连接方式

a）锚接　b）焊接　c）螺栓连接

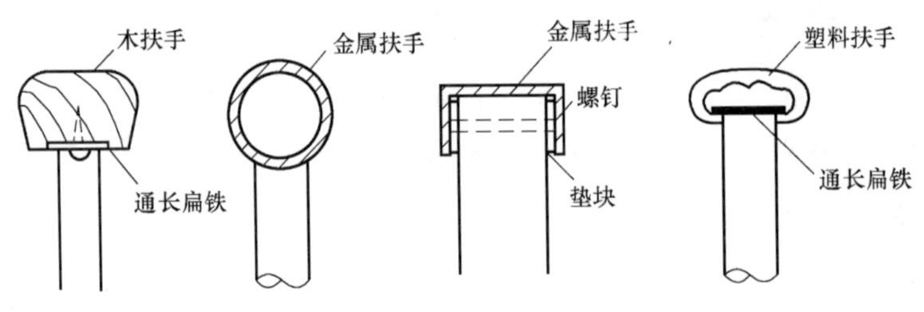

图 2-1-57　几种常见扶手与栏杆的连接

2. 踏面面层及防滑构造

踏步面层应便于行走、耐磨、防滑、易于清洁，并要求美观。室内楼梯常见的面层材料有水泥砂浆、水磨石、铺地面砖和各种天然石材（如大理石、花岗石等）。踏步的踏面是人们上下楼梯的支撑面，在通行人流量大或踏面光滑的楼梯，行人容易拥挤滑跌，因此，应在踏面适当的位置设有防滑措施，主要有防滑凹槽和防滑条两种。

1.4.7 钢筋混凝土楼梯的类型

钢筋混凝土楼梯具有良好的耐火、耐久性，因此在民用建筑中大量采用。根据施工方式不同，钢筋混凝土楼梯分为现浇和预制装配式两大类。

1. 现浇钢筋混凝土楼梯

现浇钢筋混凝土楼梯是指楼梯段、楼梯平台等整体浇筑在一起的楼梯，又称整体式楼梯。它具有整体性能好，刚度大，利于抗震等优点，但施工速度慢、模板耗费多、施工程序较复杂。根据楼梯的传力特点不同，有板式楼梯和梁式楼梯之分。

（1）板式楼梯：板式楼梯的结构特点是楼梯段作为一斜板支撑在上下平台梁，并与平台梁整体现浇，如图 2-1-58a 所示。传力途径是荷载→楼梯段→平台梁→相应支撑构件（如墙体、柱等）。楼梯段一般看作简支斜梁进行结构计算，平台梁间距即为梯段的结构跨度，梯段内受力筋沿梯段长向布置。因此当梯段跨度增加或使用荷载加大，均要求增加梯段板的厚度，从而增加混凝土和钢筋的用量。所以一般适用于荷载较小，跨度不大的建筑物中，如住宅、幼儿园等。

板式楼梯的另一种做法是取消平台梁，将楼梯段与平台板直接现浇在一起，此时板的跨度为梯段水平投影长度与平台深度之和，此时必须增加板的厚度。这种做法可以在保证平台过道处的净空高度的局部位置采用。此类楼梯又称为折板式楼梯，如图 2-1-58b 所示。

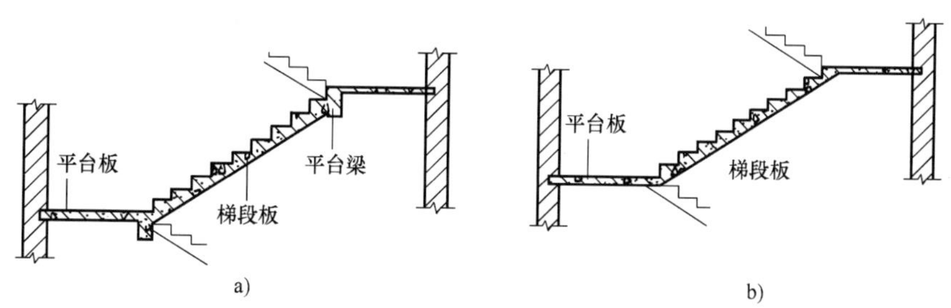

图 2-1-58 钢筋混凝土现浇板式楼梯

a）有平台梁 b）无平台梁

（2）梁式楼梯：梁式楼梯结构特点是踏步板放置在斜梁上，斜梁支撑在上下两端的平台梁，如图 2-1-59 所示。传力途径是荷载→踏步板→斜梁→平台梁→相应的支撑构件（如墙体、柱等）。斜梁一般设置在梯段的两侧（图 2-1-59a）。当有楼梯间时，楼梯段临空一侧设置斜梁，另一端支撑在墙上（图 2-1-59b）。有的楼梯的斜梁设置在楼梯的中部，此时踏步板要按悬挑结构进行受力计算（图 2-1-59c）。

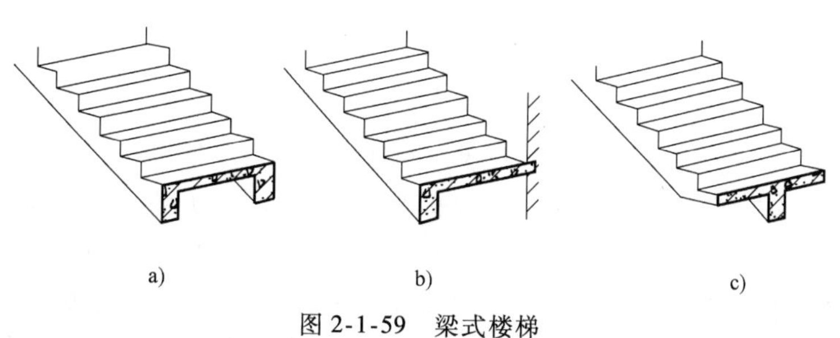

图 2-1-59 梁式楼梯

a）两侧设梁 b）一侧设梁 c）中间设梁

楼梯的斜梁可以设置在下面，也可设置在上面。设置在下面的楼梯，从梯段侧面能看见踏步，为明步楼梯，如图2-1-60a所示。其特点是梯段下部踏步与梁连接部位形成了暗角，容易积灰，梯段两侧也容易被脏水污染，影响美观。斜梁在踏步上面时，梯段下面是平整的斜面，为暗步楼梯，如图2-1-60b所示。其特点是弥补了明步楼梯的不足，但斜梁占据踏步一定的宽度，使得梯段的净宽变小。

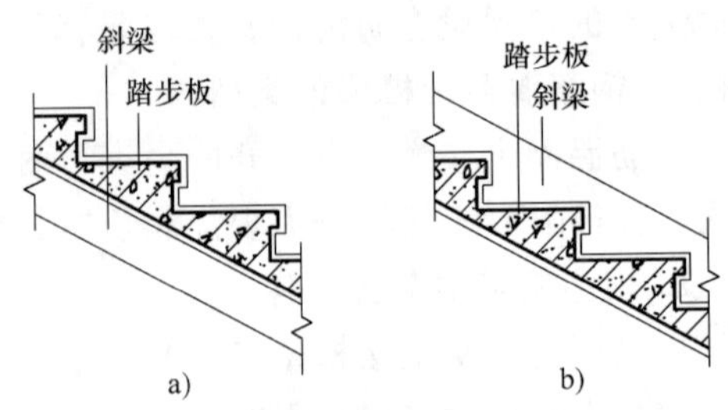

图2-1-60　梁式楼梯明步和暗步

a）明步楼梯　b）暗步楼梯

2. 预制装配式钢筋混凝土楼梯

预制装配式钢筋混凝土楼梯是指根据设计要求在工厂或工地现成先预制构配件，再按一定的施工顺序、要求等装配而成的楼梯。由于楼梯构件工厂生产，质量容易保证，施工速度快，但施工时需要相应的起重设备。预制装配式楼梯根据组成楼梯的构件尺寸及装配的程度可分小型构件装配式和中型、大型构件装配式两种。由于预制装配式钢筋混凝土楼梯整体性和抗震能力均较差，目前我国大部分地区都不采用。

1.4.8　台阶与坡道

台阶与坡道设置在建筑入口处。室内外交通联系一般用台阶，当有车辆通行或有无障碍要求或室内外地面高差较小时，可采用坡道。台阶和坡道除了满足交通要求外，还具备装饰作用，要求具有一定的美观效果。台阶和坡道是建筑主体的一部分，不允许进入道路红线。

1. 台阶

台阶构造包括基层、垫层和面层，如图2-1-61所示。基层为夯实的土层；垫层多为混凝土、碎砖混凝土或砌砖；面层一般采用水泥砂浆、水磨石、剁斧石、缸砖、天然石材等，分为整体和铺贴两大类。为了消除土壤冻涨的影响，通常将台阶下部一定深度范围内的原土换为砂垫层，特别是在严寒地区。

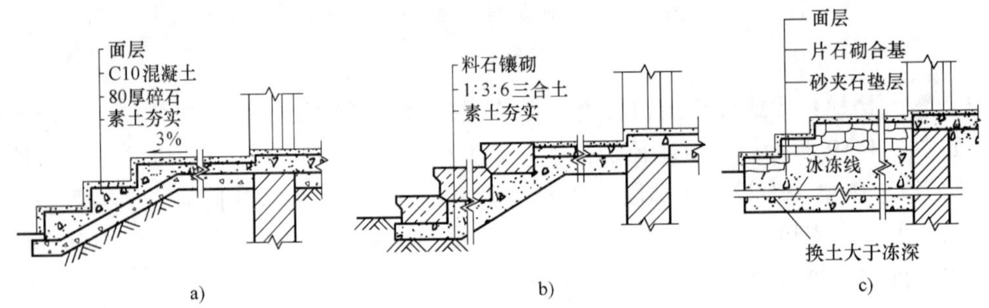

图2-1-61　台阶的构造

a）混凝土台阶　b）石砌台阶　c）换土台阶

一般台阶在结构上与建筑主体是分开的，并且是在建筑主体工程完成后再进行台阶的施工，主要的原因是台阶和建筑主体在自重、承载和构造上有很大的差异。因此台阶与建筑主体之间要注意解决好两大问题：一是处理两者之间的沉降缝，通常的做法是在接缝处嵌入一根10mm厚防腐木条，并用油膏嵌实；二是台阶应向外设置0.5%～1%的找坡，防止台阶上积水倒流入室内，并且台阶面层标高应低于底层室内地面层标高20mm左右。

2. 坡道

坡道一般均采用实铺，构造要求与台阶基本相同。垫层的强度和厚度应根据坡道长度及上部荷载的大小进行选择，严寒地区的坡道同样需要在下部设置砂垫层，同时要注意与主体建筑的沉降问题和排水问题的处理。

1.5 屋顶

1.5.1 屋顶的功能和作用

屋顶是建筑物最上层的构件，具备承重、围护和美观等功能和作用，具体是承受屋面荷载（自重、风雪荷载及施工维修时各种荷载）、抵御外界不利因素的侵袭和影响（如风、雨、雪的侵袭以及太阳的辐射等），起着承重和围护作用，屋顶的形式在一定程度上影响建筑的造型。因此，屋顶设计应满足坚固耐久、防水排水、保温隔热、形象美观、抵御外界侵蚀的要求，同时还应自重轻、构造简单、施工方便及经济等。

1.5.2 屋顶的组成与形式

1. 屋顶的组成

屋顶主要由起防水、排水作用的屋面层和起骨架作用的承重结构组成。根据功能要求不同，还包括保温、隔热、隔声、防火、美观等作用的各种层次和设施。屋顶的细部构件有檐口、女儿墙、泛水、天沟、落水口、出屋面管道、屋脊等。

2. 屋顶的形式

屋顶的形式与建筑的使用功能、屋顶材料、结构类型及建筑造型要求有关，根据屋顶的外形和坡度，屋顶可划分为平屋顶、坡屋顶和其他形式屋顶。其中，平屋顶和坡屋顶是目前广泛采用的形式。

（1）平屋顶：平屋顶通常是指屋面坡度小于5%的屋顶，常用坡度范围为2%～3%，平屋顶常见的形式如图2-1-62所示。

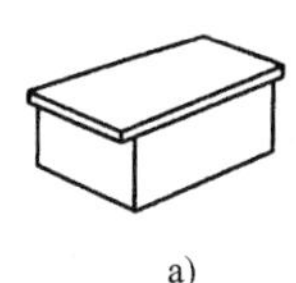
a)

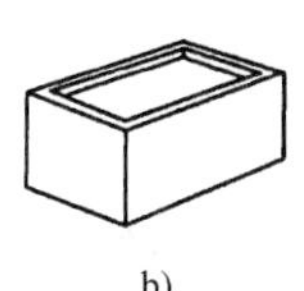
b)

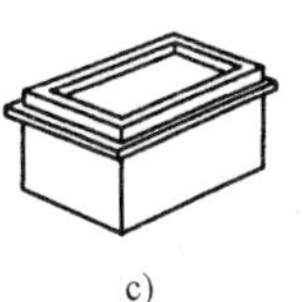
c)

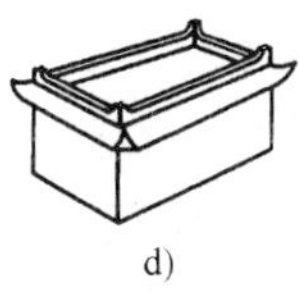
d)

图2-1-62 平屋顶常见的形式

a）挑檐 b）女儿墙 c）挑檐女儿墙 d）盝顶

（2）坡屋顶：坡屋顶是指屋面坡度超过10%的屋顶，常用坡度范围为10%～60%。坡屋顶在我国有着悠久的历史，它容易就地取材，并且符合传统的审美观点，所以在现代建筑中也经常采用。坡屋顶有单坡、双坡、四坡、歇山等多种形式。传统建筑中的小青瓦屋顶和平瓦屋顶等屋顶均属于坡屋顶，坡屋顶常见的形式如图2-1-63所示。

（3）其他形式屋顶：随着建筑工业、技术的发展，出现了许多新型的空间结构形式，如拱结构、薄壳结构、悬索结构、索膜结构、网架结构和网壳结构等，这类建筑屋顶一般采用曲面屋顶。曲面屋顶一般是由各种薄壳结构、悬索结构作为屋顶承重结构的屋顶，如双曲拱屋顶、扁壳屋顶、鞍形悬索屋顶等，如图2-1-64所示。这类结构的内力分布合理，能充分发挥材料的力学性能，因而能节约材料。但是，这类屋顶施工复杂、造价高，常用于大跨度、大空间和造型特殊的建筑。

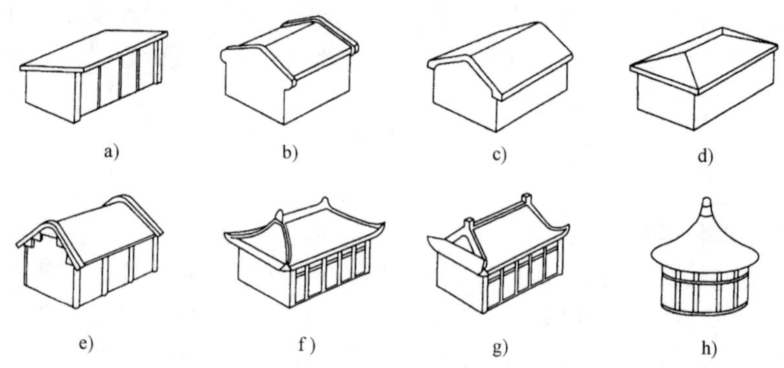

图 2-1-63　坡屋顶常见的形式

a）单坡顶　b）硬山双坡顶　c）悬山双坡顶　d）四坡顶　e）卷棚顶　f）庑殿顶　g）歇山顶　h）圆攒尖顶

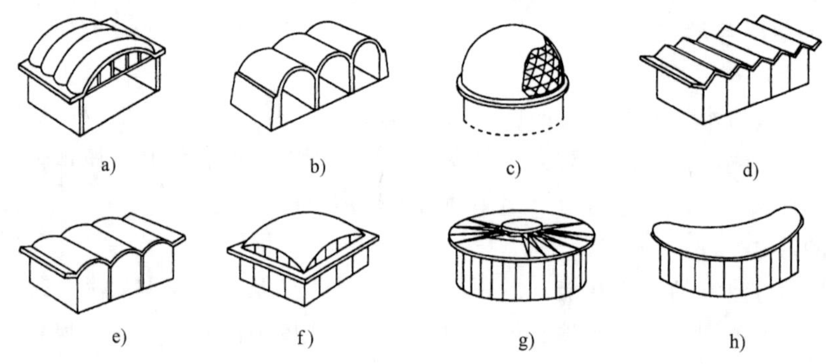

图 2-1-64　其他形式的屋顶

a）双曲拱屋顶　b）砖石拱屋顶　c）球形网壳屋顶　d）V 形网壳屋顶　e）薄壳屋顶　f）扁壳屋顶　g）车轮形悬索屋顶　h）鞍形悬索屋顶

3. 屋顶设计要求

屋顶是建筑物的重要组成部分之一，在设计时应满足以下几点要求：

（1）防水要求：屋顶防水是屋顶构造设计最基本的功能要求，主要与结构形式、防水材料、屋面坡度、屋面构造等问题有关，应综合考虑各因素，采取防、排相结合的原则，有效解决并防止屋顶雨水渗漏问题。

（2）保温隔热要求：屋顶作为外围护结构，应具有良好的保温隔热性能，以达到减少能源消耗，控制室内温度，提供较适宜的居住条件的目的。我国北方寒冷地区以保温要求为主，南方炎热地区主要考虑隔热措施。

（3）结构要求：屋顶是房屋的围护结构，同时又是房屋的承重结构，用以承受作用于屋顶上的全部荷载，因此应满足强度和刚度要求，并防止因结构变形引起防水层开裂漏水。

（4）建筑艺术要求：屋顶对建筑的整体造型具有重要的影响，屋顶的形式应与建筑整体造型的构图统一协调，充分体现不同地域、不同民族的建筑特色。

1.5.3　屋顶排水

1. 排水坡度的形成

屋面排水坡度的形成应满足构造合理、施工方便、不过多增加屋面荷载、外型美观等。

坡度形成方式有垫置坡度和搁置坡度两种。

(1) 垫置坡度：又称材料找坡，将屋面板呈水平搁置，用轻质材料垫置出排水坡度。一般常用轻质材料如水泥炉渣、膨胀蛭石等，若设置保温层，也可用保温材料垫置找坡，坡度一般为3%左右，最薄处以不小于30mm厚为宜。材料找坡室内顶棚水平，但找坡距离较长时，材料用量多，增加了屋面荷载。

(2) 搁置坡度：又称结构找坡，将屋面板安装在在上表面倾斜的墙体或屋面梁、屋架上。坡度宜为3%左右，其上铺设防水层。由于结构找坡不设找坡层因而荷载小，施工方便。但室内顶棚呈倾斜状，空间不够规整，有时需加设吊顶。

2. 屋面排水方式

屋面排水方式分为无组织排水和有组织排水两大类。

(1) 无组织排水：无组织排水又称自由落水，是指屋面雨水直接从檐口落至室外地面的排水方式。无组织排水构造简单、施工方便、造价低廉，但落水时会溅湿墙面，造成雨水对墙体的侵蚀，影响外墙的耐久性和美观性，而且从屋檐滴落的雨水也可能影响行人。一般用于不临街的低层建筑或降雨量小于900mm的少雨地区中、低层建筑。

(2) 有组织排水：有组织排水是通过排水系统，将雨水有组织的排至地面或地下管沟。做法是将屋面划分成若干个排水分区，使雨水沿一定的路线进入雨水口或排水天沟，经外墙面上（外排水）或室内恰当部位（内排水）设置的雨水管排至室外地面。有组织排水构造复杂、造价较高，且易堵塞，但不易溅湿墙面，不妨碍人行交通。一般用于层数较多、降雨量较大或临街的建筑物。

在内、外排水两种方式中，一般选用外排水较好。外排水包括檐沟外排水、女儿墙外排水、檐沟女儿墙外排水，如图2-1-65所示。内排水雨水管占用室内空间，且雨水口易堵，倒流，故多用于大面积、多跨、高层及有特殊要求的建筑。

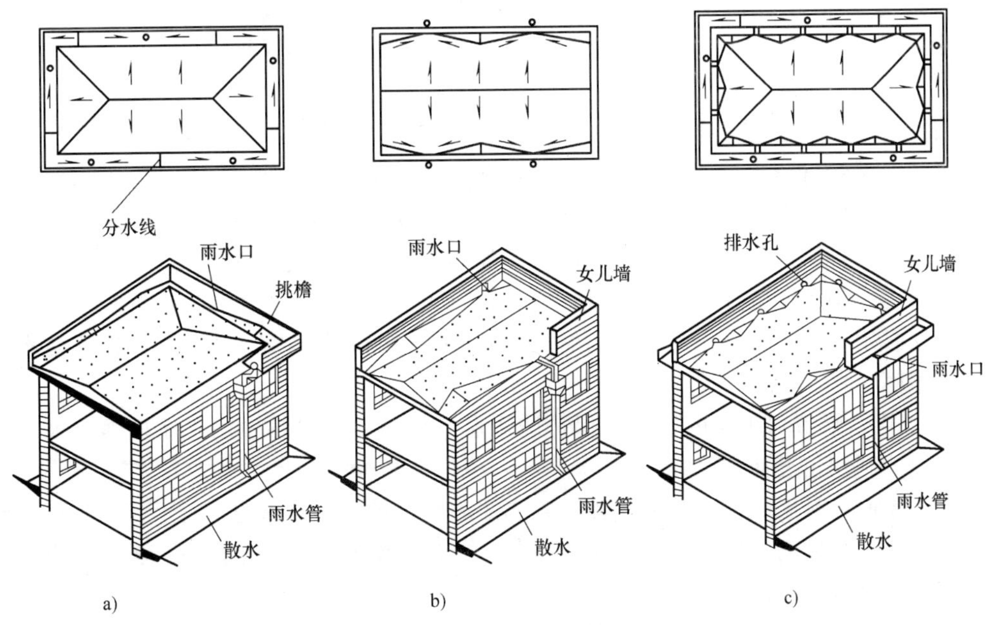

图2-1-65 有组织外排水

a）檐沟外排水 b）女儿墙外排水 c）檐沟女儿墙外排水

1.5.4 平屋顶构造

1. 平屋顶的构造组成

由于地区差异、建筑功能要求的不同，各地平屋顶的构造层次也有所不同。平屋顶的构造设计中除了结构层、防水层及保护层以外，寒冷地区设保温层、炎热地区设隔热层、室内湿度大设隔蒸汽层，以及起过渡作用的找坡层，起找平作用的找平层，如图 2-1-66 所示。平屋顶的坡度一般小于5%，上人屋面为1% ~2%，不上人屋面为3% ~5%。

2. 平屋顶的防水

屋顶的防水按材料性质分为柔性防水、刚性防水、涂料防水等。屋面防水等级的划分及相应等级防水的设防构造和材料选用，参照《屋面工程技术规范》（GB 50345—2004）规定。

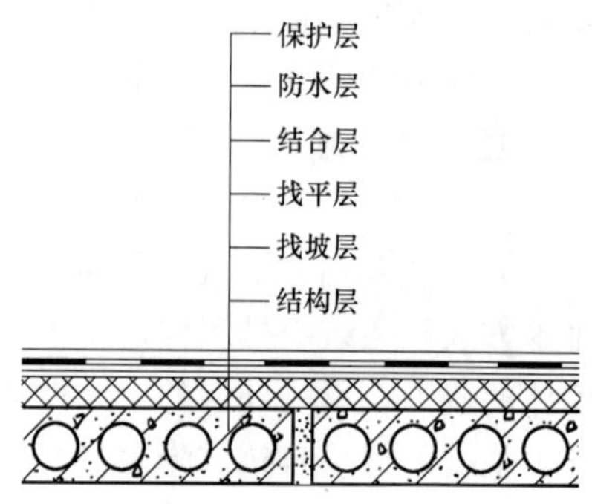

图 2-1-66　平屋顶的基本构造

（1）柔性防水屋面：柔性防水屋面是将柔性防水卷材或片材用胶结材料粘贴在屋面上，构成一个封闭的防水覆盖层。这种防水层具有一定的延伸性，所以又称卷材防水屋面。防水卷材的种类有沥青防水卷材，如玻纤布胎防水卷材、铝箔面沥青防水卷材、麻布胎防水卷材等；合成高分子防水卷材，如三元乙丙橡胶，氯化聚乙烯—橡胶共混防水卷材，聚氯乙烯防水卷材等；改性沥青防水卷材，如 SBS、APP、SBR 等。

1）柔性防水屋面构造做法

① 结构层：通常为预制或现浇钢筋混凝土屋面板，要求具有足够的强度和刚度。

② 找坡层：材料找坡时，应选择轻质材料形成所需要的排水坡度，通常在结构层上铺 1:(6 ~8)的水泥焦渣或水泥膨胀蛭石等。结构找坡的一般不设找坡层。

③ 找平层：一般为 15 ~20mm（散料上 20 ~30mm）厚的 1:3 水泥砂浆，厚度的选择根据结构层情况和防水层材料的要求而定。

④ 结合层：作用是使卷材防水层与基层粘结牢固。材料有冷底子油、聚氨酯底胶、氯丁胶乳等。根据卷材防水层的不同而定。使用沥青卷材时，为了使第一层卷材与找平层牢固结合，须喷涂一层冷底子油（既能与沥青粘贴，又容易渗入水泥砂浆），冷底子油是用沥青加入汽油或煤油灯溶剂稀释而成，配制时不用加热，在常温下进行即可。

⑤ 防水层：由防水卷材和相应的粘结剂粘结而成，层数和厚度由防水等级确定。卷材铺设前基层必须干净、干燥，并涂刷与卷材配套的基层处理剂（结合层），以保证防水层与基层粘结牢固。

⑥ 保护层：设置保护层的目的是保护防水层。保护层的材料做法，应根据防水层所用材料和屋面的利用情况而定。

不上人屋面保护层做法：当采用油毡防水层时为粒径 3 ~6mm 的小石子，称为绿豆砂保护层；三元乙丙橡胶卷材防水层的直接采用银色着色剂涂刷表面；采用三元乙丙复合卷材防水层的可以不另加保护层。

上人屋面的保护层具有保护防水层和兼作地面面层的双重作用，应满足耐水、平整、耐磨等要求。通常采用水泥砂浆或沥青砂浆铺贴缸砖、大阶砖、混凝土板等；也可以采用现浇

40mm 厚 C20 细石混凝土。

2）柔性防水屋面细部构造

① 檐口构造：檐口构造有无组织排水挑檐和有组织排水挑檐沟及女儿墙檐口等。挑檐和挑檐沟应注意处理好卷材的收头固定（凹槽、钢压条、水泥钉）、檐口饰面并做好滴水，自由落水卷材屋顶檐口构造如图 2-1-67 所示。带挑檐沟的檐口，檐沟处要多加一层油毡，其檐口处的油毡毛头，各地处理方法很不统一，一般有压砂浆、嵌油膏和插铁卡等，构造如图 2-1-68 所示，其中以嵌密封油膏较为合理。

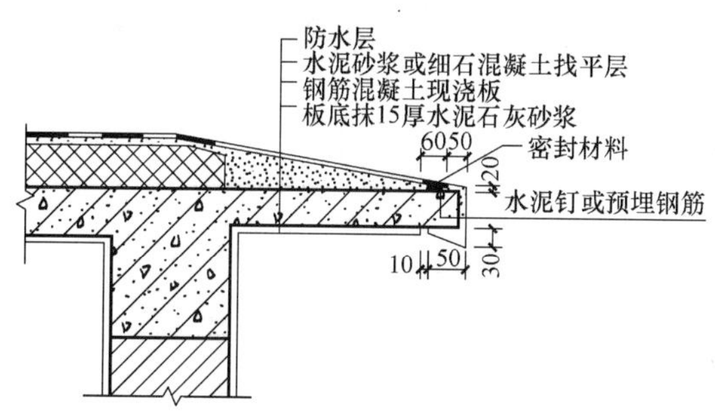

图 2-1-67　自由落水檐口构造

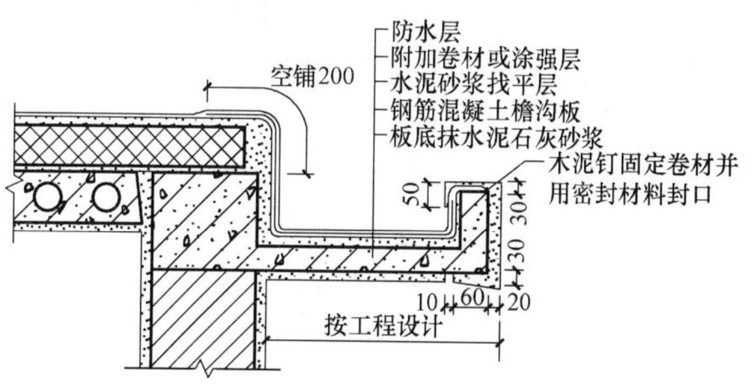

图 2-1-68　挑檐沟檐口构造

② 泛水构造：屋面防水层与垂直墙（女儿墙）交接处的防水处理称泛水。泛水的构造要点为：墙与屋面阴角抹成弧形（半径 50～100mm）或 45°斜面；提高节点的防水能力，加铺一层防水层；做好油毡的收头固定、嵌缝、及滴水；泛水高度大于或等于 250mm；垂直面用水泥砂浆抹光，并刷冷底子油一层。女儿墙泛水构造如图 2-1-69 所示。

（2）刚性防水屋面：刚性防水屋面是以防水砂浆或防水细石混凝土等刚性材料作为防水层的屋面。其优点是耐久性好、维修方便、造价低，缺点是表观密度大、抗拉强度低、对温度变形及结构变形敏感、易产生裂缝渗水，施工技术要求高。刚性防水屋面主要用于防水等级为Ⅲ级的屋面防水，也可用于Ⅰ、Ⅱ级防水中的一道防水层。不适用于设有松散材料保温层及受较大振动或冲击荷载的建筑屋面。刚性防水屋面坡度宜为 2%～3%，并采用结构找坡。

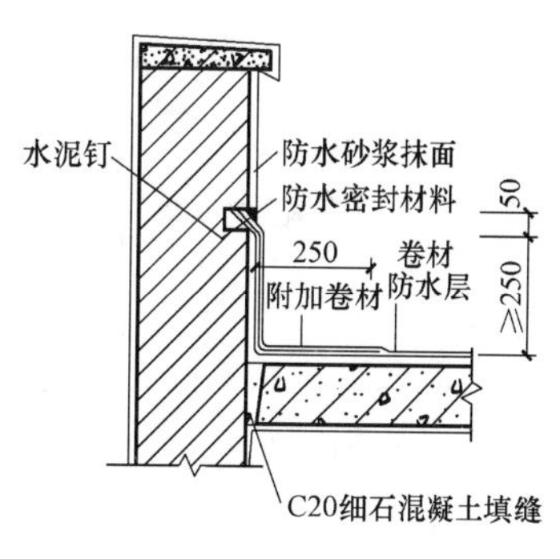

图 2-1-69　女儿墙泛水构造

1）刚性防水屋面构造层次及做法

① 结构层：要求具有足够的强度和刚度，因此，一般应采用现浇或预制装配的钢筋混凝土屋面板，并在结构层现浇或铺板时形成屋面的排水坡度。

② 找平层：为保证防水层的平整及厚度均匀，一般用 20mm 厚 1∶3 水泥砂浆找平。在现浇钢筋混凝土屋面板或设有纸筋灰等材料时，可以不设找平层。

③ 隔离层：也称浮筑层。为了减少结构变形和温度变化对防水层的不利影响，避免由于变形的相互制约造成防水层部分破坏，宜在找平层上铺设隔离层，常用的材料为干铺卷材、干砂、沥青、粘土、隔离粉等。

④ 防水层：有防水混凝土（普通细石混凝土、外加剂混凝土）和防水砂浆。细石混凝土防水层厚度不应小于 40mm，并双向配置不少于Φ6@200 的钢筋，保护层厚度不小于

10mm。钢筋在分格缝处断开。现浇刚性防水屋面，应通过控制水灰比、填加防水剂、膨胀剂，并在施工中加强振捣与养护，以提高其抗渗性和抗裂性能。

2）刚性防水屋面细部构造

① 分格缝：又称分仓缝，一般设有纵向和横向分格缝，如图 2-1-70 所示，是屋面防水层的变形缝。目的是防止由于温度变化或结构变形导致防水层开裂或拉坏。分格缝应贯穿屋面找平层和刚性防水层，且应设在结构变形的敏感部位（装配式屋面板支承端、屋面转折处、现浇屋面板与预制屋面板的交界处、泛水与立墙交接处等部位）和温度变形允许的范围以内，最好与板缝对应。双坡屋面的屋脊处应设分格缝，分格缝纵横间距都不应大于 6m，并尽量使板块接近方形。缝应纵横对齐，宽度 30mm 左右，缝中嵌填密封材料，上铺防水卷材。分格缝构造如图 2-1-71 所示。

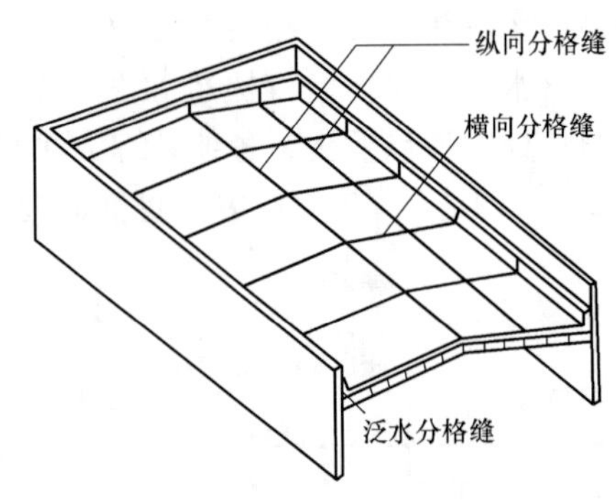

图 2-1-70　分格缝位置

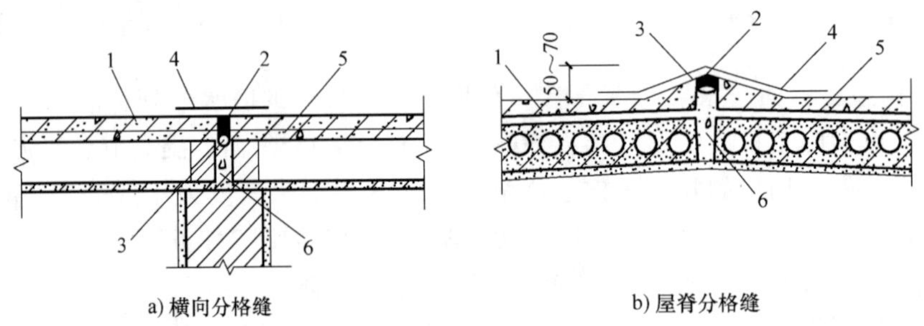

图 2-1-71　分格缝构造

1—刚性防水层　2—密封材料　3—背衬材料　4—防水卷材　5—隔离层　6—细石混凝土

② 泛水构造：刚性防水屋面泛水构造要点与柔性防水屋面大体相同，不同的是刚性防水层与屋面突出结构物之间应留有缝隙（分格缝），以免两者变形不一致而导致泛水开裂；并在缝口处用密封膏嵌缝，如图 2-1-72 所示。

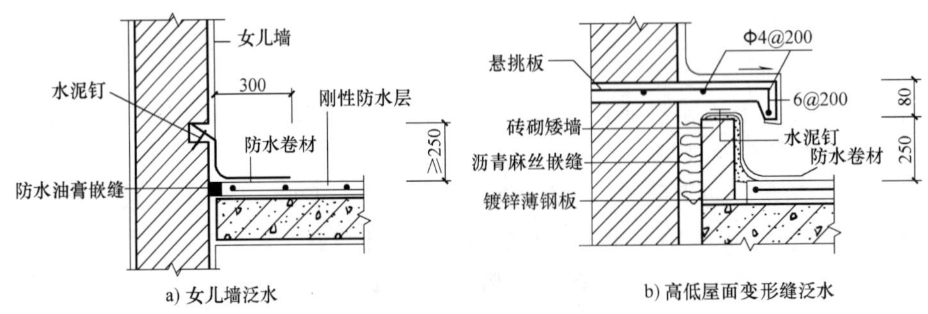

图 2-1-72　刚性防水屋面泛水构造

③ 檐口构造：刚性防水屋面檐口的形式一般有自由落水挑檐口和挑檐沟外排水檐口，

如图 2-1-73 所示。对于自由落水挑檐口，应注意做好滴水；挑檐沟外排水檐口的沟底应用低强度等级的混凝土或水泥炉渣等材料垫置成纵向排水坡度，同时防水层须挑出屋面并做好滴水。

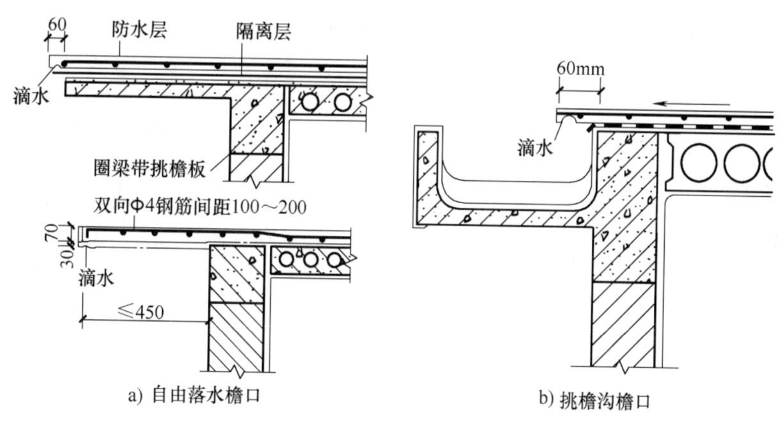

图 2-1-73　刚性防水屋面檐口构造

（3）涂料防水屋面：涂料防水屋面又成涂膜防水，是靠直接涂刷在基层的防水涂料固化后形成有一定厚度的膜来达到防水的目的。按其厚度分成厚质涂料和薄质涂料。水性石棉防水涂料、膨胀土沥青乳液和石灰乳化沥青基防水涂料，涂成的膜厚一般在 4～8mm，称为厚质涂料；高聚物改性沥青防水涂料和合成高分子防水涂料涂成的膜较薄，一般为 2～3mm，称为薄质涂料，如溶剂型和水乳型防水涂料、聚氨酯和丙烯酸涂料等。防水涂料具有防水性能好、粘接力强、耐腐蚀、耐老化、整体性好、冷作业、施工方便等优点，但价格较贵。为加强防水性能，可在涂层中加铺聚酯无纺布、化纤无纺布或玻璃纤维网布等胎体增强材料。涂料防水屋面胎体的铺设及其他细部构造与柔性防水屋面基本相同。

（4）平屋顶的保温：平屋顶的保温措施，主要是设置保温层。保温材料多为轻质多孔材料，一般分为三种类型：散料类（如炉渣、膨胀蛭石、膨胀珍珠岩等）、整体类（以散料为骨料，掺入一定量的胶结材料，现场浇筑而成，如水泥炉渣、水泥膨胀蛭石、沥青膨胀珍珠岩等）和板块类（以骨料和胶结材料预制而成的板块，如加气混凝土、泡沫混凝土等）。构造做法分正置式保温和倒置式保温两种。正置式保温即保温层设在结构层之上，防水层之下，形成封闭的保温层的做法，也叫内置式保温；倒置式保温是将保温层设在防水层之上的构造做法。

（5）平屋顶的隔热：屋顶的隔热措施主要有通风隔热、蓄水隔热、植被隔热和反射隔热等。主要是在气候炎热地区，因太阳辐射屋顶温度急剧升高，为了减少传到室内的热量，从而达到保持或降低室内温度的目的。

① 通风隔热屋面：是置在屋顶中设置通风的空气间层，利用空气的流动把间层中的热空气不断带走，散发热量，同时上层表面具有遮阳作用，空间层具有隔热作用。一般有架空通风隔热屋面和顶棚通风隔热屋面两种做法。

架空通风隔热屋面通风层设在防水层之上，常见做法如图 2-1-74 所示。

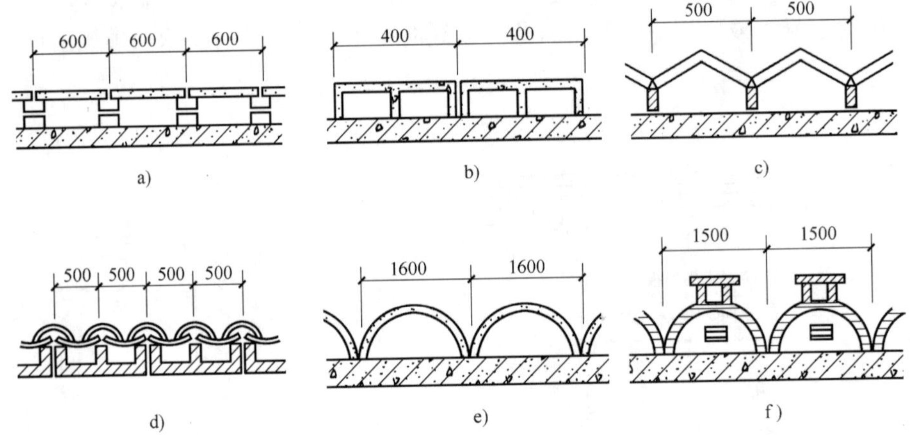

图 2-1-74　架空通风隔热构造

a）架空预制板（或天阶砖）　b）架空混凝土山形板　c）架空钢丝网水泥折板

d）倒槽板上铺小青瓦　e）钢筋混凝土半圆拱　f）1/4 厚砖拱

顶棚通风隔热屋面是利用顶棚与屋顶之间的空间作隔热层。在设计中应满足：通风层有足够的净空高度，一般为 500mm 左右；需设置一定数量的通风孔，利于空气对流；通风孔应考虑防飘雨措施。

② 种植隔热屋面：是在屋顶上种植植物，利用植被的蒸腾和光合作用吸收太阳的辐射热，达到降温隔热目的。其构造与刚性防水屋面基本相同，但需增设挡墙和种植介质。种植屋面构造应注意：设置安全防护措施，如栏杆、女儿墙等；选择轻质材料作为种植介质，减轻屋顶荷载；挡墙下部设置排水孔和过水网，及时排除积水的同时防止杂质堵塞排水设备；做好屋面防腐处理，防止水和肥料侵蚀钢筋。

③ 蓄水隔热屋面：是指在屋顶蓄积一层水，利用水吸热蒸发的原理减少屋顶吸收热能，从而达到隔热降温的目的。

④ 反射降温屋面：是利用材料的颜色和光滑度对热辐射的反射作用，将一部分热量反射回去从而达到降温的目的。可以采用浅色的砾石、混凝土作屋面，也可以在屋面上涂刷白色涂料，或加铺一层铝箔纸板等。

1.5.5　坡屋顶构造

坡屋顶一般由承重结构和屋面两部分组成，必要时还有保温层、隔热层及顶棚等。

1. 坡屋顶的承重结构

坡屋顶承重结构一般由檩条、屋架或大梁等组成。根据承重类型分为横墙承重和屋架承重（图 2-1-75）。

（1）横墙承重：横墙承重是将檩条或屋面板直接搁置在砌成三角形形状的横墙上的结构形式，又称为山墙承重或硬山搁檩。优点是构造简单、施工方便、节约木材、有利于屋顶的防火和隔声。适用于开间尺寸较小的房间，如住宅、宿舍等。

（2）屋架承重：屋架承重指利用建筑物的外纵墙或柱支撑屋架，其上搁置檩条或屋面板承受屋顶的荷载的结构形式。这种方式可以形成较大的内部空间，多用于要求有较大空间的建筑，如教学楼、食堂等。

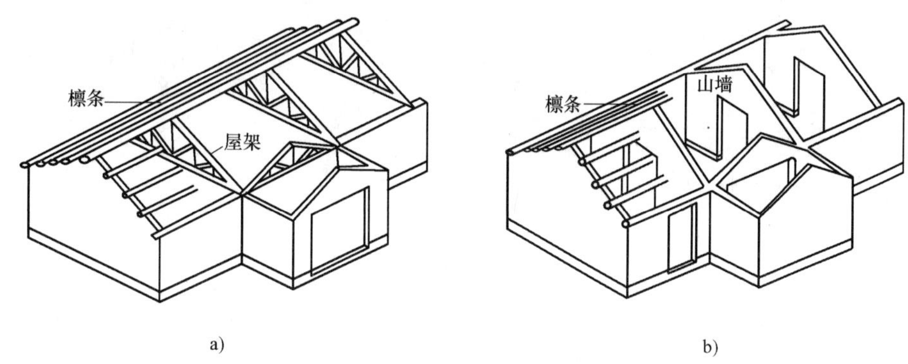

图 2-1-75　坡屋顶的承重结构

a）屋架承重　b）横墙搁檩

2. 坡屋顶的屋面做法

坡屋顶屋面一般是利用各种瓦材，如平瓦、波形瓦、小青瓦等作为屋面防水材料，靠瓦与瓦之间的搭接盖缝来达到防水的目的。

（1）平瓦屋面：平瓦屋面根据基层的不同有冷摊瓦屋面、木望板平瓦屋面和钢筋混凝土挂瓦板平瓦屋面。

1）冷摊瓦屋面：冷摊瓦屋面是在檩条上钉木椽条，然后在椽条上钉挂瓦条并直接挂瓦（图 2-1-76）。木椽条断面尺寸一般为 40mm × 60mm 或 50mm × 50mm，其间距为 400mm 左右。挂瓦条断面尺寸一般为 30mm × 30mm，中距 330mm。

2）木望板瓦屋面：是在檩条上铺钉木望板（15 ~ 200mm 厚），铺设方法可以是密铺法或稀铺法（望板间留 20mm 左右宽的缝），平行于屋脊方向干铺一层油毡在望板上，再顺着屋面流水方向钉顺水条（10mm × 30mm、中间 500mm），然后再顺水条上面平行于屋脊方向钉挂瓦条并挂瓦，挂瓦条的断面和间距与冷摊瓦屋面相同（图 2-1-77）。

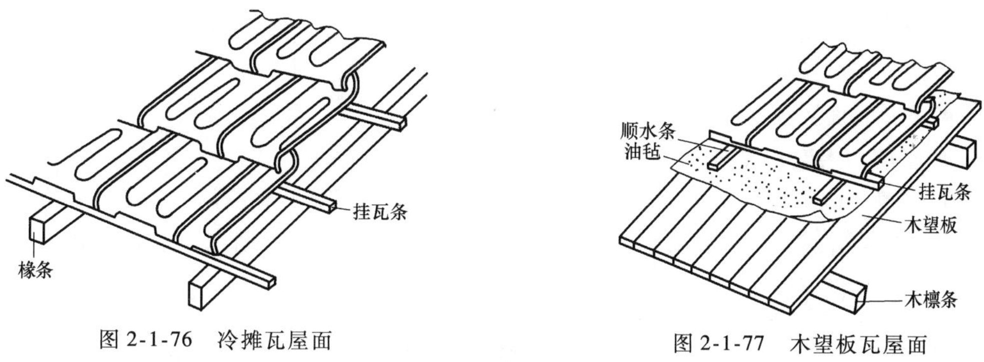

图 2-1-76　冷摊瓦屋面

图 2-1-77　木望板瓦屋面

3）钢筋混凝土挂瓦板平瓦屋面：是将平瓦直接挂在预应力或非预应力的钢筋混凝土挂瓦板上（图 2-1-78）。挂瓦板缝隙间用 1:3 水泥砂浆嵌填。施工时要严格控制构件的几何尺寸，切实保证施工质量，否则易出现瓦材搭挂不密实而引起渗漏。

（2）钢筋混凝土屋面板基层平瓦屋面：钢筋混凝土屋面板基层平瓦屋面是以钢筋混凝土板为屋面基层的平瓦屋面，如图 2-1-79 所示。用钢筋混凝土技术可塑造坡屋面的任何形式效果，可做直斜面、曲斜面或多折斜面，尤其现浇钢筋混凝土屋面对建筑的整体性、防渗漏、防震害等都有明显优势，因此钢筋混凝土基层平瓦屋面已广泛应用于民用建筑中。

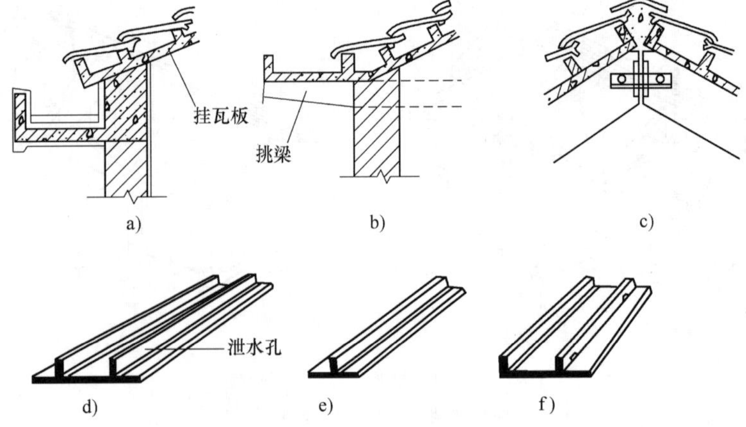

图 2-1-78 钢筋混凝土挂瓦板平瓦屋面

a) 檐口节点 b) 檐口节点 c) 屋脊节点 d) 双肋（ΠΓ形）板 e) 单肋（T形）板 f) F形板

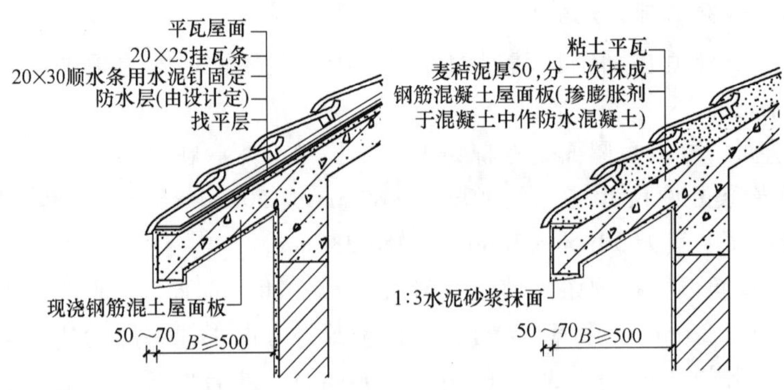

图 2-1-79 钢筋混凝土屋面板基层平瓦屋面

（3）金属瓦屋面：金属瓦屋面有彩色铝合金压型板、波纹板和彩色涂层钢压型板、拱形板等。金属瓦屋面自重轻、强度高、施工安装方便，彩板色彩绚丽，质感好，可用于平直坡面的屋顶和曲面屋顶上。

3. 坡屋顶的保温与隔热

（1）保温：坡屋顶的保温一般有屋面层保温和顶棚层保温两种措施（图 2-1-80）。前者是保温层设置在瓦材下面或檩条之间的做法，后者是在吊顶龙骨上铺板，将保温层设置在板上的做法。顶棚层保温措施具有保温和隔热双重作用。

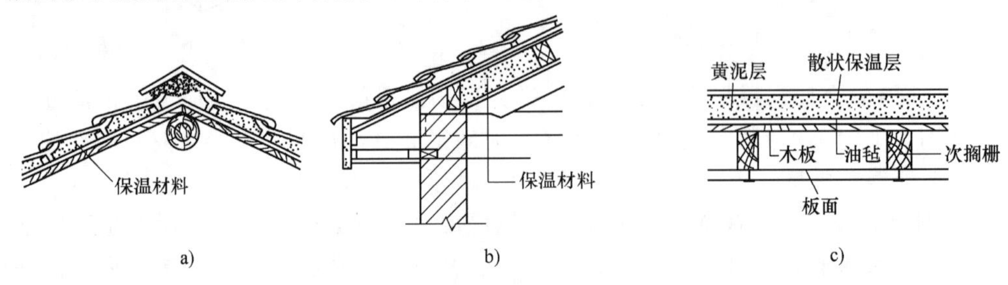

图 2-1-80 坡屋顶保温构造

a）瓦材下面设保温层 b）檩条之间设保温层 c）吊顶上设保温层

（2）隔热：坡屋面的隔热一般利用空气对流实现降温的目的，具体是在屋顶中设置进气口和排气口，利用屋顶内外的热压差和迎风面的压力差，组织空气对流，形成自然通风，减少由屋顶传入室内的辐射热（图 2-1-81）。进气口一般设在檐墙上、屋檐部位或室内顶棚，排气口最好设在屋脊处，增加高差，提高空气流通。

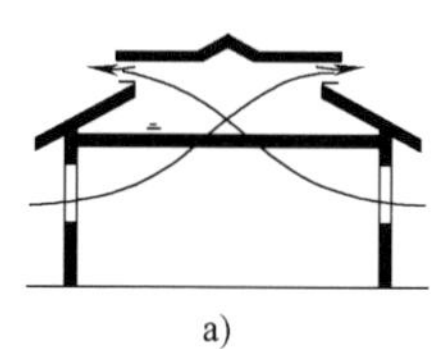
a)

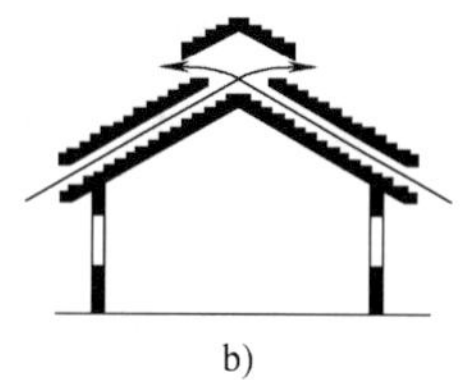
b)

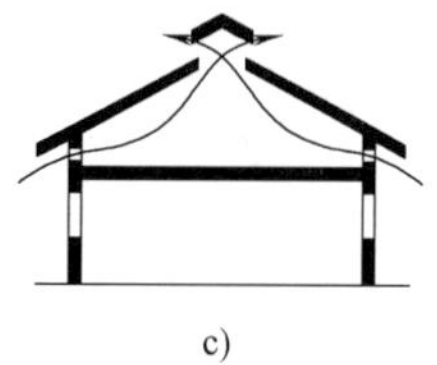
c)

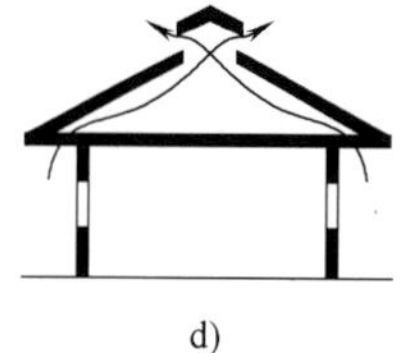
d)

图 2-1-81　坡屋面隔热设计

a）在顶棚和天窗设通风孔　b）在外墙和天窗设通风孔之一

c）在外墙和天窗设通风孔之二　d）在山墙及檐口设通风孔

任务 2　识读住宅楼建筑施工图

2.1　识读住宅楼架空层平面图

见附图 2-1。

2.1.1　看图名、比例

按《房屋建筑制图统一标准》（GB/T 50001/2001）规定，每个图样，一般均应标注图名，图名宜标注在图样的下方或一侧，并在图名下绘一粗横线，其长度应以图名所占长度为准。使用详图符号作为图名时，符号下不画粗横线。

比例宜注写在图名的右侧，字的底线应取平；比例的字高，应比图名的字高小一号或二号。

图 2-2-1 为图名标注，从图 2-2-1 可知，本图为架空层平面图，比例为 1∶100。

2.1.2　看指北针

图 2-2-2 为指北针示意图，N 表示北。指北针宜用细实线绘制，圆的直径宜为 24mm，指针尾部的宽度宜为 3mm。需用较大直径绘制指北针时，指针尾部宽度宜为直径的 1/8。

架空层平面图 1:100

图 2-2-1　图名标注

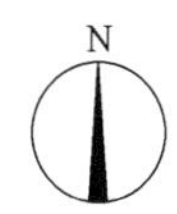

图 2-2-2　指北针

2.1.3　看标高

标高表示建筑物某一部位相对于基准面（标高的零点）的竖向高度，是竖向定位的依据。标高按基准面选取的不同分为绝对标高和相对标高。图 2-2-3 中，67.200 表示的是绝对标高，指的是海拔高程。–2.400 表示的是相对标高，是架空层室内地面标高。

2.1.4　看门窗的编号及尺寸

在建筑平面图中门采用代号 M 表示，窗采用代号 C 表示，如附图 2-1 中 JLM 表示卷帘

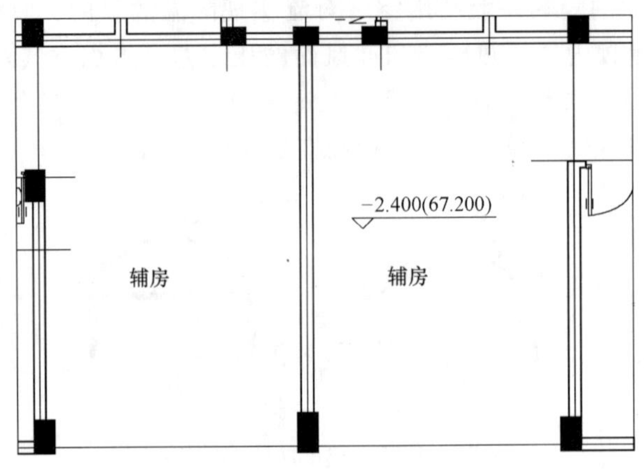

图 2-2-3　相对标高与绝对标高

门，尺寸为 2700mm，M0920 表示门，宽度是 900mm，M0820 表示门宽 800mm，C5 表示窗，其宽度为 1800mm。

2.1.5　看散水及排水沟

1. 散水

散水是设在外墙四周的倾斜护坡，坡度一般为 3% ~5%，宽度一般为 600 ~ 1000mm，其目的是迅速将地表水排离，避免勒脚和下部砌体受水。绘制散水时在门洞口处要断开。如图 2-2-4 所示。

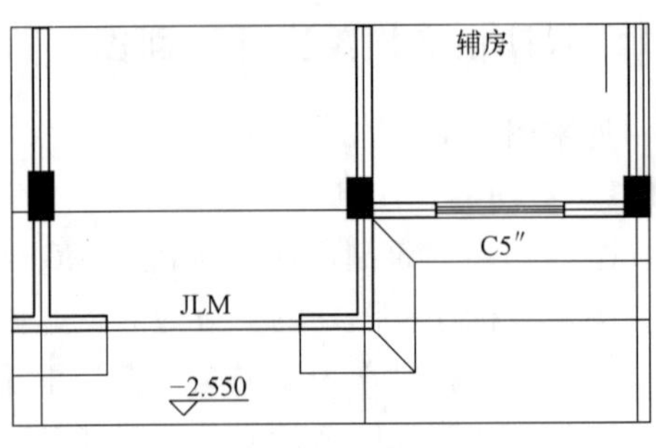

图 2-2-4　散水

2. 排水沟

排水沟是用于排除地面或地下多余水量的沟或暗管。一般分为阳沟和暗沟。阳沟，又称“明沟”，是露出地面的排水沟。暗沟，又称“盲沟”，是地下的排水沟。

2.1.6　看室外坡道

连接有高差的地面或楼面的斜向交通道，称为坡道。图 2-2-5 所示为室外坡道，从附图

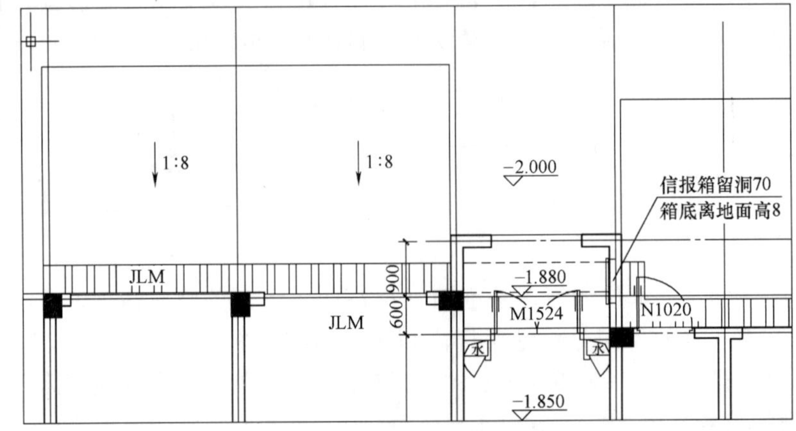

图 2-2-5　排水沟与室外坡道

2-1 架空层平面图中可看出，北面室内外高差为 0.400m，此处高差通过坡道来解决，坡道坡度为 1:8，宽度为 3200mm。

2.1.7 看剖面的剖切符号和索引符号

1. 剖面图的剖切符号

在附图 2-1（见书后插页）中找到剖切平面的位置、剖切形式及编号，如 1—1 剖面图，表示在该位置进行剖切。

2. 索引符号

图样中的某一局部或构件，如需另见详图，应以索引符号索引（图 2-2-6）。该索引符号表示在建施 14 号图样的第 30 号图，即表示此处墙体剖切详图。

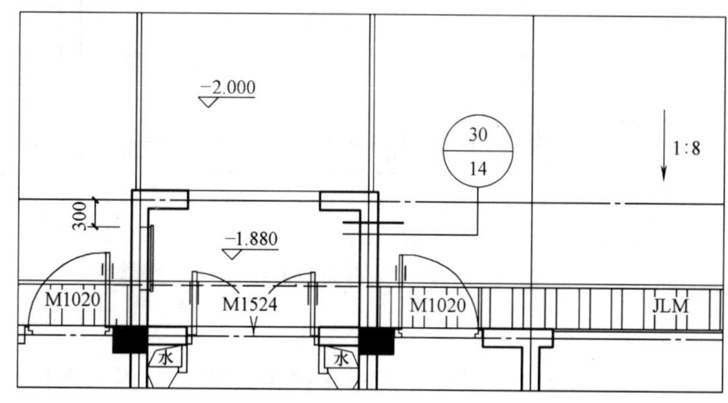

图 2-2-6 索引符号

2.2 识读住宅楼一层平面图

见附图 2-2（见书后插页）。

2.2.1 看住宅开间、进深

1. 开间

开间即是住宅的宽度，指一间房屋内一面墙的定位轴线到另一面墙的定位轴线之间的实际距离。住宅建筑的开间常采用下列参数：2.1m、2.4m、2.7m、3.0m、3.3m、3.6m、3.9m、4.2m。

从附图住宅楼一层平面图中，读出该住宅楼下开间尺寸分别 3.6m、4.5m、4.5m、3.8m、3.8m、4.5m、4.5m、3.8m、3.8m、4.5m、4.5m、3.6m。上开间尺寸自行读取。

2. 进深

进深是指住宅的实际长度。砖混结构住宅建筑的进深常用参数：3.0m、3.3m、3.6m、3.9m、4.2m、4.5m、4.8m、5.1m、5.4m、5.7m、6.0m 。

2.2.2 看阳台及空调位

1. 阳台

阳台是建筑物室内的延伸，可供居住者进行室外活动等。从图 2-2-8 中可知该阳台为非封闭阳台，“○”表示排水口，箭头表示排水方向，1% 为排水坡度。

2. 空调位

表示的是空调示意图，从图 2-2-7 可知，其空调位平面尺寸为 700mm × 1200mm。K1、K2 表示的是客厅空调预留孔，其尺寸、孔中距楼地面层距离等信息参加附注说明。

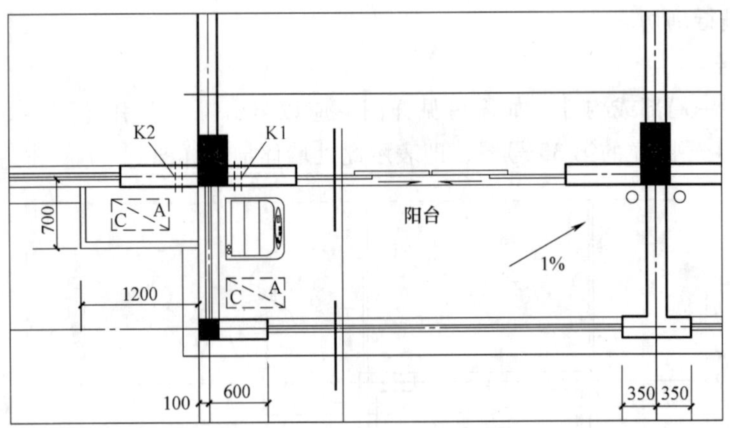

图 2-2-7　阳台及空调位

2.2.3　看雨篷

雨篷是设在建筑物出入口或顶部阳台上方用来挡雨、防高空落物砸伤的一种建筑装配。图 2-2-8 中的索引符号表示，在建施第 14 号图样的 29 号详图，即是雨篷构造详图。○表示排水口，箭头表示排水方向，1% 为排水坡度。

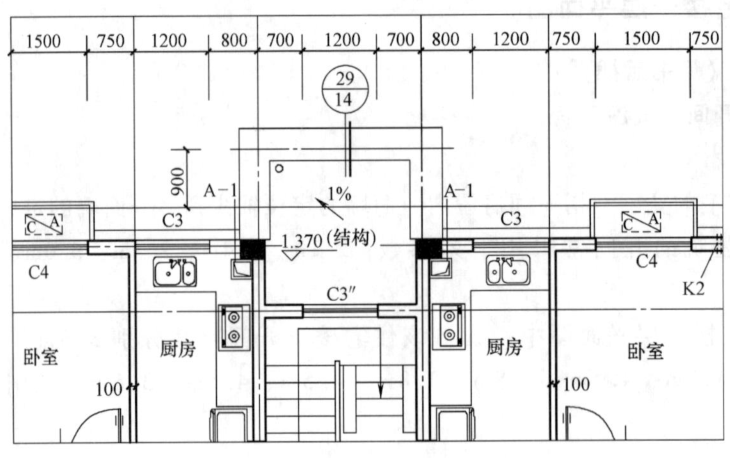

图 2-2-8　雨篷

2.3　识读住宅楼标准层平面图

见附图 2-3（见书后插页）。

2.3.1　户型

户型又叫房型，就是指房屋的类型。该住宅楼户型为三室两厅一厨二卫、三室两厅一厨一卫。

2.3.2　楼梯

住宅楼标准层平面图与一层平面图基本类似，但楼梯画法不同。

1. 确定楼梯的主要尺寸

（1）踏步尺寸和踏步数量

1）根据建筑物的性质和楼梯的使用要求，确定楼梯的踏步尺寸。由前述可知，通常住宅建筑楼梯的踏步尺寸（适宜范围）为：踏步宽度 260～300mm；踏步高度 156～175mm。可先选定踏步宽度，踏步宽度应采用分模数 1/5m 的整数倍数，由经验公式 $b+2h=600\sim620$mm（b 为踏步宽度，h 为踏步高度）可求得踏步高度，各级踏步尺寸应相同。

2）根据建筑物的层高 H 和初步确定的楼梯踏步高度 h 计算楼梯各层的踏步数量，即踏步数量 $N=$ 层高 $H/$踏步高度 h。若得出的踏步数量不是整数，可调整踏步高度。平行双跑楼梯各层的踏步数量宜取偶数。

（2）梯段尺寸

1）根据楼梯间的开间和楼梯形式，确定梯段宽度，即梯段宽度 =（楼梯间净宽 − 梯井宽）/2，梯段宽度应采用 1m 或 1/2m 的整数倍数。

2）确定各梯段的踏步数量。对平行双跑楼梯，通常各梯段的踏步数量为各层踏步数量的一半，因底层中间平台下做通道，为满足平台净高要求（平台净高大于或等于 2000mm），需调整底层两个梯段的踏步数量。

3）根据踏步尺寸和各梯段的踏步数量，确定梯段长度和梯段高度。即梯段长度：（该梯段的踏步数量 −1）×踏步宽度，梯段高度 = 该梯段的踏步数量×踏步高度。

2. 识图楼梯

从详图中，可得知该楼梯的开间、进深尺寸，踏步高度和宽度、梯段长度、栏杆高度等信息。该楼梯为平行双跑楼梯，首层、中间层、顶层楼梯平面图绘制方法均不同，如图 2-2-9 所示。

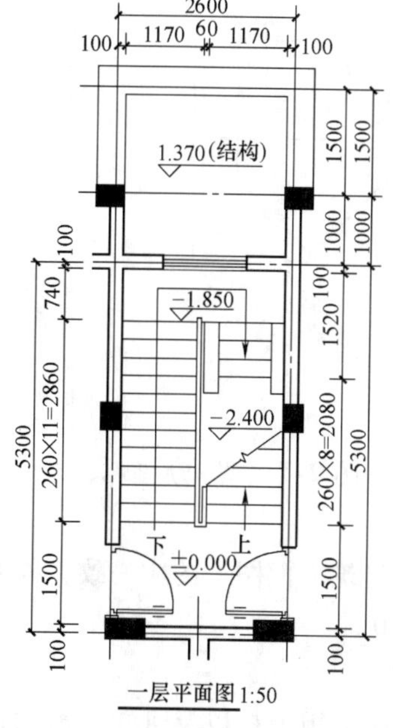

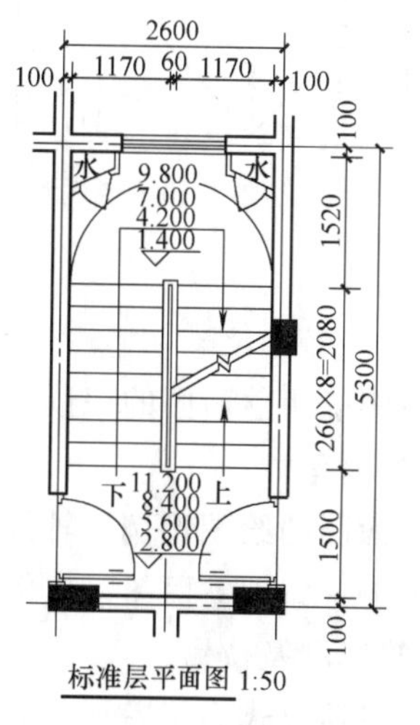

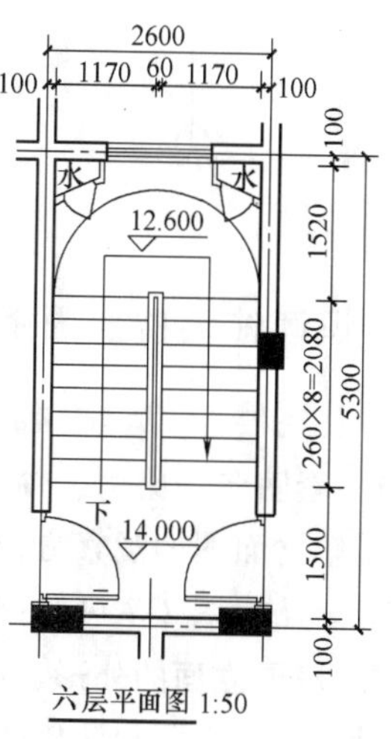

图 2-2-9　各层楼梯平面图

2.4 识读住宅楼屋顶平面图

见附图 2-6（见书后插页）。

2.4.1 看屋顶形式

常见的屋顶形式以平屋顶和坡屋顶居多。该住宅楼屋顶形式为坡屋顶，局部平屋顶。该符号⊿$\frac{1}{1.4}$是用高宽比来表示坡屋顶的坡度。

2.4.2 看屋面排水分区、排水方向、坡度

附图 2-6 中的↓符号，表示排水方向；2% 表示局部平屋顶的排水坡度；○为排水口；屋顶四周为排水檐沟（屋檐下面横向的槽形排水沟，用于盛接屋面的雨水，然后由竖管引到地面）。

2.4.3 太阳能集热器

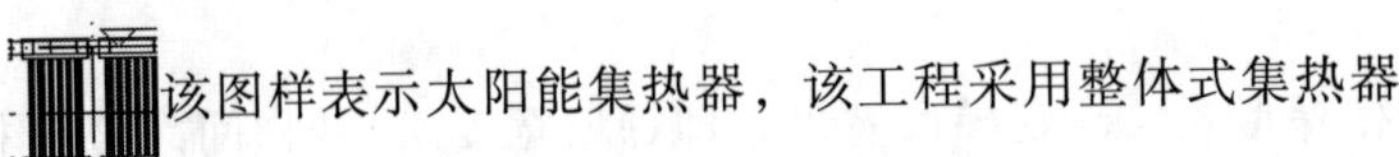
该图样表示太阳能集热器，该工程采用整体式集热器。

2.4.4 老虎窗

老虎窗（图 2-2-10），又称老虎天窗，指一种开在屋顶上的天窗，也就是在斜屋面上凸出的窗，用作房屋顶部的采光和通风。

该住宅老虎窗坡度为 1:1.4，具体详图见建施 13 号图样的 15 号图。

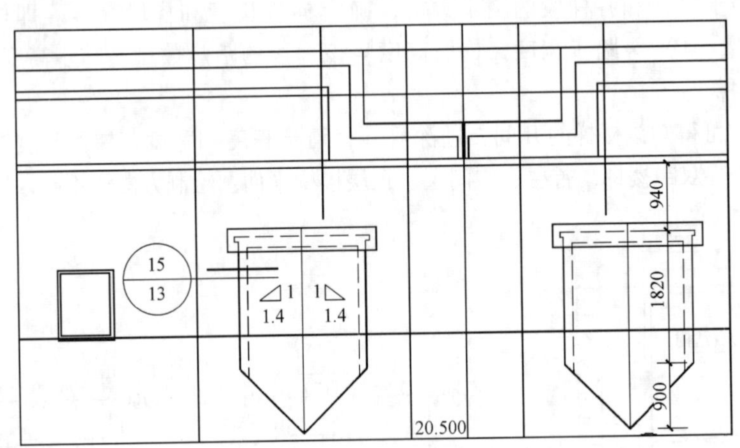

图 2-2-10　老虎窗

2.5 识读住宅楼立面图

以住宅楼①～㉕轴立面图为例说明立面图的识读方法。见附图 2-7（见书后插页）。

2.5.1 看图名、比例、轴线及其编号

了解立面图的观察方位，立面图的绘图比例、轴线编号与建筑平面图上的应一致，并对照阅读。从附图 2-7 可知该图为①～㉕轴立面图，比例为 1:100。

2.5.2 房屋立面的外形、门窗等形状及位置

从附图 2-7 可知该传达室的屋顶形式为坡屋顶，立面的形状为矩形，以及可知门窗的形状和位置。

2.5.3 看立面图的标高尺寸

从附图 2-7，并可了解各部位的标高，如室内外地坪、门窗、阳台等处的标高。

2.5.4 看房屋外墙面装修的做法与分割线

从附图 2-7，可了解住宅楼各部位外立面的装修做法、材料、色彩等。

2.5.5 看住宅楼层数

从附图 2-7，可知该住宅楼的层数是 6 层，属于多层住宅。

2.6 识读住宅楼剖面图

见附图 2-9（见书后插页）中 1—1 剖面图。

2.6.1 看图名、比例、剖切位置及编号

从附图 2-9 中 1—1 剖面图，可知图名是 1—1 剖面图，比例为 1:100，并应根据图名与住宅楼架空层平面图对照，确定剖切平面的位置及投影方向，从中了解该图所画的是住宅楼的哪一部分的投影。

2.6.2 看房屋内部的构造、结构形式

了解梁板、屋面的结构形式、位置及其与墙（柱）的相互关系。

2.6.3 看房屋各部分竖向尺寸

从附图 2-9 中 1—1 剖面图，可知室外地坪标高为 -2.000m，层高为 2.8m，建筑总高为 18.80m。结合东西立面图，可知该住宅楼南北地坪高差 0.4m。

建筑高度是指室外地坪至建筑物檐口的垂直高度。

2.7 识读住宅楼详图

2.7.1 看图名、比例、详图位置及编号

图 2-2-11 中，该详图编号是(1/07)比例为 1:20，并应根据图名与住宅楼阁楼层平面图（附

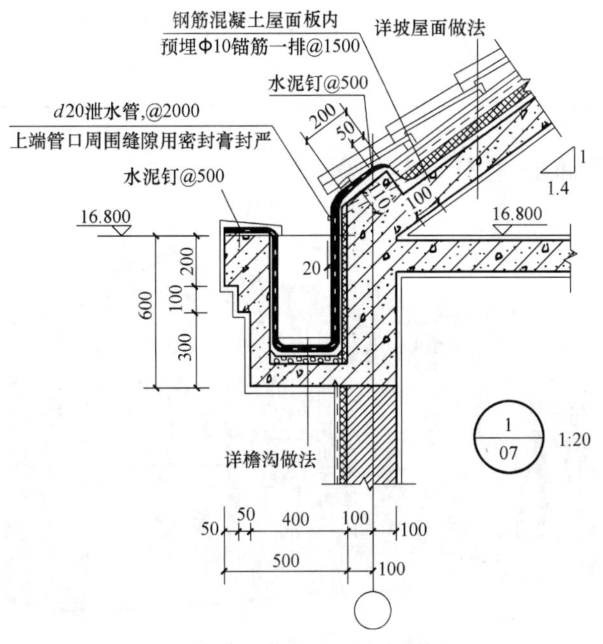

图 2-2-11 坡屋面檐沟详图

图2-5，见书后插页）对照，确定详图的位置，从中了解该图所画的是住宅楼的哪一部分构造的详图。通过读图，我们可知，该详图表达的是屋面檐沟构造。

2.7.2 看引出标注

从图2-2-11可看出泄水管的位置，管件的直径20mm，以及管件的设置间距为2000mm。

2.7.3 看檐口排水坡度、檐口宽度及各部分尺寸

形体被剖切后，断面反映出构件所采用的材料，因此，在剖面图中，相应的断面上应画出相应的材料符号。

任务3 绘制住宅楼建筑施工图

3.1 制订绘图计划

住宅楼建筑施工图绘制要求学生独立完成。学生个人在前面识读住宅楼建筑施工图的基础上，制订制图计划，并填写绘图计划表（表2-3-1）。

表2-3-1 绘图计划表

学生姓名		学号	
工程名称			

序号	图纸名称	进度安排
1		
2		
3		
4		
5		
6		

3.2 绘制住宅楼平面图（图2-3-1）

图2-3-1 住宅楼三维模型

3.2.1 绘制住宅楼架空层平面图

1. 绘制轴网

轴网生成。鼠标左键点击主菜单-平面-轴线-直线轴网，命令提示行〈请选择/1-生成新数据/2-修改已有数据/〉，选择1，或者直接按回车，默认选择1，生成新数据，在“轴网数据编辑”对话框中输入相应的开间、进深数值，上开间尺寸（依次输入700、3150、3650、2600、1800、3200、4000、3150、1850、2600、5000、4000、5000、2600、3650、3150、700），下开间尺寸（依次输入700、3600、4500、4500、3800、3800、4500、4500、3800、3800、4500、4500、3600、700），左进深或右进深尺寸（依次输入：1500、4400、2200、3000、3900），输入完毕后，点击OK，在绘图区适当位置点击轴网插入点，轴网自动生成。生成的轴网，通过启用夹点功能，轴线长度进行拉伸修改，如图2-3-2所示。

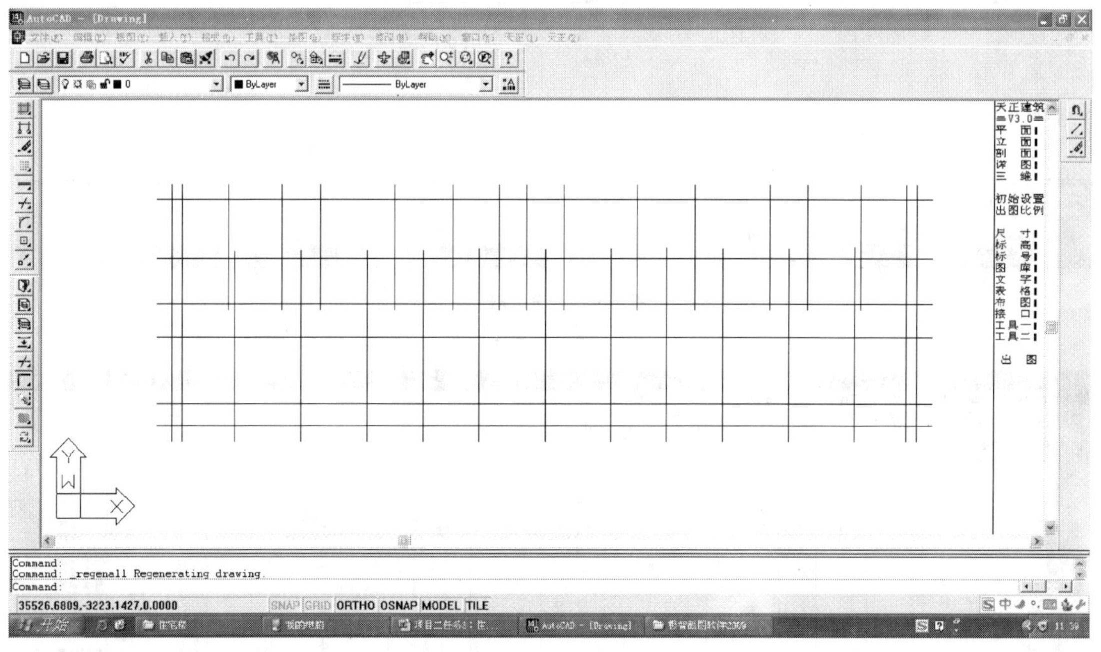

图2-3-2　轴网生成

2. 轴网标注与修改

轴网标注（如图2-3-4）　鼠标左键点击主菜单-平面-轴线-轴网标注，命令提示行提示〈请点取要标注轴线一侧的横段轴线〉，点取边侧轴线，回车完成一侧轴线标注，其他侧与此同。

辅助轴线添加与轴线修改。主要轴线在轴网生成时建立，辅助轴线在主要轴线生成后添加。鼠标左键点击主菜单-平面-轴线-工具-增加轴线，增加相应辅助轴线。

轴线标注断开　此目录下左键点击标注断开，左键选择需断开的尺寸，在断开位置点击完成操作。

轴线变号。鼠标左键点击主菜单-平面-轴线-单轴变号，左键点击需要变号的轴线号，在命令栏里输入相应编号。

轴号位置修改　轴线编号多了之后会造成图像重叠，为了图样清晰，进行轴号位置改动。鼠标左键点击主菜单-平面-轴线-工具-轴号外偏，点击需要外偏的两个轴号，操作完成。如图 2-3-3 轴号外偏。

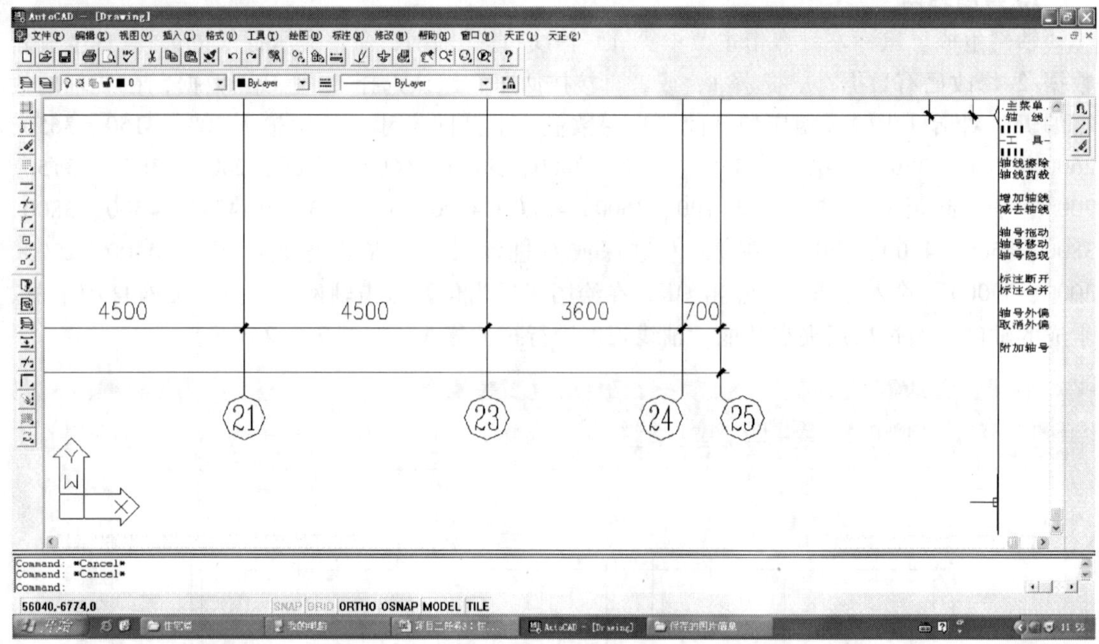

图 2-3-3 轴号外偏

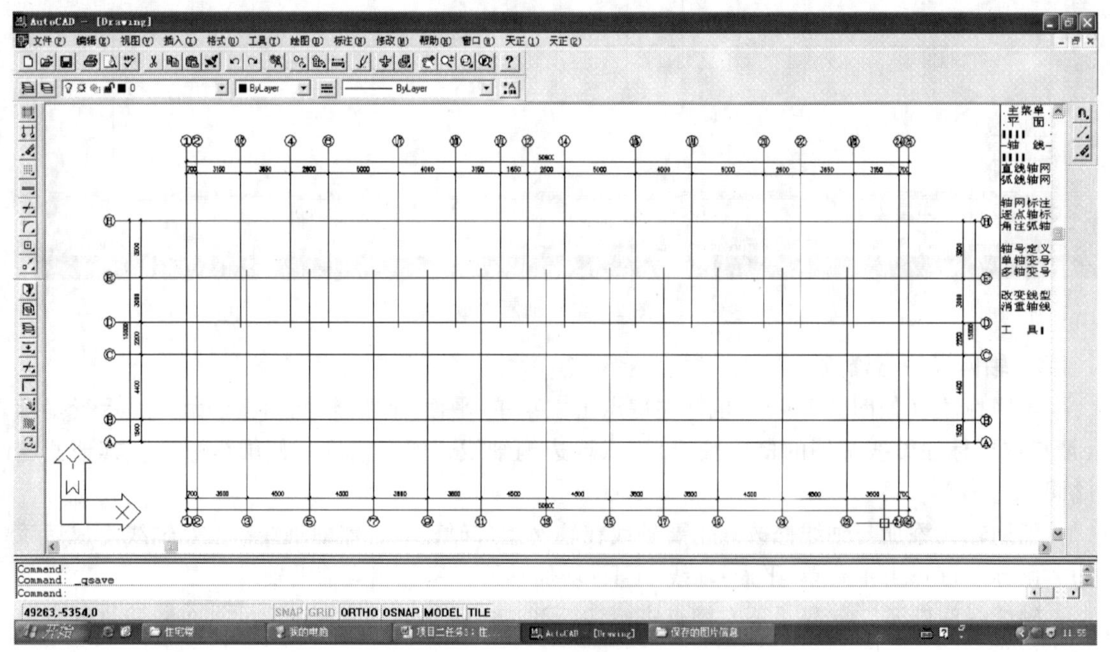

图 2-3-4 轴网标注

3. 墙体绘制

墙体绘制　鼠标左键点击主菜单-平面-双线墙-双线直墙，点击某轴线交点之后，命令行提示 <请点取直墙的下一点/A-弧墙/W-墙厚/F-取参照点/U-回退/结束>，输入 W，设置墙体参数，主要是左右侧墙的宽度，通过点击起止点绘制墙线（按 F3 开启对象捕捉功能）。

局部墙体绘制　某些次要墙体，需加画辅助轴线后完成绘制。如图 2-3-5 墙体绘制。

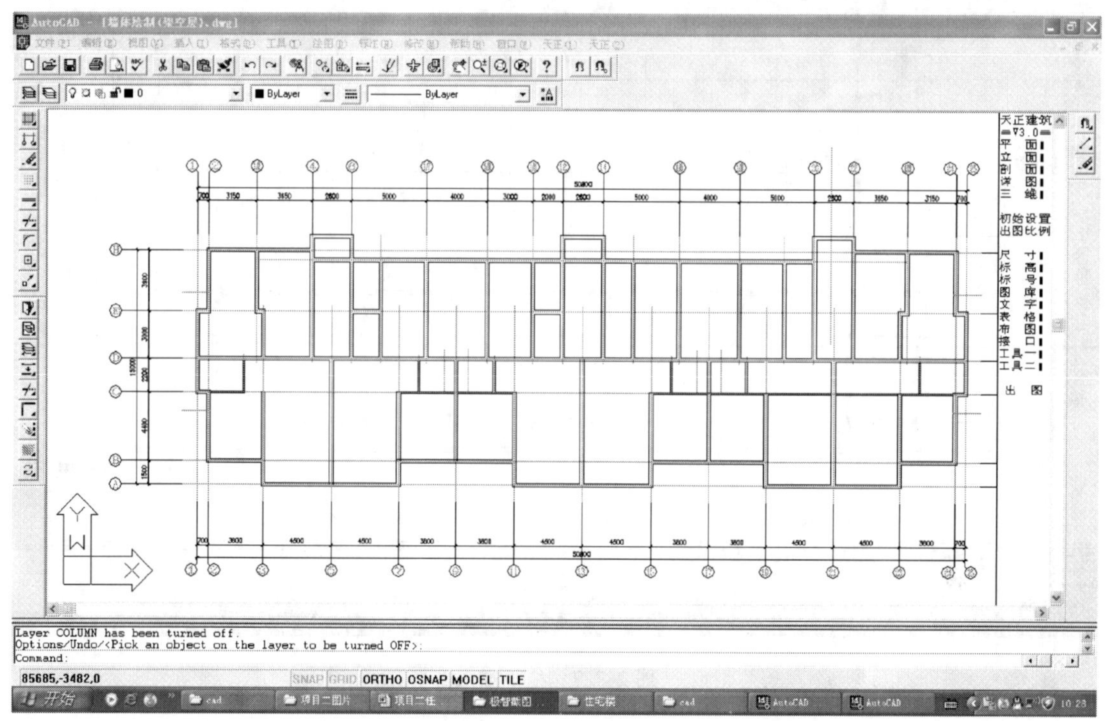

图 2-3-5　墙体绘制

4. 柱子插入

柱子插入　鼠标左键点击主菜单-平面-柱子-方柱插入，在弹出的对话框中设置柱子参数，设置完毕后，点击 OK，十字光标框选所需插入柱子的轴线交点，可单个或多可同时框选，完成柱子的插入。

柱子参数包括尺寸参数和基点定位。如图 2-3-6 柱参数设置。

柱参数定义
尺寸参数
柱宽 400
柱高 400
直径 400
方柱R　圆柱C
基点定位
横偏 0
纵偏 0
转角 0
OK　Cancel　Help

图 2-3-6　柱参数设置

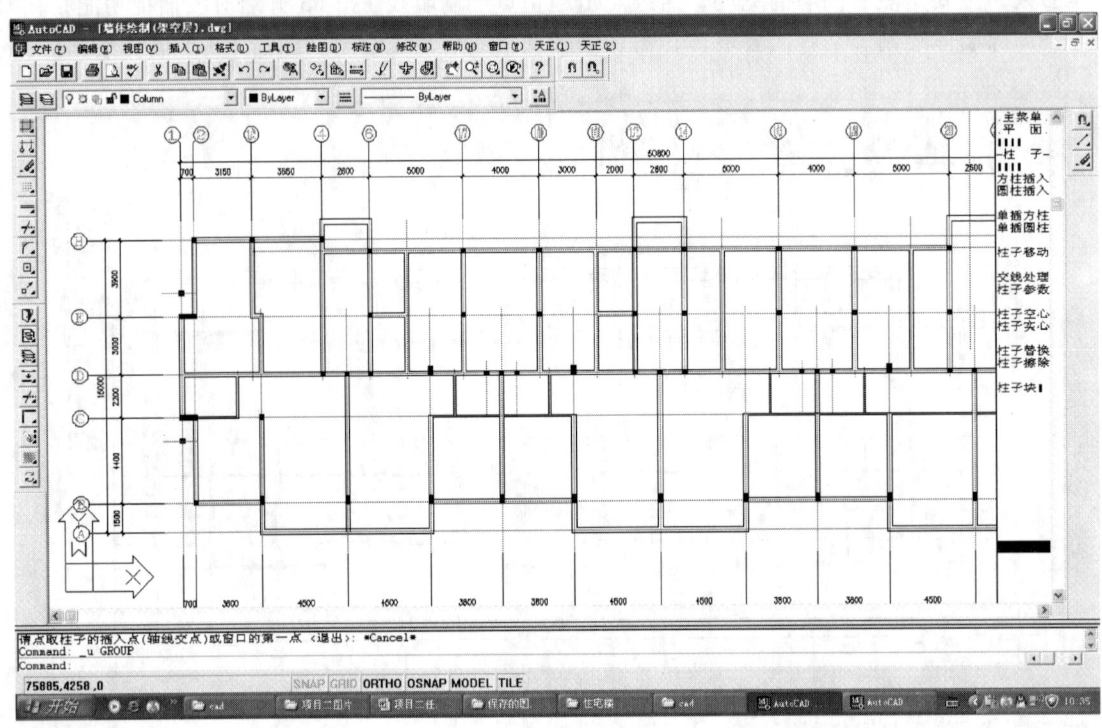

图 2-3-7　柱子插入

5. 门窗插入

门窗插入（如图 2-3-8 所示）鼠标左键点击主菜单-平面-门窗，在门窗下一级菜单中选

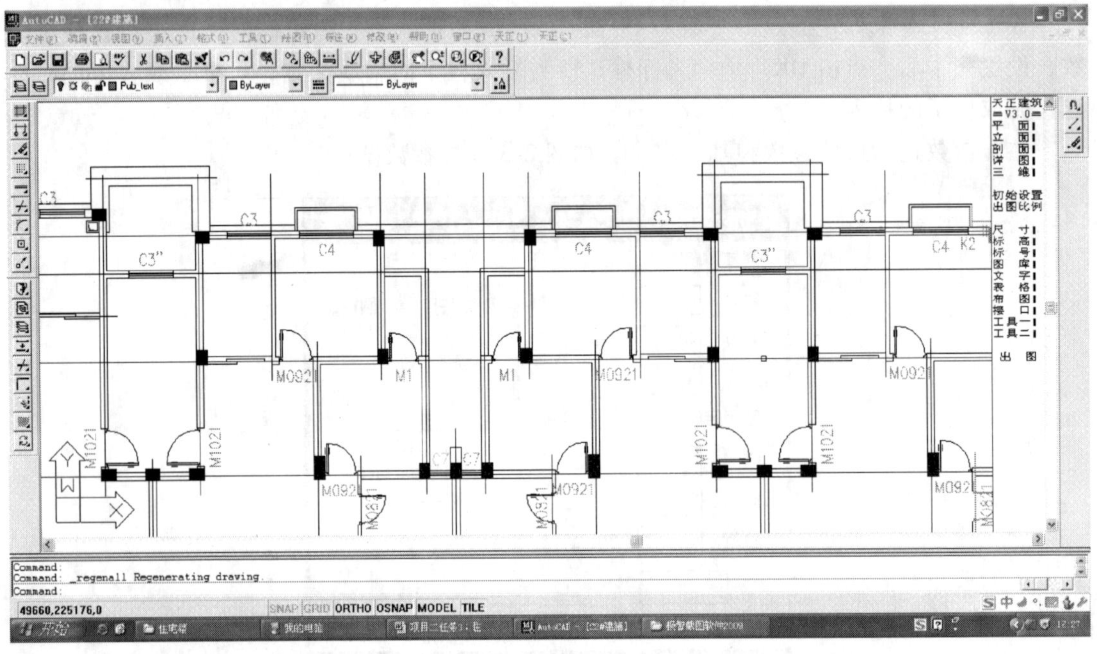

图 2-3-8　门窗插入

择窗、门，点击门窗选型，确定窗、门的式样，点击 OK 完成设置。采用中心插入、垛宽插入等方式插入。

例如：以垛宽插入方式插入门

Command：wdinb（鼠标左键点击主菜单-平面-门窗-门-垛宽插入）

请输入从基点到门窗侧边的距离 <240 >：（此处输入具体距离，按回车确定）

再点取要插入门窗的墙线（偏向基点一侧）< 退出 >：（按提示点取要插入门的位置，门插入完成）

门窗的编号　鼠标左键点击主菜单-平面-门窗-门窗名称，点取要标注或修改名称的门窗（可多个选择），右键点击或回车完成选择，在命令提示栏里输入门窗编号。

6. 楼梯插入

楼梯插入　复杂的楼梯某层平面图，可采用基本绘图和修改命令完成绘制。

楼梯剖段线绘制。鼠标左键点击主菜单-平面-楼梯-单侧剖断，绘制好剖断线后，删除不需要的部分，如图 2-3-9 所示。

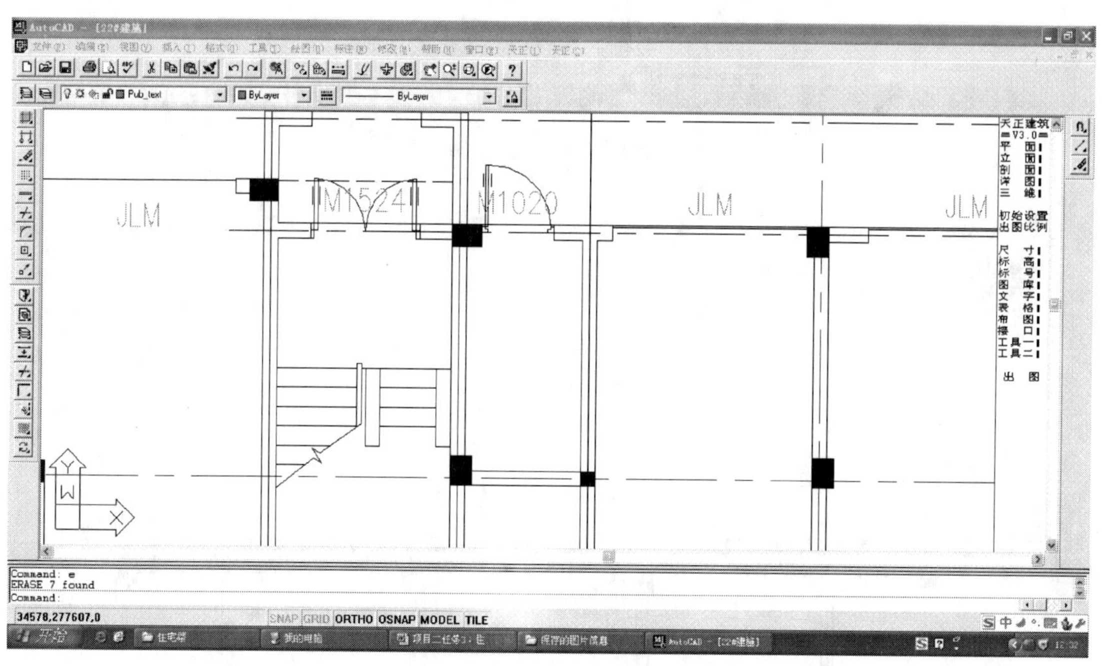

图 2-3-9　楼梯剖断线绘制

箭头绘制与文字标注　鼠标左键点击主菜单-标号-箭头绘制，在正交作图状态下点击箭头箭尾的方位，点击右键或回车完成箭头绘制。如图 2-3-10 所示。

7. 坡道绘制

用基本绘图命令完成坡道绘制。

标注坡道坡向　鼠标左键点击主菜单-标号-箭头绘制，在作图区点击箭头首尾位置，回车完成箭头绘制。

8. 排水沟绘制

在相应图层，用基本绘图命令在设计位置绘制图线。如图 2-3-11 所示。

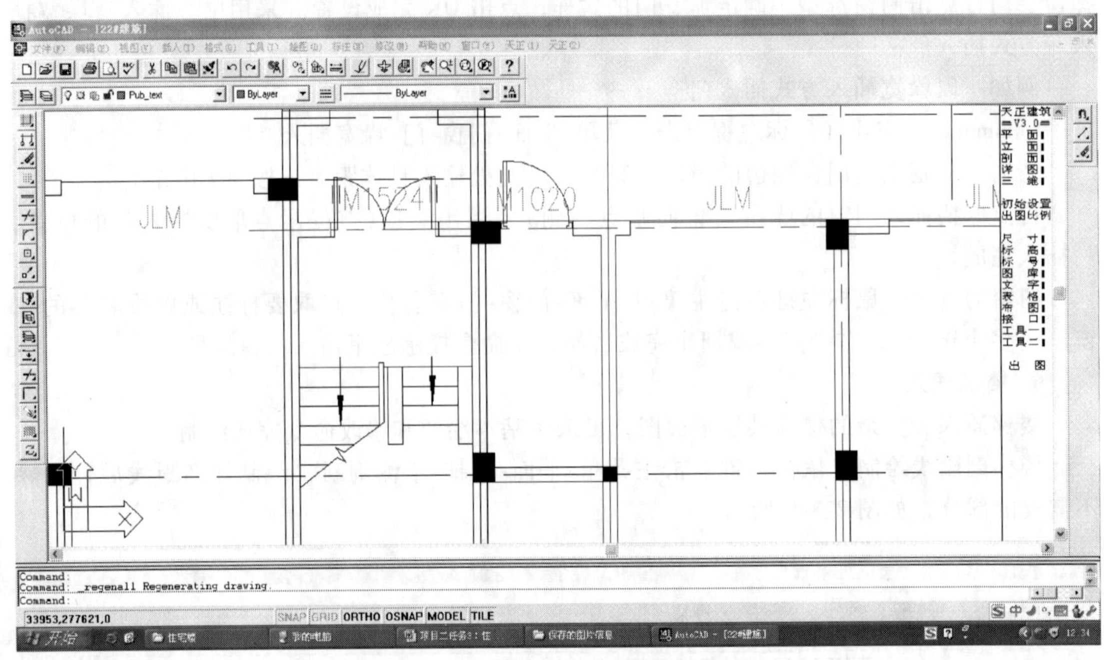

图 2-3-10　箭头绘制

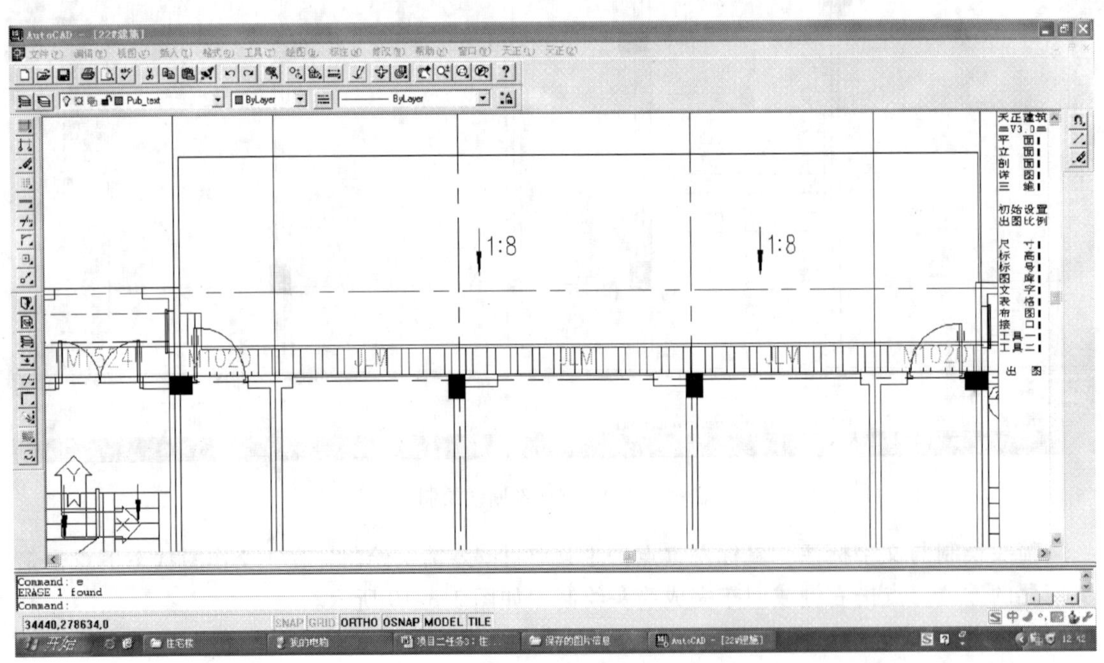

图 2-3-11　排水沟绘制

9. 散水绘制

散水绘制　鼠标左键点击主菜单-平面-室外-手工散水，十字光标点击需设置散水的外墙，输入散水方向和宽度 600 后完成绘制。注意散水在出入口位置断开。如图 2-3-12 所示。

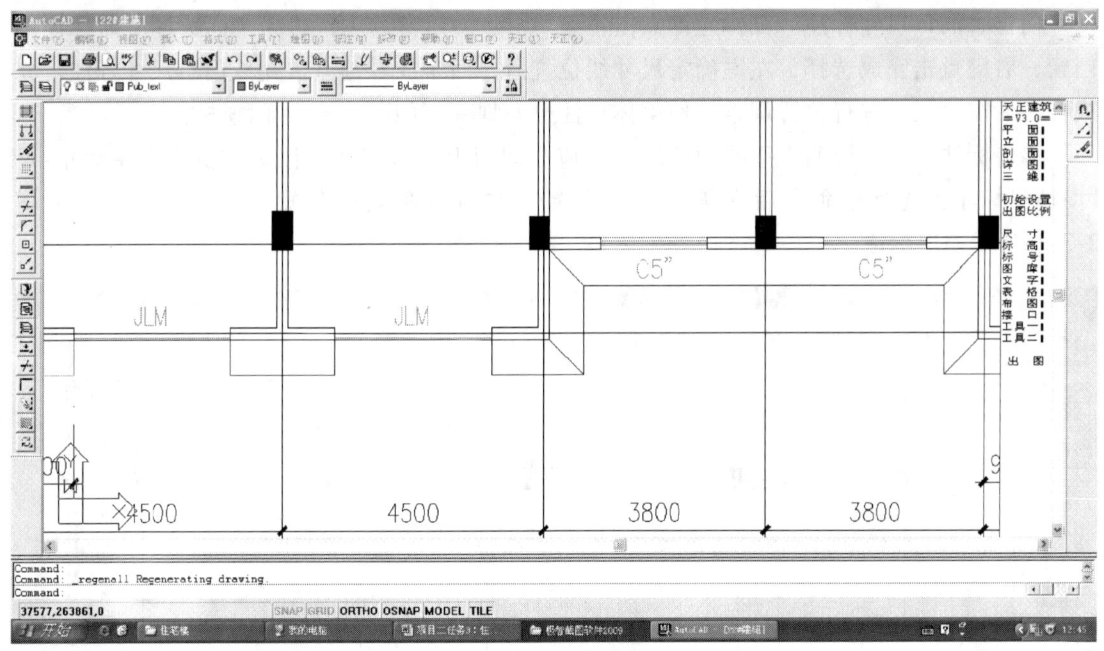

图 2-3-12　散水绘制

10. 尺寸标注

将上面 1-25 轴里面尺寸线拷贝一行。鼠标左键点击主菜单-尺寸-工具-标注断开，命令提示行提示“请点取要断开的尺寸标注 <退出>:”，点击 2-3 轴间最上面这道尺寸线；命令提示行提示“再点一下尺寸标注的断开点（或键入断开尺寸：右侧输正值，左侧输负值）<退出>:”，点击 2-3 轴间窗户的右侧，3600 尺寸线断开成为 900、1800 和 900；其余用同样方法将尺寸断开。如图 2-3-13 所示标注断开。

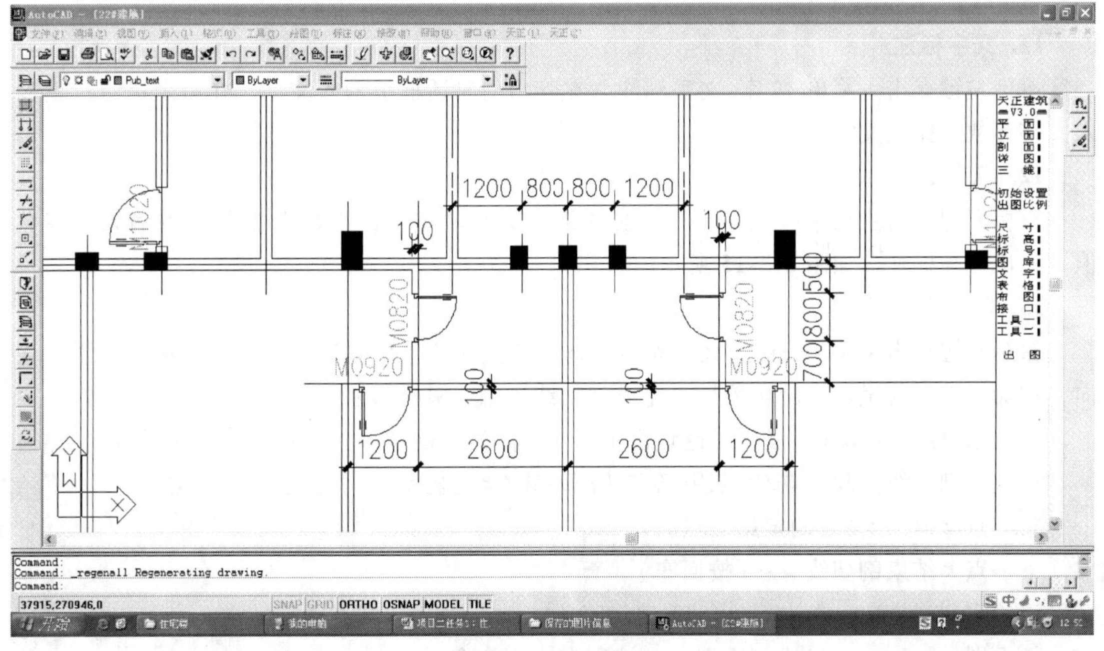

图 2-3-13　标注断开

门窗、洞口尺寸标注。鼠标左键点击主菜单-尺寸-门窗标注，选择光标选择所需标注的门窗，右键点击完成选择，左键确定尺寸线位置后，回车或右键点击完成门窗尺寸标注。完成标注后需对尺寸进行位置调整，使整体标注整齐划一。如图 2-3-14 门窗标注。

墙厚标注　未在说明中指明的墙厚，都应在图面上进行标注。鼠标左键点击主菜单-尺寸-墙厚标注，选择好命令后在需标注的位置，在墙体两侧拉条短线，完成标注。如图 2-3-14所示墙厚标注。

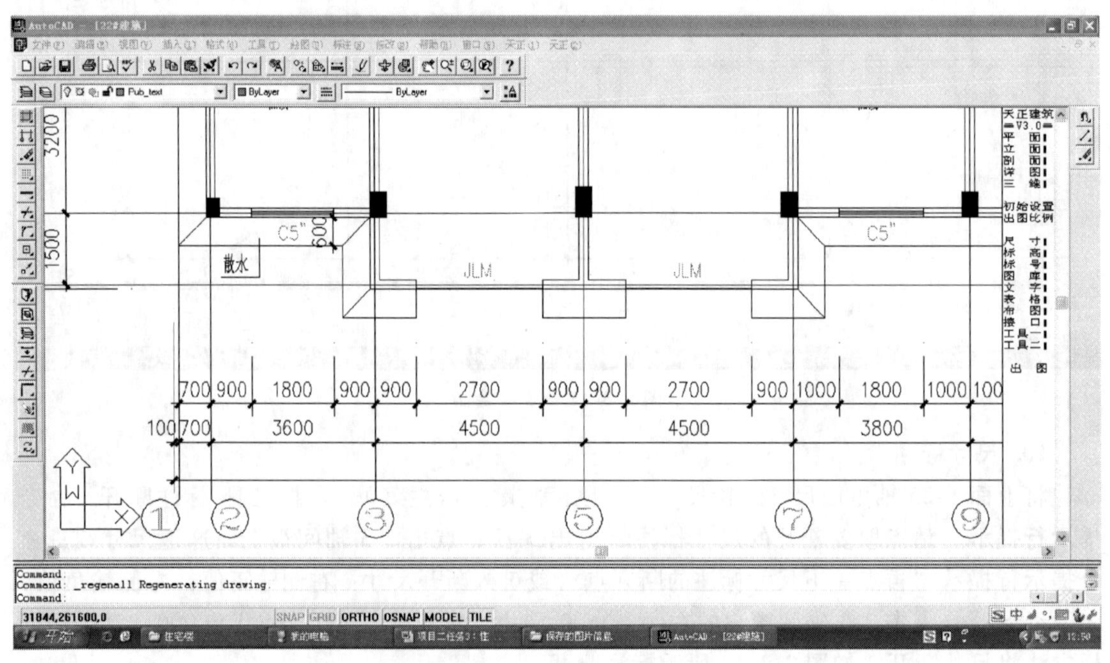

图 2-3-14　门窗标注和墙厚标注

11. 文字标注

鼠标左键点击主菜单-文字-文字标注，在弹出的对话框里输入文字，在命令提示行里输入文字参数，完成文字输入。

12. 标高标注

鼠标左键点击主菜单-标高-注标，在图纸相应绘制点击，在命令提示栏里输入标高数值，完成标高标注。如图 2-3-15 所示。

13. 剖切线绘制

鼠标左键点击主菜单-标号-大剖切号，选择好剖切位置后右键完成，左键选择剖视的方向，在命令提示行里输入剖切编号，完成剖切线绘制。只在最底层平面图标注剖切位置。

Command：sectnum1（鼠标左键点击主菜单-标号-大剖切号）

请输入剖切线的起始点/P-采用已有的剖切线/<退出>：（按提示输入起点）

第二点<退出>：（确定第二点）

下一点<结束剖切线>：（按回车）

请给出剖视方向<退出>：（点取剖切方向）

剖面图号<1>：（输入剖面图号，按回车结束命令）

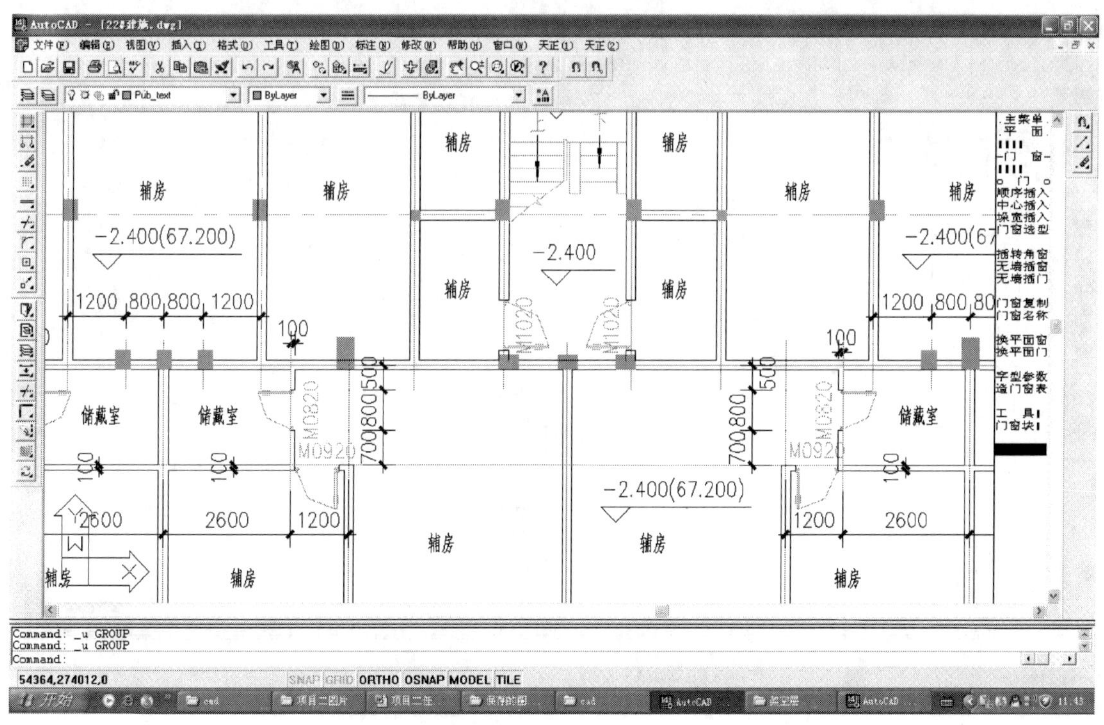

图 2-3-15　标高标注

14. 指北针绘制

鼠标左键点击主菜单-标号-画指北针，选择好正北方向，确定指北针方位。

15. 索引符号标注

鼠标左键点击主菜单-标号-指向索引或剖切索引，索引编号按照图样编排，在命令提示栏里输入相应数值。

Command：indexnum2（鼠标左键点击主菜单-标号-剖切索引）

请给出剖切索引的起点 <退出>：

转折点或索引号的位置 <退出>：

索引号的位置 <取上一点>：

剖视方向 <退出>：

大样所在的图号/[-] -在本图内/<->：(输入大样所在图的图号，在本图内，直接按回车确定)

索引编号 <1>：(输入索引编号)

文字说明（字高 400）/H-改字高/< >：(若需要该字高，输入 H，若不需要更改，直接按回车完成)

完成后如图 2-3-16 所示。

16. 引出标注

鼠标左键点击主菜单-标号-引出标注，跳出引出标注对话框，在线上一、线下一输入所需标注的文字，同时设置箭号形式、大小，文字高度，点击 OK，再按命令行提示操作，点取标注的位置。如图 2-3-17 所示。

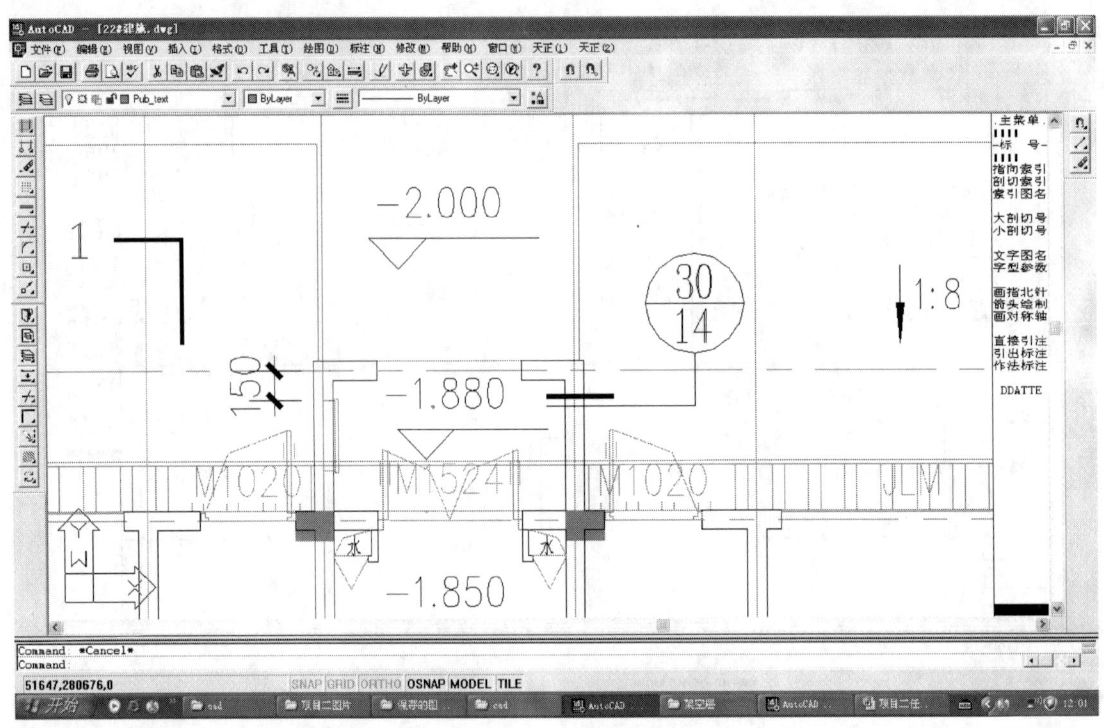

图 2-3-16 剖切索引

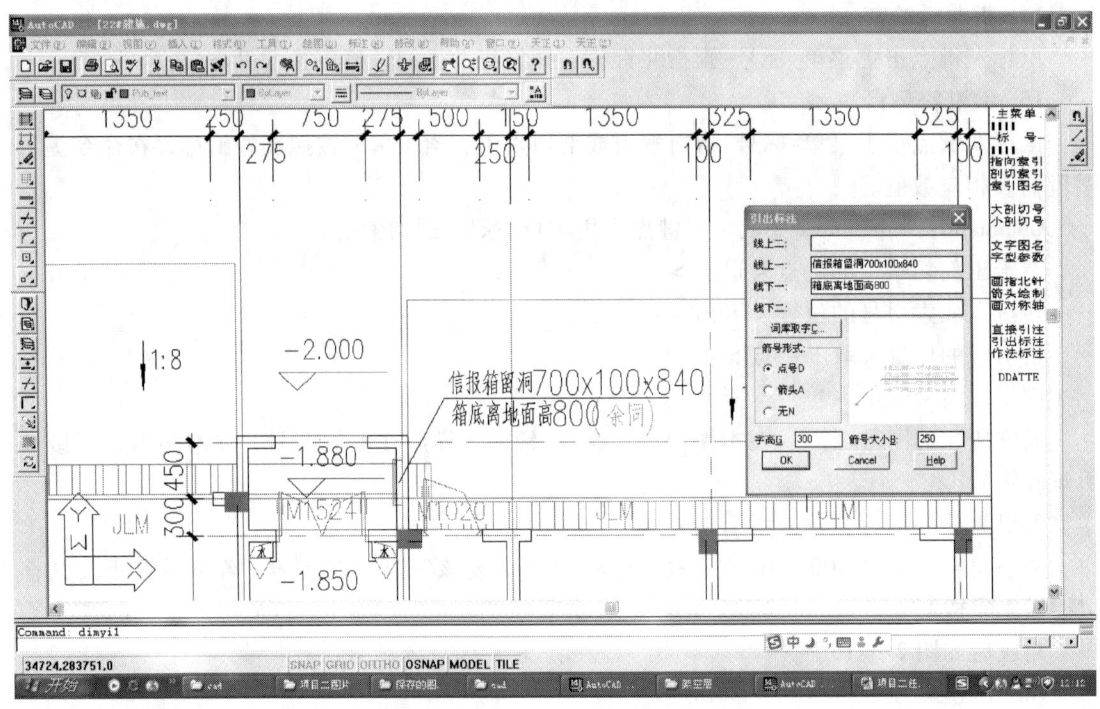

图 2-3-17 引出标注

17. 图名标注，比例标注，图框插入

图名标注 鼠标左键点击主菜单-标号-文字图名，在跳出的对话框中输入文字 <架空层

平面图 1∶100 >，点击 OK，然后按命令行提示点取标注位置，设置文字大小。

图框插入　鼠标左键点击主菜单-布图-实插图框，在跳出的对话框中选择图框类型，A0、A1、A2、A3、A4，选择 A2 +1/4 插入，框选中会签栏、图标。

3.2.2　绘制住宅楼一层平面图

1. 拷贝底层轴网

关闭架空层平面图其他图层，然后拷贝全部。通过鼠标左键点击主菜单-平面-轴线-工具-增加轴线，增加 8、9、10、16、17、18 号等轴线。

2. 绘制墙体

方法同架空层平面图。

3. 插入柱子

方法同架空层平面图，如果同架空层柱子相同，可拷贝插入。

4. 门窗插入

门窗插入　鼠标左键点击主菜单-平面-门窗，在门窗下一级菜单中选择窗、门，点击门窗选型，确定窗、门的式样，点击 OK 完成设置。采用中心插入、垛宽插入等方式插入。

门窗的编号　鼠标左键点击主菜单-平面-门窗-门窗名称，点取要标注或修改名称的门窗（可多个选择），右键点击或回车完成选择，在命令提示栏里输入门窗编号。如图 2-3-18 所示。

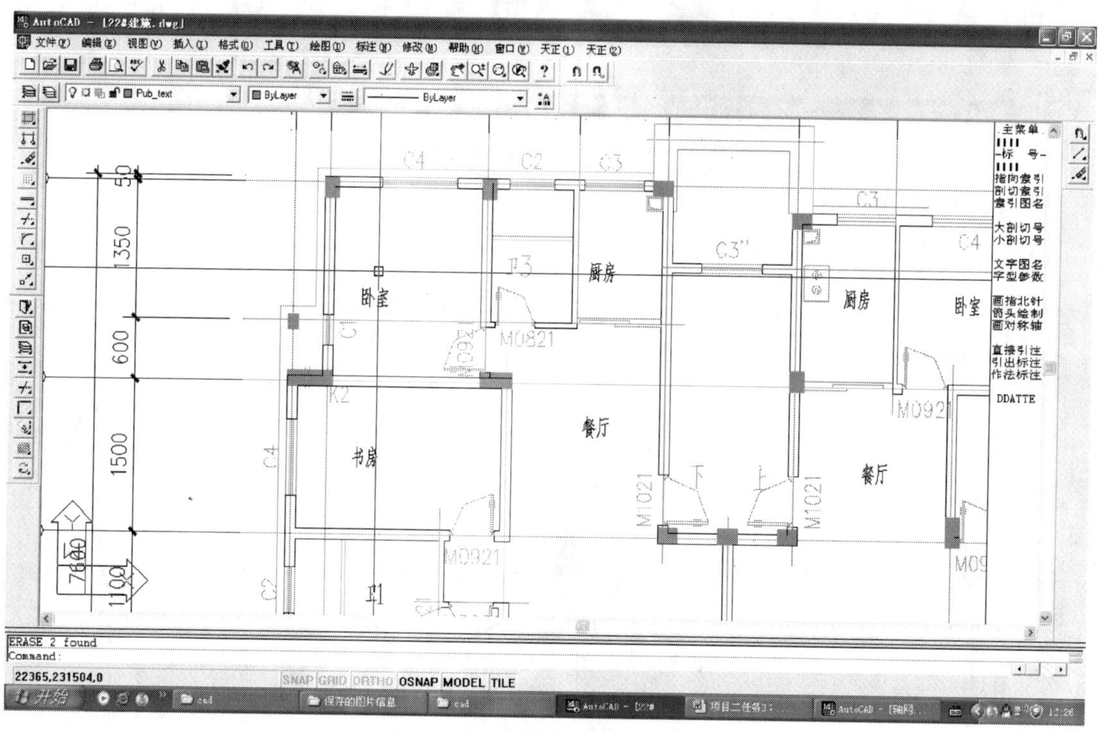

图 2-3-18　门窗插入、门窗编号

5. 楼梯绘制

楼梯插入　复杂的楼梯某层平面，可采用基本绘图和修改命令完成绘制。

楼梯剖段线绘制　鼠标左键点击主菜单-平面-楼梯-单侧剖断，绘制好剖断线后，删除不需要的部分。

箭头绘制与文字标注　鼠标左键点击主菜单-标号-箭头绘制，在正交作图状态下点击箭头箭尾的方位，点击右键或回车完成箭头绘制。如图 2-3-19 所示。

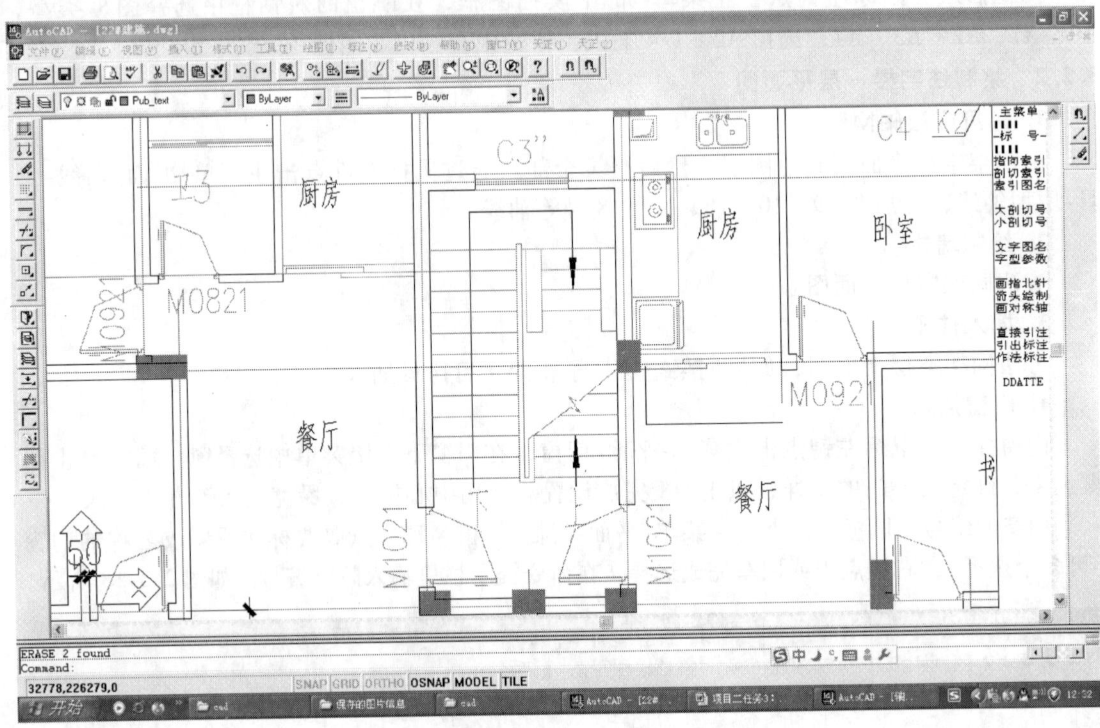

图 2-3-19　一层平面图楼梯绘制

6. 阳台绘制

用基本绘图命令完成阳台绘制。如图 2-3-20 所示。

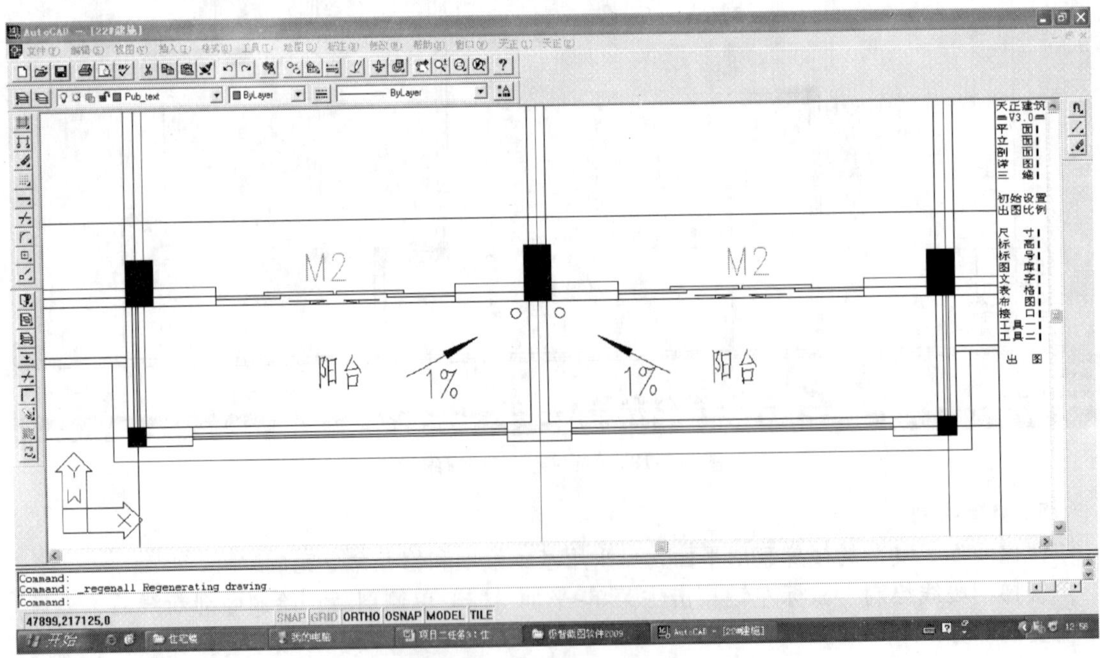

图 2-3-20　阳台绘制

标注坡道坡向　鼠标左键点击主菜单-标号-箭头绘制，在作图区点击箭头首尾位置，回车完成箭头绘制。

7. 空调相关内容的绘制

在相应图层，用基本绘图命令在设计位置绘制图线。

空调位的绘制　在相应图层，用基本绘图命令在设计位置绘制图线。绘制好一个空调位后，可制作成块（block），其余的均可用插入块或复制命令进行快速操作，也可结合镜像命令（mirror）进行快速编辑，镜像快捷键为 mi。

空调管道孔绘制　在相应图层，用基本绘图命令在设计位置绘制图线，用文字标注命令，注明空洞的编号。如图 2-3-21 所示。

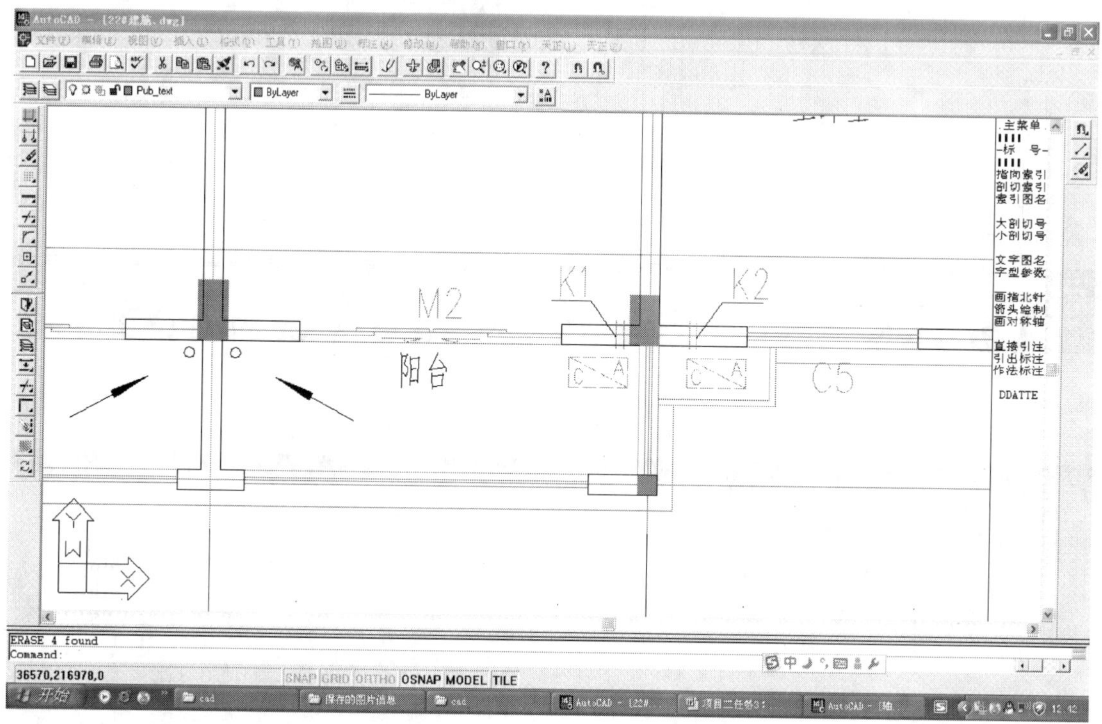

图 2-3-21　空调位、空调管道孔绘制

8. 家具及洁具布置

家具、洁具布置　CAD 图库中有部分家具，命令位置在主菜单-图库-图块输出，跳出图库管理系统对话框，选择家具、洁具类型，点取插入位置。如果没有，建立相应的图层后用基本绘制命令绘制。如图 2-3-22 所示。

9. 雨篷绘制

在相应图层，用基本绘图命令在设计位置绘制图线。如图 2-3-23 所示。

10. 排水相关内容绘制

用基本绘图命令完成落水口绘制，然后用鼠标左键点击主菜单-标号-箭头绘制，完成排水箭头绘制，最后进行排水坡度标注。如图 2-3-24 所示。

11. 相关标注

（1）细部尺寸标注：门窗、洞口尺寸标注　鼠标左键点击主菜单-尺寸-门窗标注，选

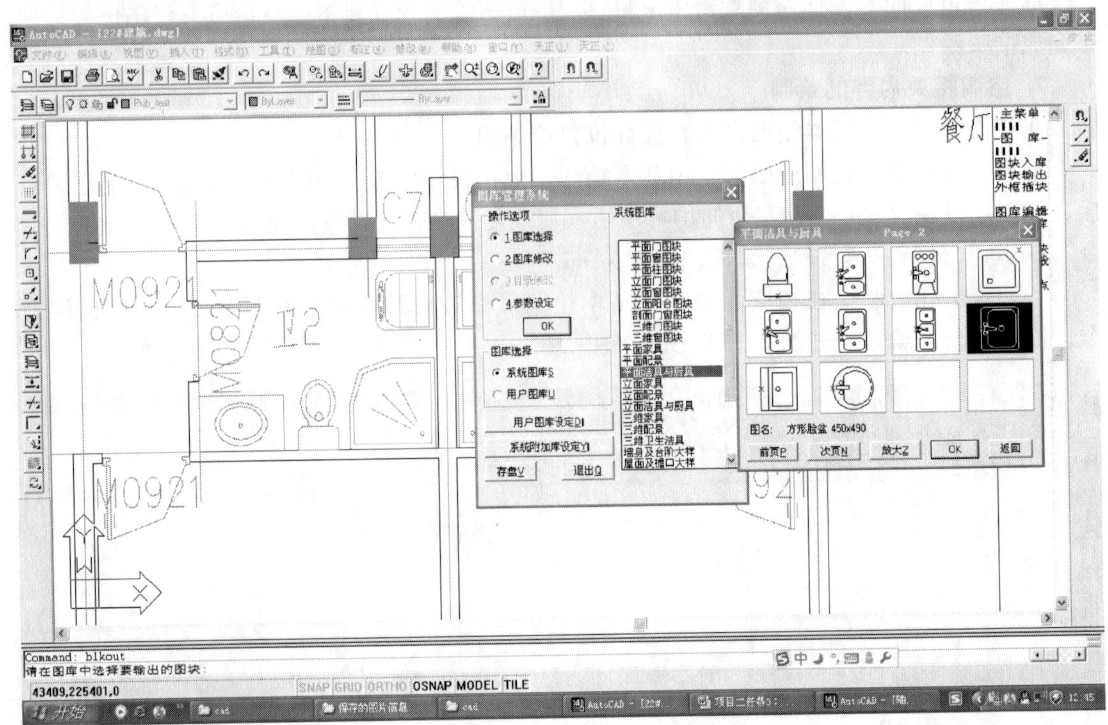

图 2-3-22　家具、洁具布置

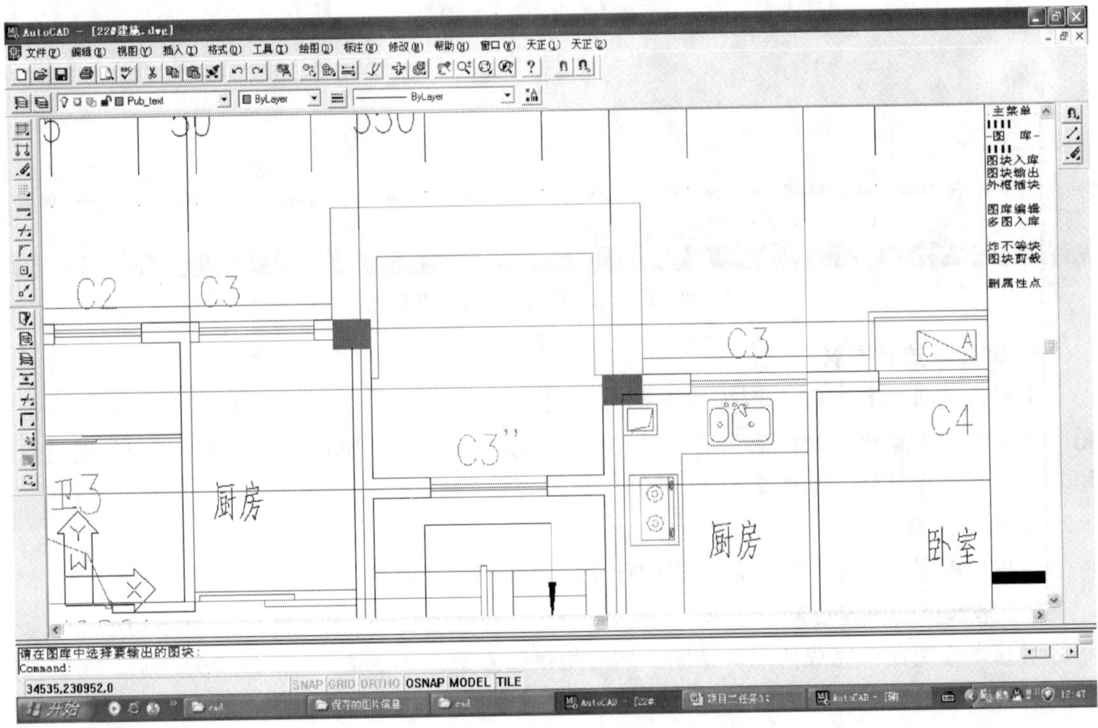

图 2-3-23　雨篷绘制

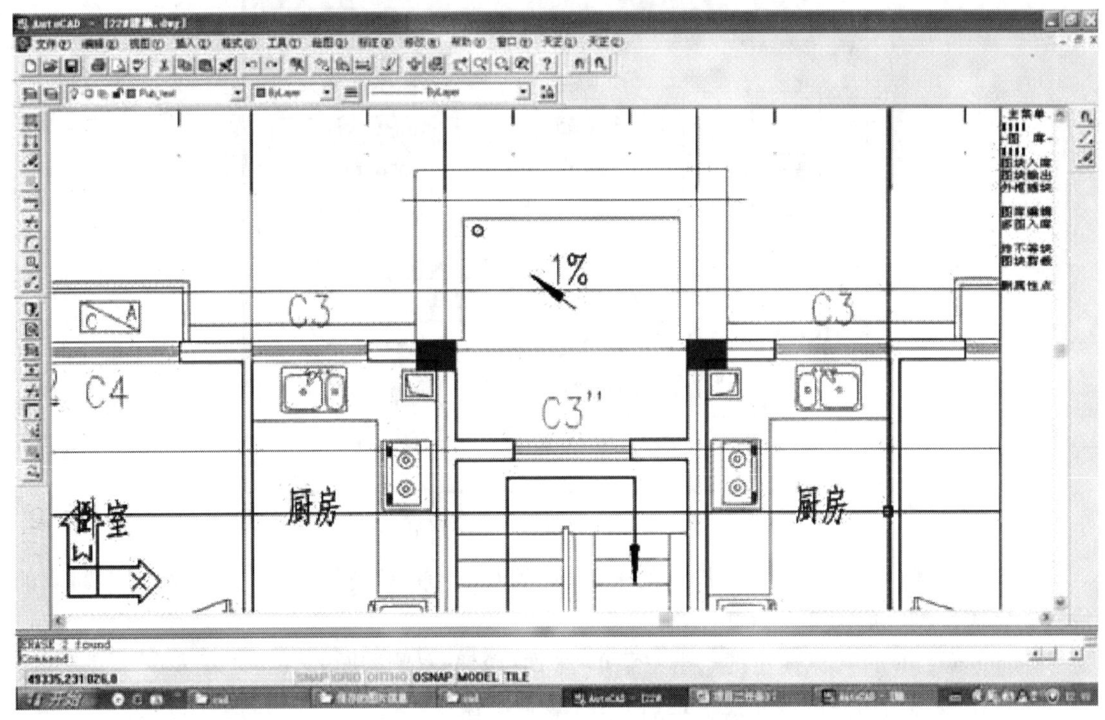

图 2-3-24　落水口、排水坡道绘制

择光标选择所需标注的门窗，右键点击完成选择，左键确定尺寸线位置后，回车或右键点击完成门窗尺寸标注。完成标注后需对尺寸进行位置调整，使整体标注整齐划一。

墙厚标注　未在说明中指明的墙厚，都应在图面上进行标注。鼠标左键点击主菜单-尺寸-墙厚标注，选择好命令后在需标注的位置，在墙体两侧拉条短线，完成标注。

（2）文字标注：鼠标左键点击主菜单-文字-文字标注，在弹出的对话框里输入文字，在命令提示行里输入文字参数，完成文字输入。

（3）标高标注：鼠标左键点击主菜单-标高-注标，在图样相应绘制点击，在命令提示栏里输入标高数值，完成标高标注。

（4）索引符号标注：鼠标左键点击主菜单-标号-指向索引或剖切索引，索引编号按照图纸编排，在命令提示栏里输入相应数值。

具体标注方法与架空层相同。

12. 图名标注，比例标注，图框插入，一层平面图绘制完成

3.2.3　绘制住宅楼标准层平面图

住宅中间层，每层图样内容大致相同，可绘制在一张标准层平面上。

1. 拷贝一层平面图

2. 删除图样不同的部分　主要为标高、楼梯、雨篷等。

3. 标准层楼梯插入

鼠标左键点击主菜单-平面-楼梯-两跑楼梯，弹出“两跑楼梯参数”对话框（如图 2-3-25所示），进行相关参数设置，如踏步宽输入 260，一跑步数输入 9，二跑步数输入 9，点取总宽，量取梯段宽度，参数设置好后在基点位置插入楼梯。

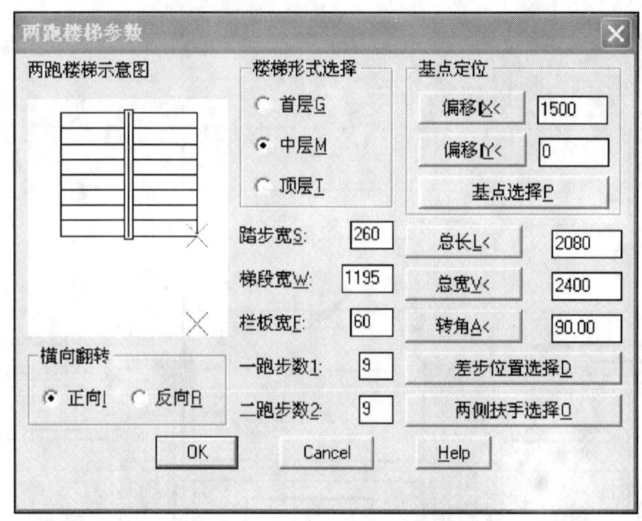

图 2-3-25　两跑楼梯参数设置

楼梯折断线的绘制。鼠标左键点击主菜单-平面-楼梯-双侧剖断。点击需绘制剖断线的位置，完成绘制。如图 2-3-26 所示。

Command：dsect（鼠标左键点击主菜单-平面-楼梯-双侧剖断）

请给出楼梯剖切线的起始点 <退出>：（按提示操作）

剖切线的结束点 <退出>：（按提示操作，楼梯折断线完成绘制）

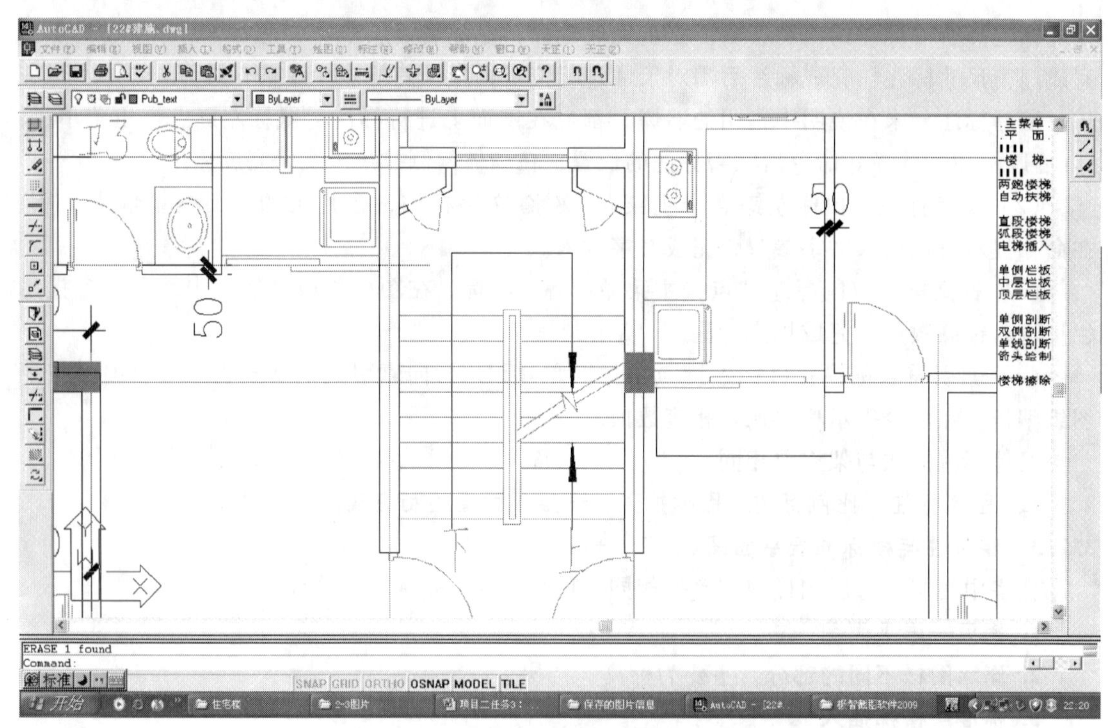

图 2-3-26　楼梯折断线、箭头绘制

4. 标高修改

对原标高进修基本操作，完成多个标高的标注。如图 2-3-27 所示。

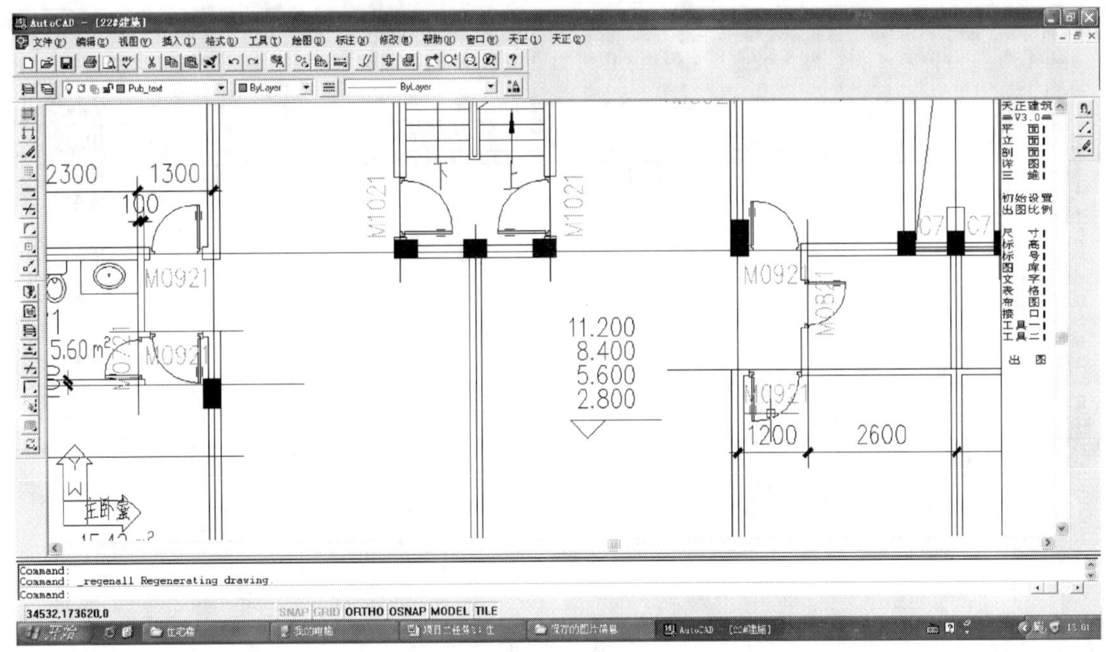

图 2-3-27　标高标注

5. 房间面积标注

鼠标左键点击主菜单-平面-工具-房间面积，按命令行提示操作，标注房间面积。

Command：rmarea（鼠标左键点击主菜单-平面-工具-房间面积）

请点取房间内墙线（或搜到的边线）<回车指定边界点>：(点取房间内墙线)

搜墙线…OK.

面积 = 31.11m^2

请指定标注位置<不标>：(鼠标左键点击点取标注位置)

6. 图名修改

细部用基本绘图命令完成修改，修改图名完成二～五层平面图绘制。

3.2.4　绘制住宅楼顶层平面图

顶层平面图与标准层平面图大致类似，只要拷贝标准层平面图，删除楼梯、标高等不一样的部分。然后进行标高修改及楼梯插入。分步画法，不展开具体讲解。

3.2.5　绘制住宅楼屋顶平面图

一般先完成屋顶平面图绘制，再绘制阁楼层平面图。

1. 拷贝标准层平图

只留门窗及墙体图层。

2. 四坡屋面的绘制

确定屋面边界线，绘制四坡屋面，确定屋脊。如图 2-3-28 所示。

3. 檐沟绘制

寻找檐沟边界线，在相应图层，用偏移、倒角等命令完成绘制。每隔一定距离绘制檐沟伸缩缝。如图 2-3-29 所示。

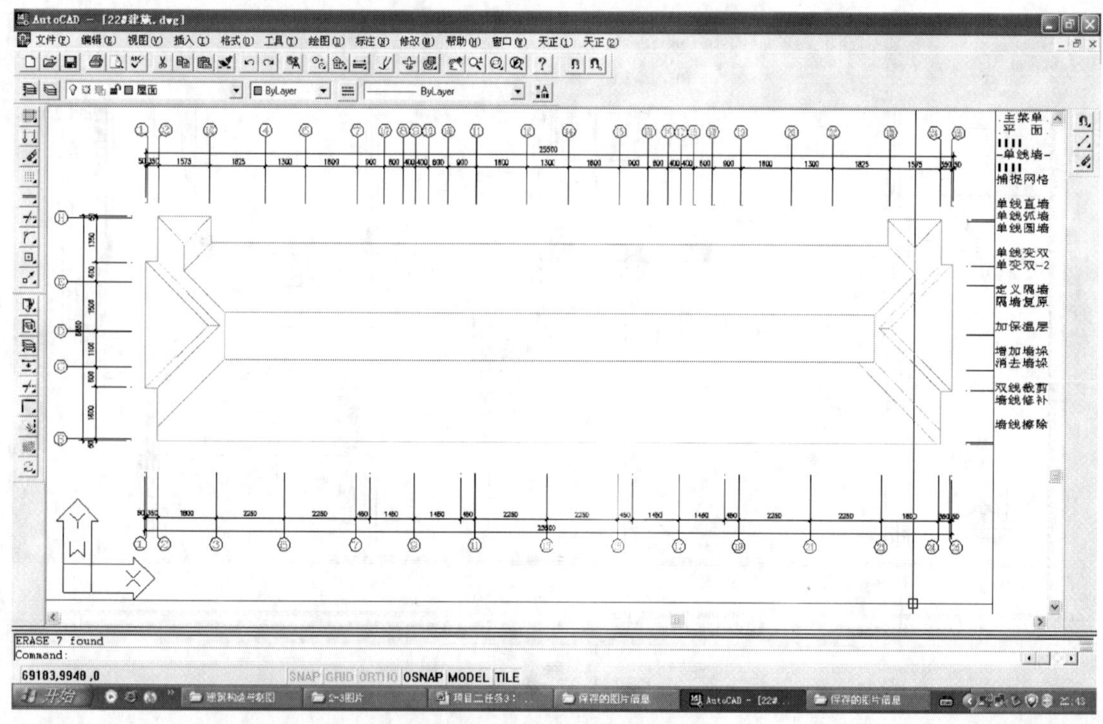

图 2-3-28　四坡屋顶的绘制

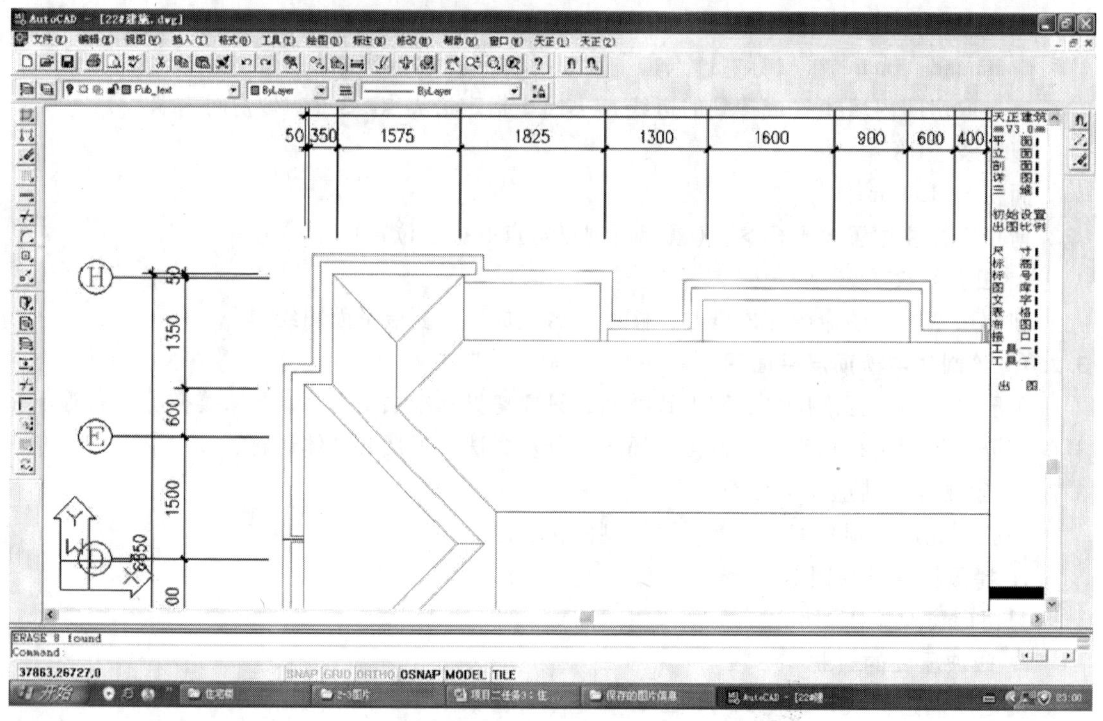

图 2-3-29　檐沟绘制

4. 细部绘制

绘制屋脊装饰构件，露台栏杆等设施。用基本绘图命令完成。如图 2-3-30 所示。

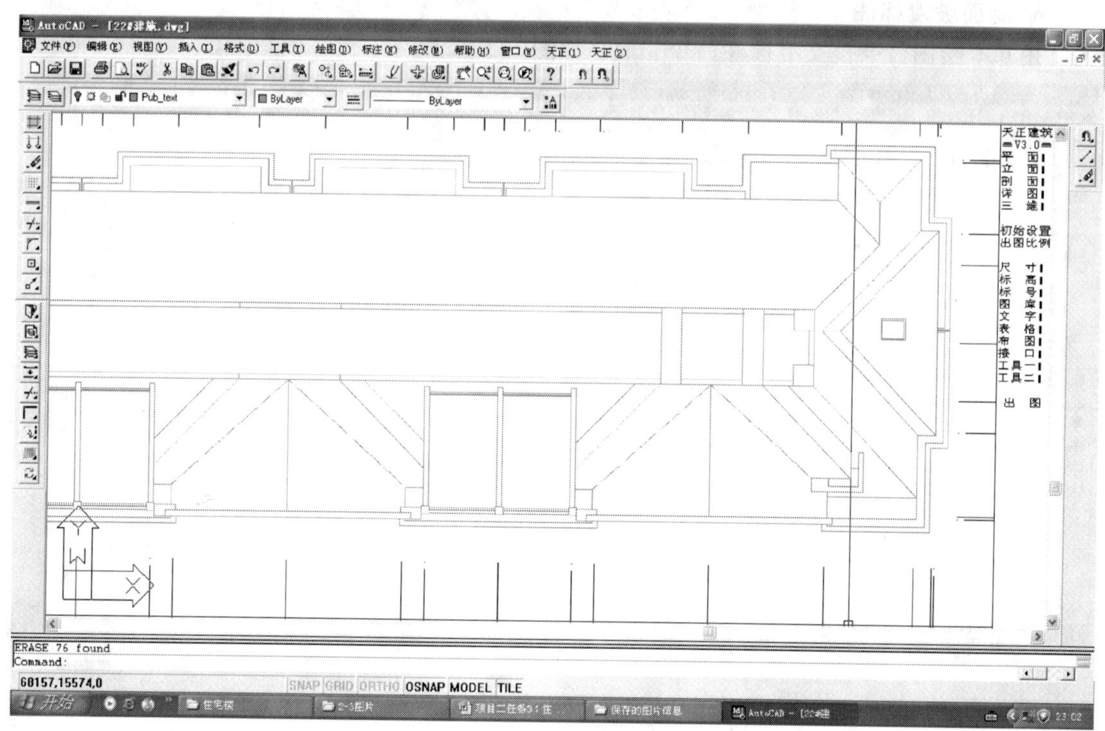

图 2-3-30 细部绘制

绘制老虎窗、天窗等。用基本绘图命令完成。如图 2-3-31 所示。

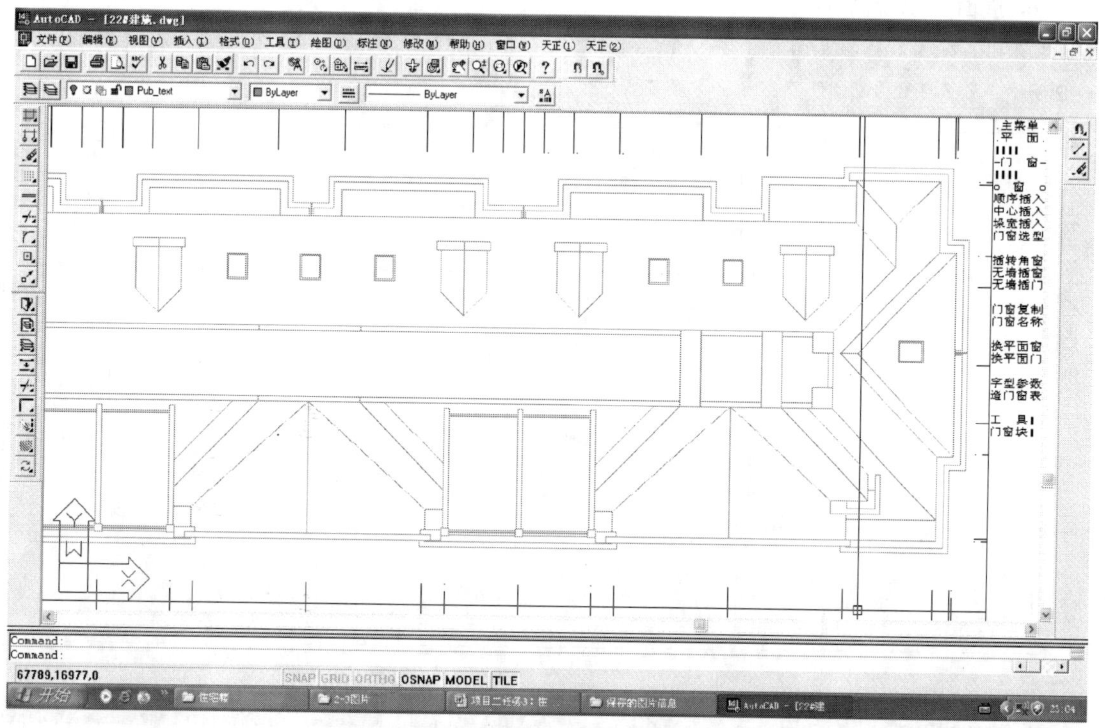

图 2-3-31 老虎窗、天窗绘制

5. 屋面坡度标注

用基本绘图命令及文字标注命令完成。如图 2-3-32 所示。

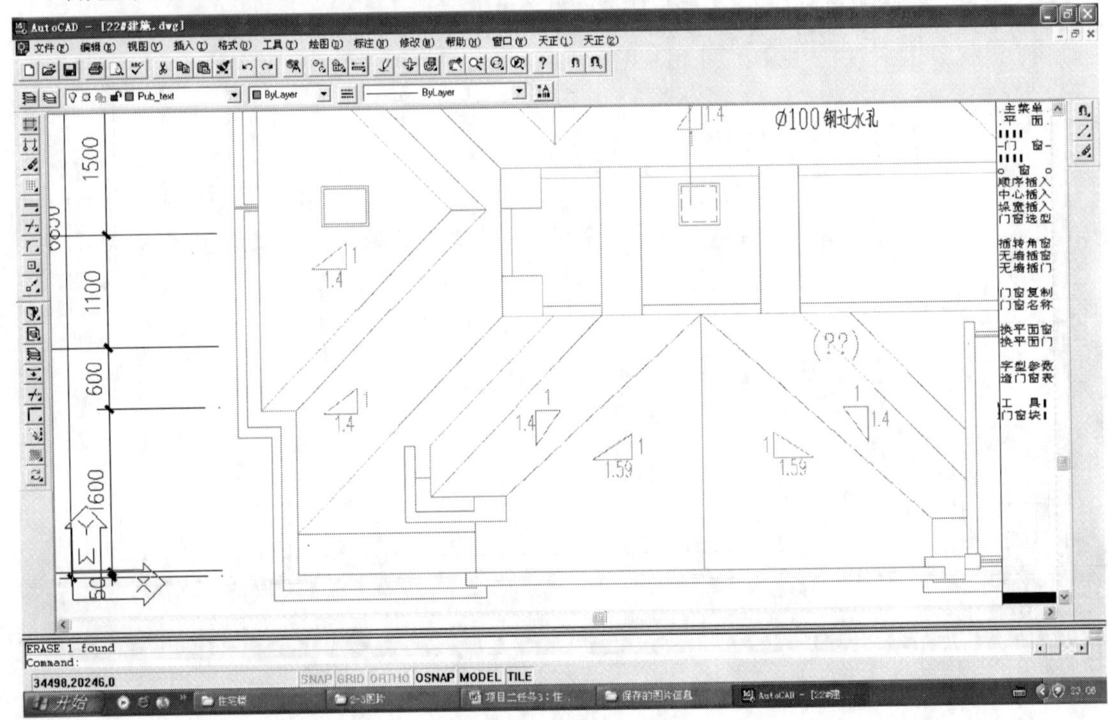

图 2-3-32　屋面坡度标注

6. 屋面排水绘制

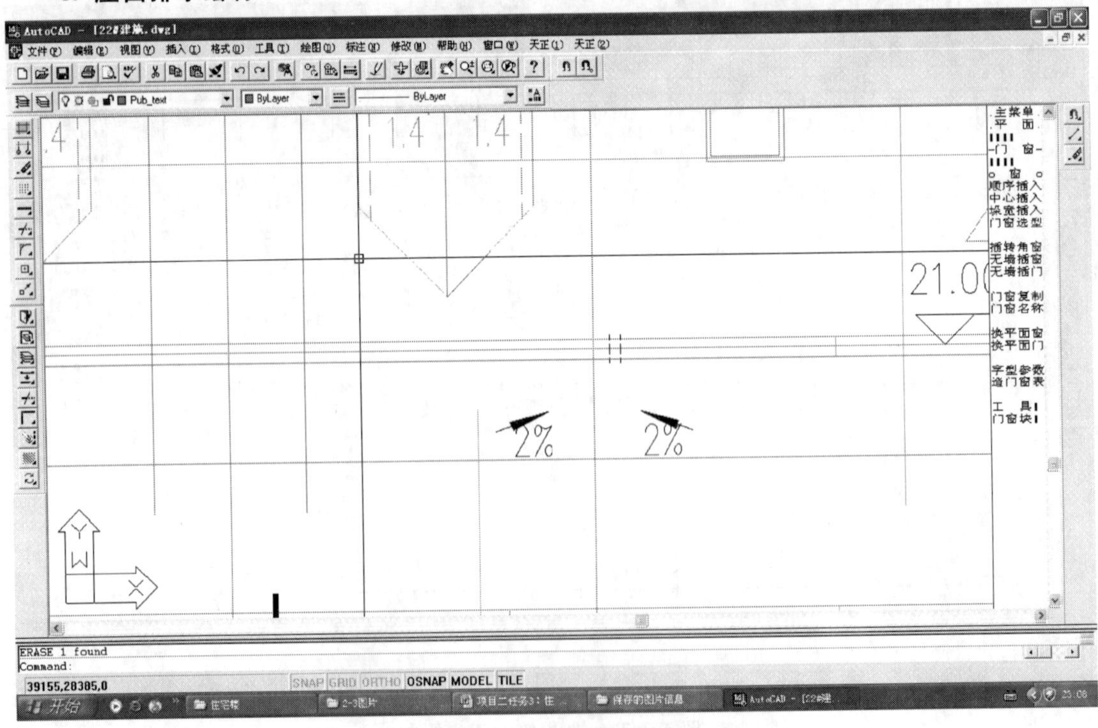

图 2-3-33　屋面排水绘制

7. **细部尺寸、标高绘制**

8. **索引符号绘制**

鼠标左键点击主菜单-标号-指向索引或剖切索引，索引编号，按照图样编排，在命令提示栏里输入相应数值。

9. **太阳能设施绘制**

新建图层，用基本绘图命令完成绘制，通过重复复制完成所有太阳能设施绘制。如图 2-3-34 所示。

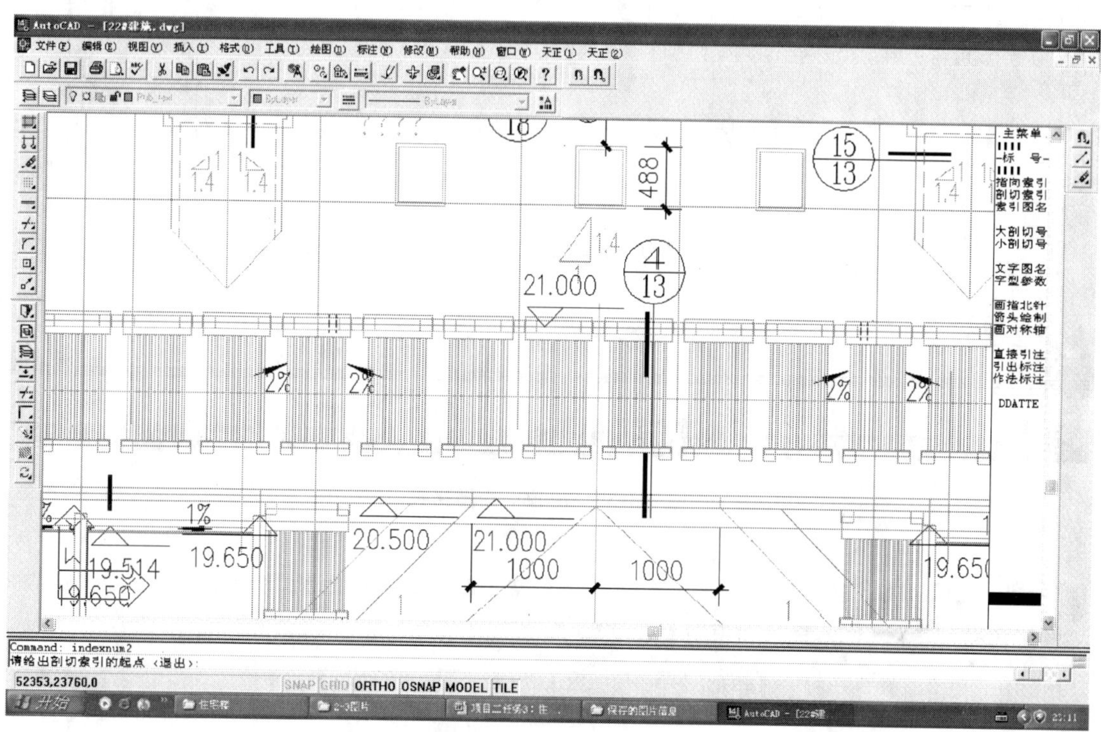

图 2-3-34　太阳能设施绘制

修改图名，完善图样，插入图框，完成屋顶平面图。

3.2.6　绘制住宅楼阁楼层平面图

1. **拷贝屋顶平面图**

删除文字、索引符号等。如图 2-3-35 所示。

2. **剖切位置的确定**

沿屋脊线做剖切位置线，用基本绘图命令完成。如图 2-3-36 所示。

绘制剖切面。删除剖切线内侧图线。如图 2-3-37 所示。

3. **阁楼内部内容绘制**

拷贝顶层平面图墙线，对齐插入到阁楼平面图中，用基本修改命令，把置于剖切位置线之外的部分删除。如图 2-3-38 所示。

4. **细部尺寸绘制**　方法同上

5. **索引符号绘制**　方法同上

6. **排水绘制**　方法同上

7. **修改完善**　按照阁楼的设计要求，修改门窗、墙体等，完成阁楼层平面图绘制。

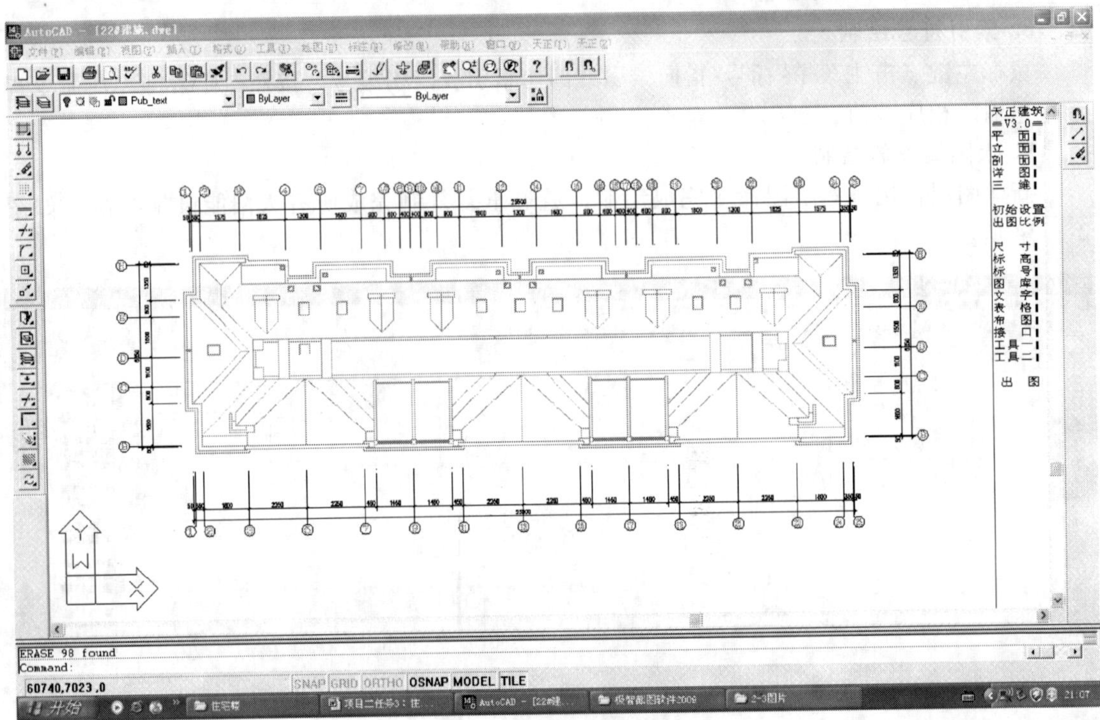
图 2-3-35　屋顶平面图拷贝

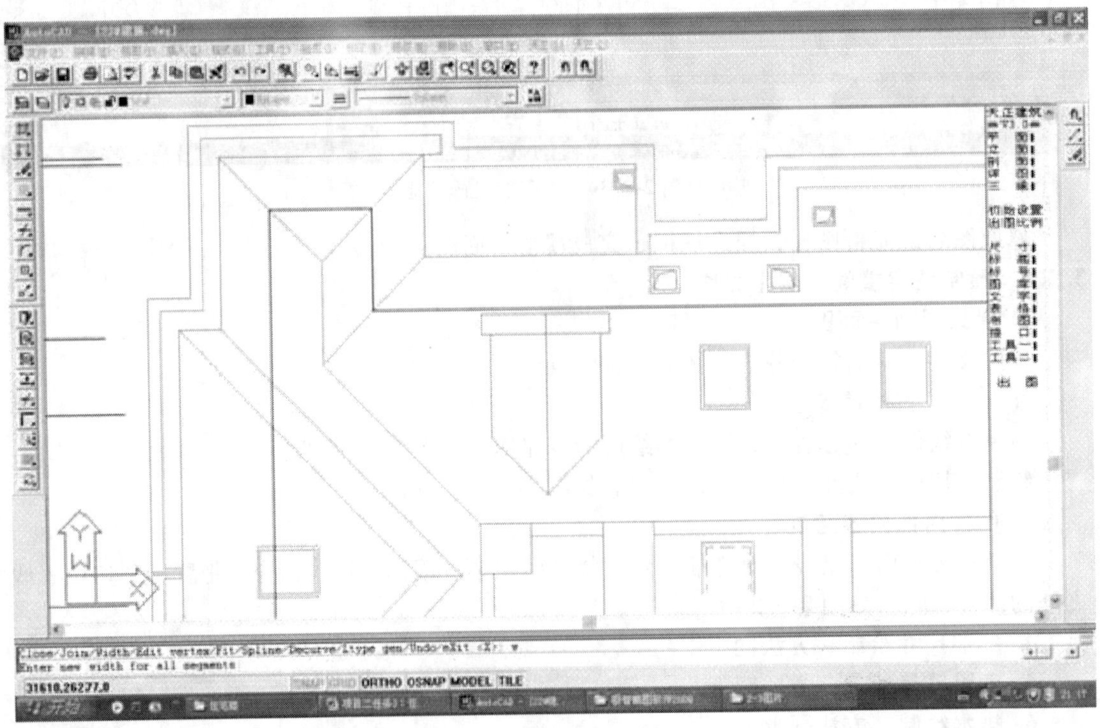
图 2-3-36　绘制剖切线

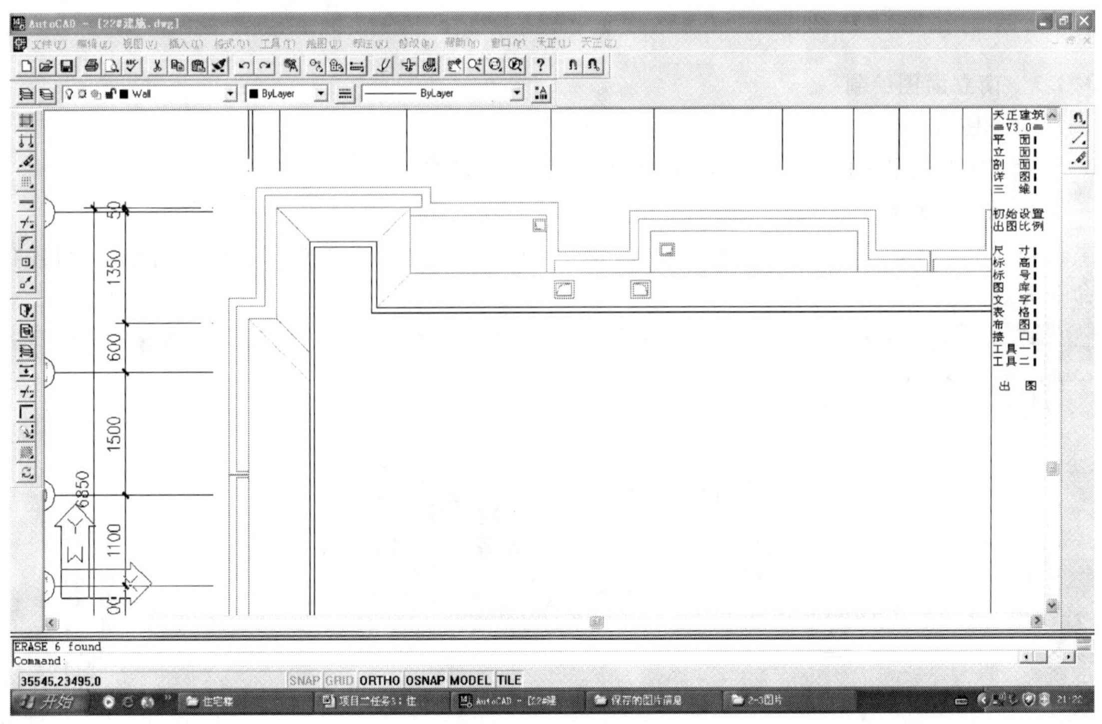

图 2-3-37　绘制剖切面

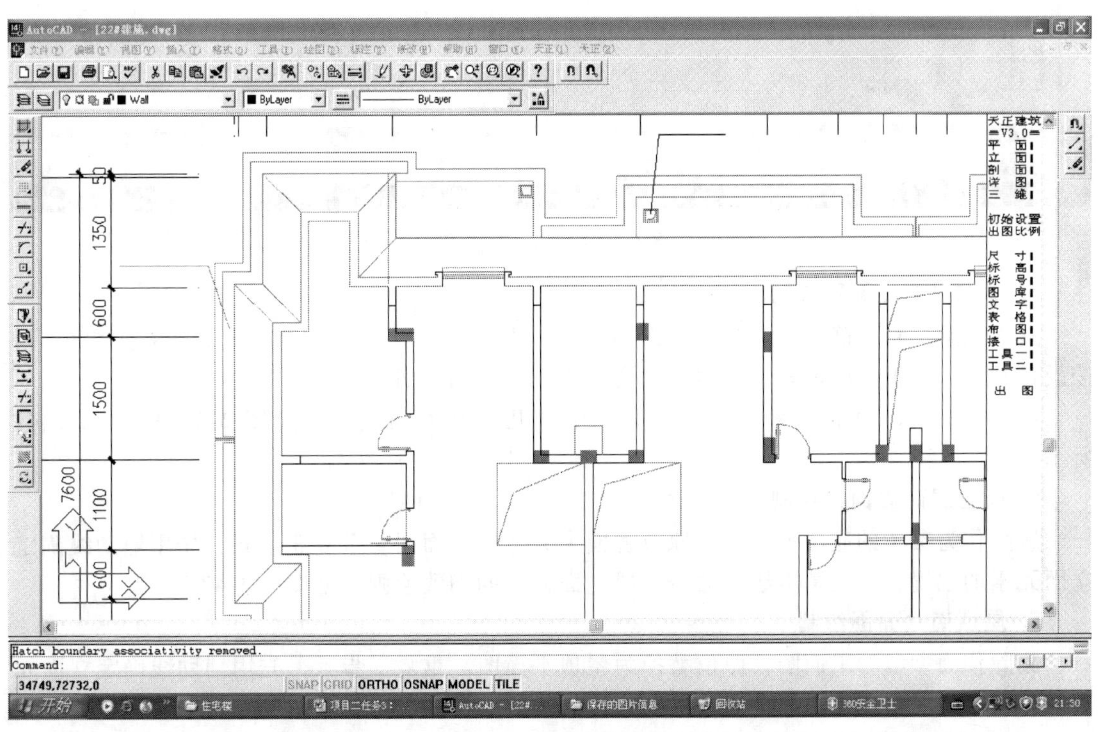

图 2-3-38　阁楼内部内容绘制

3.3 绘制住宅楼立面图

3.3.1 南立面图绘制

1. 作图准备

拷贝标准层平面图到一边，作为绘制南立面图的参考。

2. 层高线绘制

在标准层平面图下，在 DOTE 图层，绘制室内外高差线及层高线。用绘制直线，偏移的命令完成。如图 2-3-39 所示。

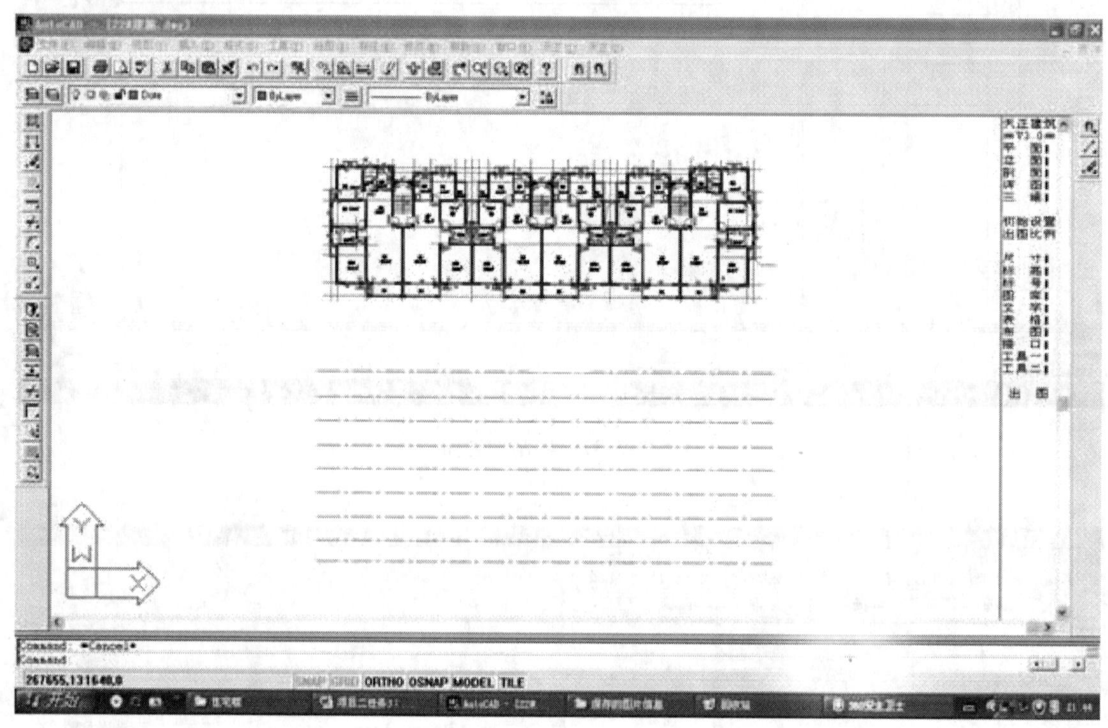

图 2-3-39 层高线绘制

3. 标准层南立面图绘制

立面元素位置的确定 与底层平面图对正，在其下方确定墙，窗，门的左右边界位置，按设计确定窗上下沿的位置，用偏移的命令完成，绘制立面阳台元素等。

绘制完一层，用重复拷贝的命令完成中间几层立面的绘制。如图 2-3-40、图 2-3-41 所示。

4. 架空层南立面图绘制

删除作为参考的底层平面图，原位替换为架空层平面图。重复 3 步骤，先用辅助线确定立面元素的位置，再用基本绘图命令完成立面元素的细致绘画。如图 2-3-42 所示。

5. 屋顶南立面图绘制

删除作为参考的平面图，原位替换为屋顶平面图。重复 3 步骤，先用辅助线确定立面元素的位置，再用基本绘图命令完成立面元素的细致绘画。

6. 修改绘制楼层交接部位线脚等细部

用基本的绘图命令完成修改与绘制，如图 2-3-43 所示。

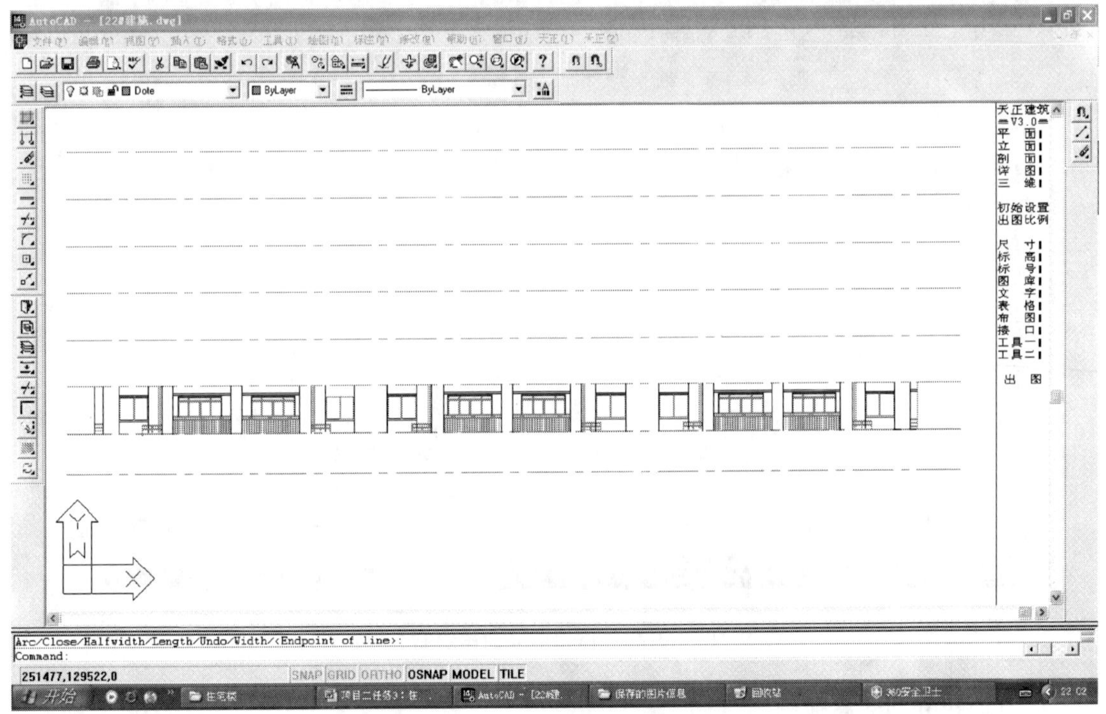

图 2-3-40　标准层南立面图绘制

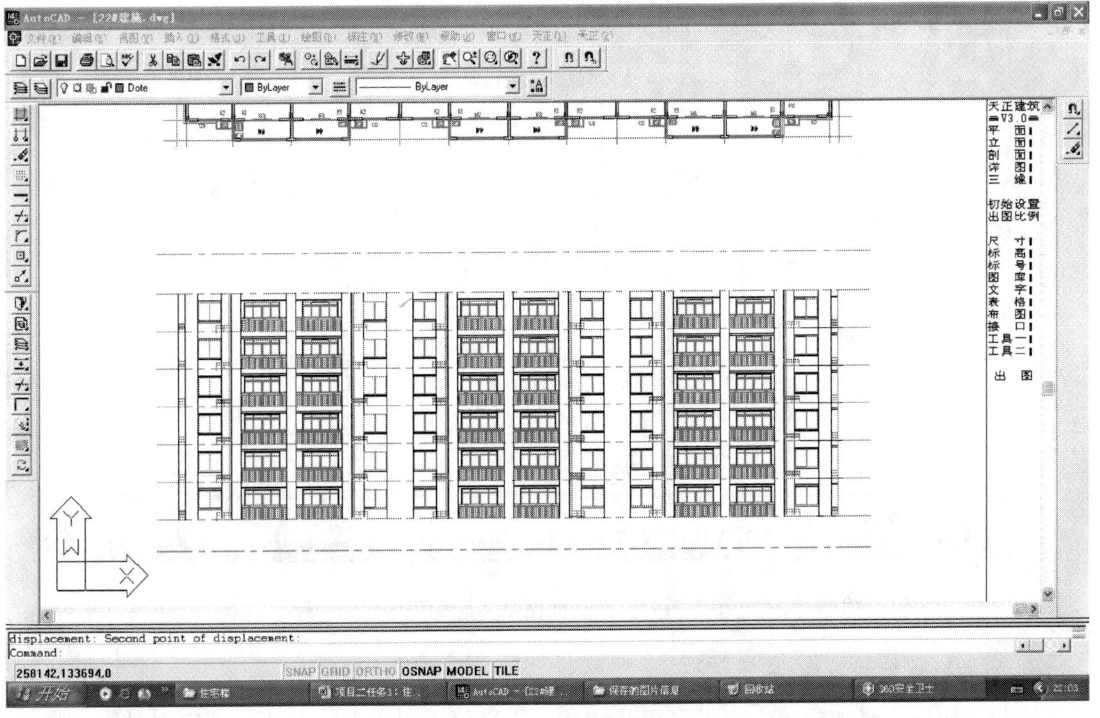

图 2-3-41　拷贝标准层南立面图

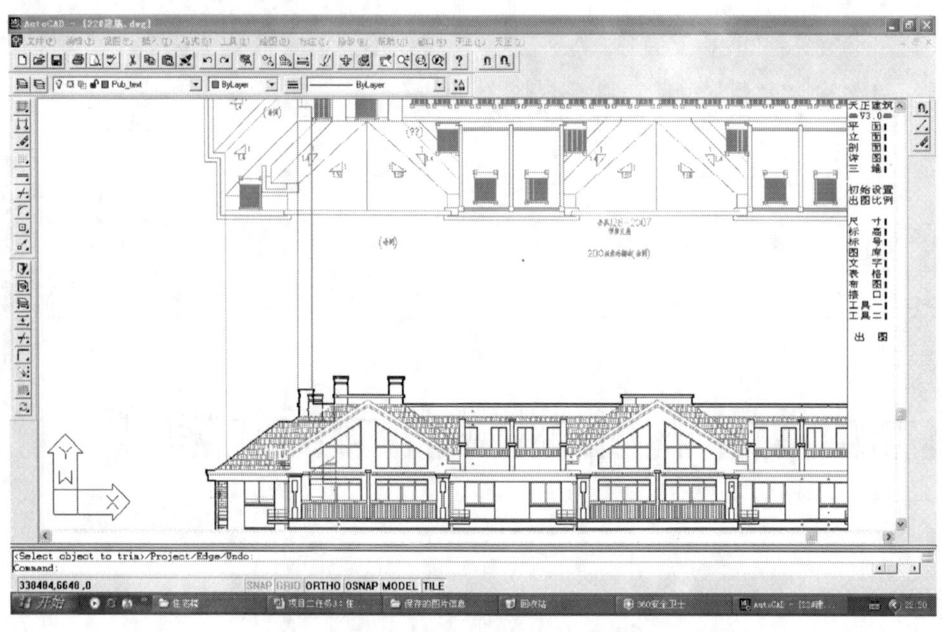

图 2-3-42　屋顶南立面图绘制

7. 立面尺寸、标高标注

8. 立面材质填充与材质标注

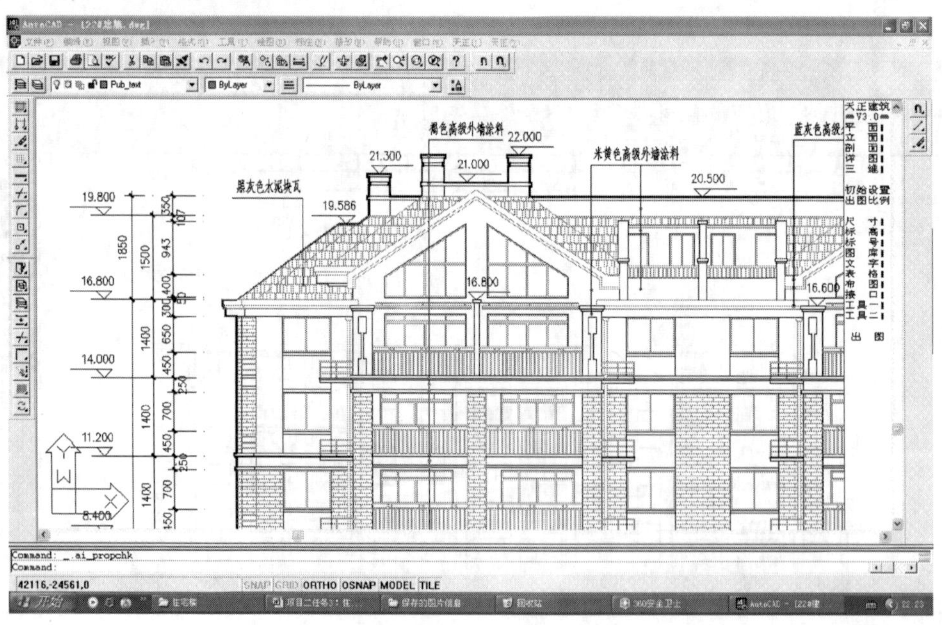

图 2-3-43　南立面图基本绘制完成

9. 图面修饰与图名修改

绘制立面外轮廓加粗线　点击多段线命令，沿立面一周主要轮廓线，绘制多段线。南立面图完成绘制。

3.3.2 东立面图、西立面图绘制

1. 作图准备

拷贝标准层平面图到一边，用旋转命令使平面东侧朝下，作为绘制东面图的参考。绘制西立面时，平面图西面朝下进行绘制。

2. 其他绘图步骤同南立面图的绘制

3.3.3 北立面图绘制

1. 作图准备

拷贝底层平面图到一边，用旋转命令使平面北侧朝下，作为绘制南立面图的参考。

2. 其他绘图步骤同南立面图的绘制

3.4 绘制住宅楼剖面图

1. 作图准备

拷贝标准层平面图到一边，用旋转命令使剖视方向朝上，为清晰起见，在剖切线位置画一横线，删除所有辅助线下方的图线。用修剪，删除的命令完成。

2. 层高线绘制

在标准层层平面图下，在 DOTE 图层，绘制室内外高差线及层高线。用绘制直线，偏移的命令完成。如图 2-3-44 所示。

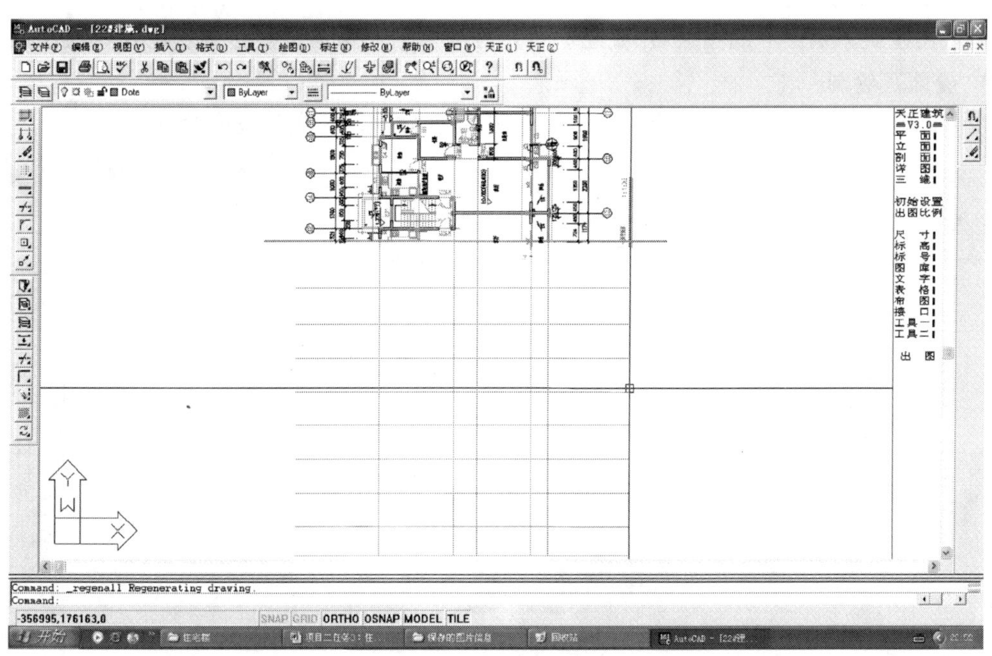

图 2-3-44 层高线绘制

3. 标准层剖面图绘制

用辅助线确定楼板、梁高的位置，在确定的位置上绘制剖面元素。绘制完标准层剖面后，可以制成图块，重复拷贝命令完成中间几层的剖面绘制。

4. 架空层剖面图绘制

删除作为参考的平面图，原位替换为架空层平面图。重复 3 步骤，先用辅助线确定剖面

元素的位置，再用基本绘图命令完成剖面元素的绘画。

5. 阁楼剖面图绘制

删除作为参考的平面图，原位替换为屋顶平面图。重复3步骤，先用辅助线确定剖面元素的位置，再用基本绘图命令完成元素的绘画。

6. 可见部分的绘制

可从相应立面图上拷贝过来，对齐之后进行修改。

7. 尺寸标高标注

8. 剖切部位混凝土填充

剖切部位混凝土填充完成后，整个剖面图绘制完成。

3.5 绘制住宅楼详图

下面以坡屋面檐沟绘制为例进行讲解，如图2-3-45、图2-3-46所示。

1. 绘制檐沟轮廓尺寸

用基本绘图命令完成。

2. 檐沟防水层绘制

左键点击主菜单-详图-线图案-防水层，设定好参数后，沿需设置防水层的轮廓线绘制。

3. 屋面保温层绘制

键点击主菜单-详图-线图案-保温层，设定好参数后，沿需设置保温层的轮廓线绘制。

4. 屋面瓦绘制

用基本绘图命令绘制瓦片形状，通过旋转移动等命令，完成瓦屋面绘制。

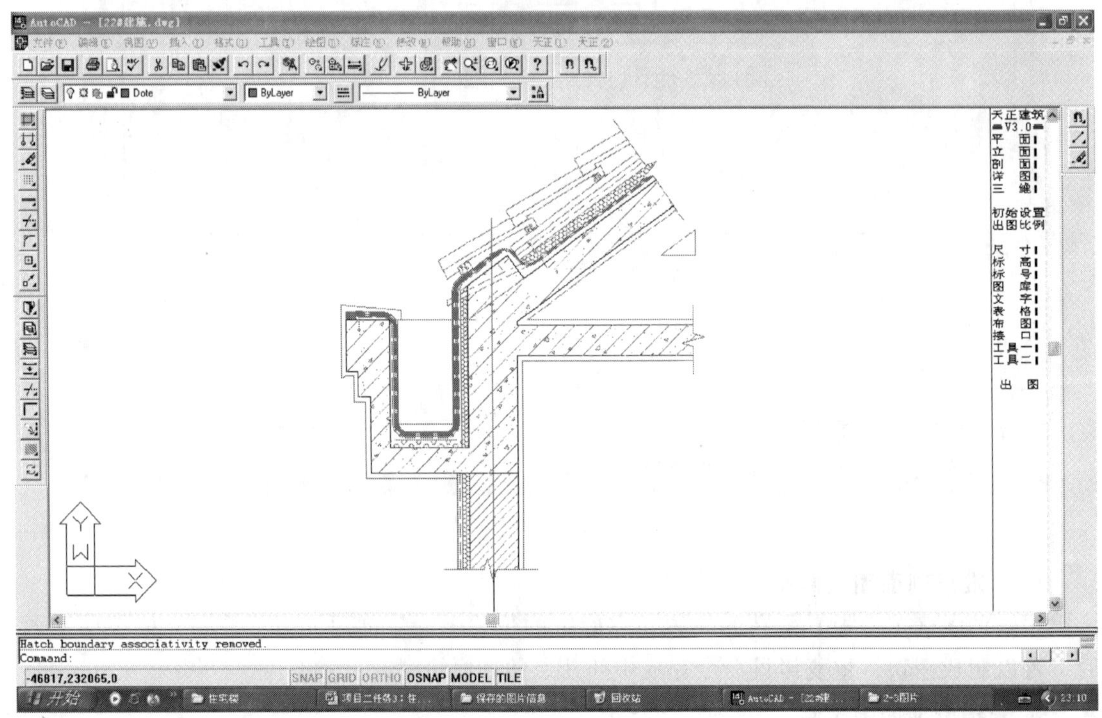

图2-3-45　坡屋面檐沟绘制

进行材质填充，细部尺寸标注，文字标注等，完成坡屋面檐沟绘制。

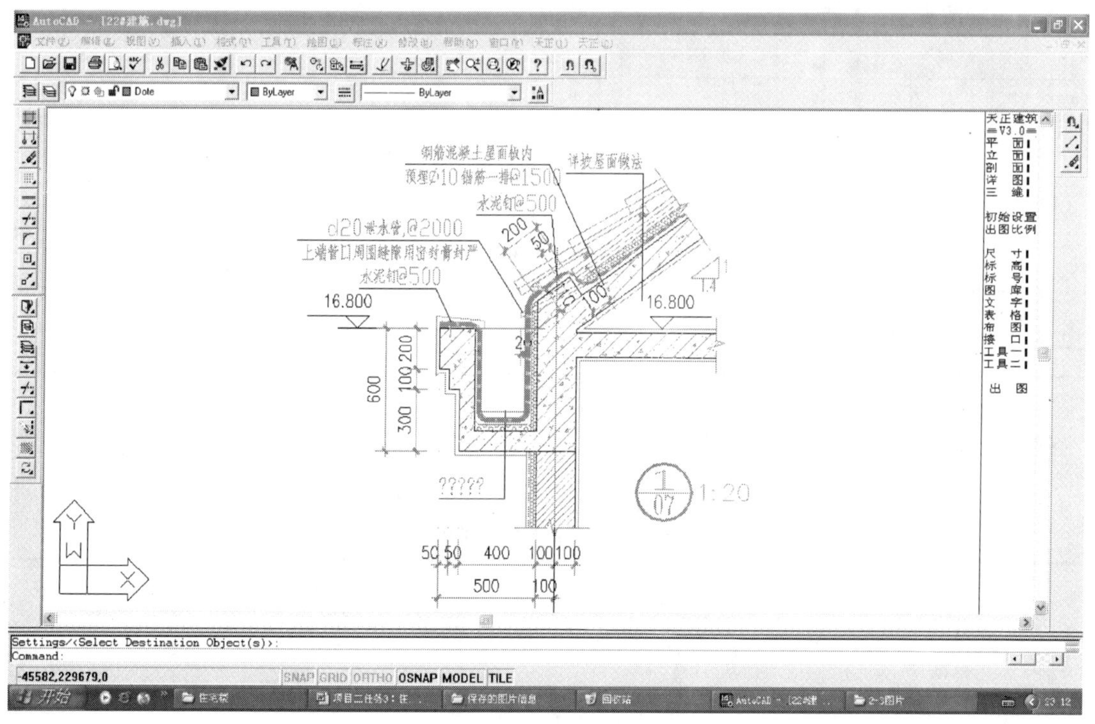

图 2-3-46　坡屋面檐沟

任务4　评审住宅楼建筑施工图

4.1　校对住宅楼建筑施工图

学生本人按照样图进行校对，并填写图样校对单（表 2-4-1）。

表 2-4-1　图样校对单（自评用表）

工 程 名 称			
图样名称			
校对情况记录			
评价分值			
校对人(签字)		日期	

4.2　审核住宅楼建筑施工图

两个学生相互审核，并填写图样审核单（表 2-4-2）。

表 2-4-2 图样审核单（互评用表）

工程名称			
组别			
组员			
审查情况记录			
评价分值			
审查组长(签字)		日期	

4.3 审查住宅楼建筑施工图

指导教师对图样进行审查评价，并填写图样审查单（表 2-4-3）。

表 2-4-3 图样审查单（教师用表）

工程名称			
组别			
组员			
审核情况记录			
评价分值			
审核人(签字)		日期	

任务 5 识读住宅楼结构施工图

结构施工图是表达房屋承重构件（如基础、梁、板、柱及其他构件）的布置、形状、大小、材料、构造及其相互关系的图样，是施工中测量放线、基槽开挖、绑扎钢筋、设置预埋件、浇捣混凝土等的依据，同时也是开展工程预决算、招投标、监理等活动的依据。

5.1 结构施工图概述

5.1.1 结构施工图的内容

1. 图样目录

主要列出结构施工图所有图样的总张数、排列顺序、各张图样的名称、图样幅面等，方便翻阅查找。

2. 结构设计说明

结构设计说明是带全局性的文字说明，它包括设计依据，工程概况，自然条件，选用材料的类型、规格、强度等级，构造要求，施工注意事项，选用标准图集等。主要针对图形不容易表达的内容，利用文字或表格加以说明。

3. 结构平面布置图

结构平面布置图是表示房屋中各承重构件总体平面布置的图样，一般包括：基础平面布置图，楼层结构布置平面图，屋顶结构平面布置图。

4. 构件详图

为了清楚的表示某些重要构件的结构做法，而采用较大的比例绘制的图样，一般包括：梁、柱、板及基础结构详图，楼梯结构详图，屋架结构详图，其他详图（如天沟、雨篷、过梁等）。

5.1.2 结构施工图识图步骤、方法及要点

（1）读图样目录，了解图样内容，对结构构成有大致了解。

（2）读结构设计总说明，了解工程概况、结构材料、环境类别、框架抗震等级、混凝土保护层厚度、钢筋接头形式及要求、纵向钢筋的锚固长度及搭接长度等结构构造要求。

（3）读基础平面及断面图，了解柱网布置及底层框架柱根部起始标高。

（4）读各层柱平法施工图，明确所绘框架中各框架柱的编号、截面尺寸、与轴线关系、配筋情况、每层柱的柱根及柱顶标高等。

（5）读各层梁平法施工图，明确所绘框架中各框架梁的编号、截面尺寸、与轴线关系、配筋情况、每层梁的标高等，注意局部标高变化。

（6）把所绘框架的梁、柱信息进行组合，绘制整榀框架的模板草图。

（7）按相关信息找到对应的标准构造详图，确定相关内容。

5.1.3 结构施工图中的有关规定

1. 常用构件代号

结构施工图中结构构件种类繁多、结构布置多样、构造复杂，为了图示简明、便于识读，构件的名称应采用代号来表示。《建筑结构制图标准》（GB/T 50105—2001）对结构施工图中常用的构件代号做了详细规定，常用构件代号一般用各构件中文名称的汉语拼音的第一个字母表示，常用构件代号见表2-5-1。

表2-5-1 结构施工图常用构件代号

序号	名　称	代　号	序号	名　称	代　号
1	板	B	11	墙板	QB
2	屋面板	WB	12	天沟板	TGB
3	空心板	KB	13	梁	L
4	槽行板	CB	14	屋面梁	WL
5	折板	ZB	15	吊车梁	DL
6	密肋板	MB	16	单轨吊	DDL
7	楼梯板	TB	17	轨道连接	DGL
8	盖板或沟盖板	GB	18	车挡	CD
9	挡雨板或檐口板	YB	19	圈梁	QL
10	吊车安全走道板	DB	20	过梁	GL

（续）

序号	名　　称	代　号	序号	名　　称	代　号
21	连系梁	LL	38	设备基础	SJ
22	基础梁	JL	39	桩	ZH
23	楼梯梁	TL	40	挡土墙	DQ
24	框架梁	KL	41	地沟	DG
25	框支梁	KZL	42	柱间支撑	DC
26	屋面框架梁	WKL	43	垂直支撑	ZC
27	檩条	LT	44	水平支撑	SC
28	屋架	WJ	45	梯	T
29	托架	TJ	46	雨篷	YP
30	天窗架	CJ	47	阳台	YT
31	框架	KJ	48	梁垫	LD
32	钢架	GJ	49	预埋件	M
33	支架	ZJ	50	天窗端壁	TD
34	柱	Z	51	钢筋网	W
35	框架柱	KZ	52	钢筋骨架	G
36	构造柱	GZ	53	基础	J
37	承台	CT	54	暗柱	AZ

2. 常用钢筋符号

钢筋按其强度和品种分成不同的等级，并用不同的符号表示。

A——Ⅰ级钢筋；

B——Ⅱ级钢筋；

C——Ⅲ级钢筋；

D——Ⅳ级钢筋。

3. 钢筋的分类及作用

配置在混凝土中的钢筋，按其作用和位置可分为以下几种（如图 2-5-1 所示）。

（1）受力筋：需根据计算确定受力筋的用量，承受构件中的拉力或压力，是结构构件中的主要受力单元。承受拉力的叫受拉钢筋，承受压力的叫受压钢筋。受力筋又分为直筋和弯起钢筋两种。

（2）箍筋：用于梁、柱中，主要承受剪力或扭矩作用，并固定受力筋的位置，与受力筋一起形成钢筋骨架。

（3）架立筋：在梁内与受力筋、箍筋一起共同形成钢筋骨架。

（4）分布筋：多用于板内，其方向与板内受力筋垂直，固定受力筋的位置。

（5）构造筋：因构造或施工的需要在构件内设置的钢筋，如预埋锚固筋等。

4. 钢筋的标注

钢筋的直径、根数及相邻钢筋中心距在图样上一般采用引出线方式标注，其标注形式有下面两种：

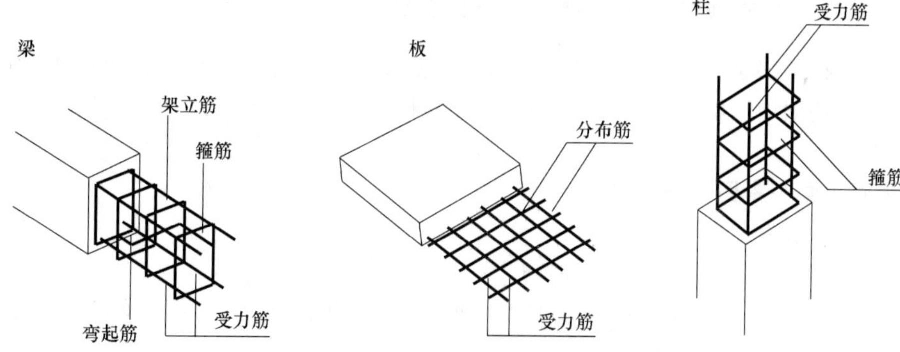

图 2-5-1 不同种类钢筋示意图

（1）标注钢筋的根数和直径（如梁内受力筋和架立筋）。

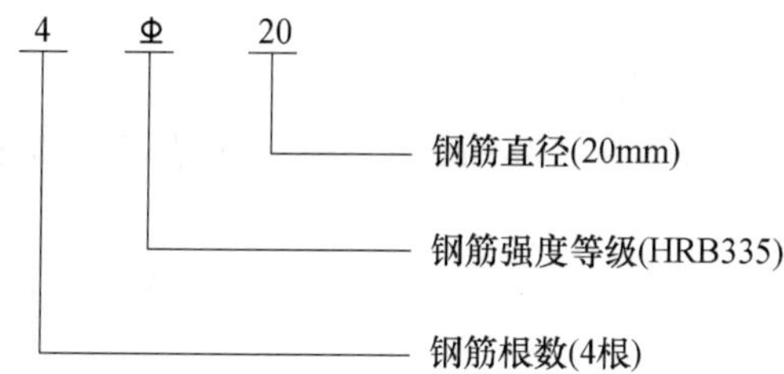

（2）标注钢筋的直径和相邻钢筋中心距（如梁内箍筋和板内钢筋）。

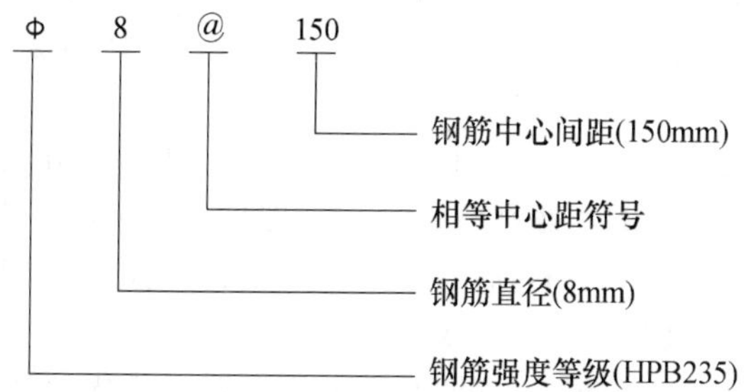

5. 保护层

钢筋外边缘到构件表面的距离称为钢筋的保护层。其作用是保护钢筋免受锈蚀，提高钢筋与混凝土的粘结力。保护层的厚度依不同的构件有不同的规定，规范对钢筋混凝土保护层厚度的规定见表 2-5-2。

表 2-5-2 纵向受力钢筋的混凝土保护层最小厚度 （单位：mm）

环境类别	板、墙、壳			梁			柱		
	≤C20	C25-C45	≥C50	≤C20	C25-C45	≥C50	≤C20	C25-C45	≥C50
一	20	15	15	30	25	25	30	30	30
二 a	—	20	20	—	30	30	—	30	30
二 b	—	25	20	—	35	30	—	35	30
三	—	30	25	—	40	35	—	40	35

5.2 识读住宅楼基础平面布置图及基础详图

基础平面布置图是假想用一个水平面沿房屋底层室内地面附近将整幢建筑物剖开后，沿底层的房屋和基础周围的泥土向下投影所得到的水平剖面图。基础图一般包括基础平面布置图和基础详图。

5.2.1 基础平面布置图的主要内容

（1）图名、比例。

（2）纵横向定位轴线及编号、轴线尺寸。

（3）基础构件（墙、柱、桩等）的平面布置，基础底面形状、尺寸及其与轴线的关系。

（4）基础梁的位置、代号。

（5）基础的编号、基础断面图的剖切位置线及其编号。

（6）基础施工说明，即所用材料的强度等级、防潮层做法、设计依据以及施工注意事项等。

5.2.2 基础平面布置图的表示方法

（1）在基础平面布置图中，只画出基础墙、柱及基础底面的轮廓线，基础的细部轮廓（如大放脚）可省略不画。

（2）凡被剖切到的基础墙、柱轮廓线，应画成中实线，基础底面的轮廓线应画成细实线。

（3）基础平面布置图中采用的比例及材料图例应与建筑平面图相同。

（4）基础平面布置图应注出与建筑平面图相一致的定位轴线及其编号和轴线尺寸。

（5）当基础墙上留有管洞时，应用虚线表示其位置，具体做法及尺寸另用详图表示。

5.2.3 基础平面布置图的尺寸标注

基础平面布置图（见附图2-11，见书后插页）的尺寸标注分内部尺寸和外部尺寸两部分。外部尺寸只标注定位轴线的间距和总尺寸。内部尺寸应标注各道墙的厚度、柱的断面尺寸和基础底面的宽度等。平面图中的轴线编号、轴线尺寸均应与建筑平面图相吻合。

5.2.4 基础平面布置图的识读

现以附图2-11见书后插页为例，说明基础平面布置图的内容和图示要求。从附图2-11中可知，该基础形式为柱下独立基础，绘图比例为1:100，其定位轴线和轴线尺寸与建筑平面图一致。在基础平面布置图中，应画出独立基础、柱子的轮廓。每个独立基础还应标明其与定位轴线间的位置关系（如图2-5-2所示），方便施工时进行基础定位。

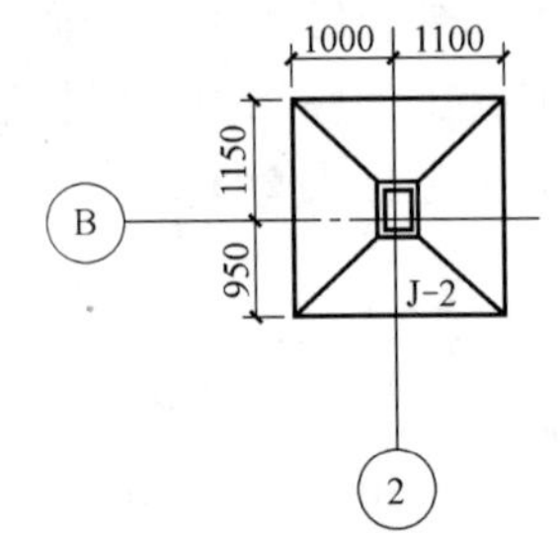

图2-5-2 独立基础与轴线位置关系

由于每个独立基础受到的荷载及地基承载力的大小都不尽相同，所以每个独立基础的尺寸及配筋也不完全相同。为了区别不同尺寸或配筋的基础，在基础平面布置图中需要对每个基础进行编号，如附图2-11中的J-1、J-2等，标在每个基础的右下角。一般情况下，尺寸及配筋均相同的基础编为同一编号。

5.2.5 基础详图的识读

1. 基础详图的形成

在基础的中部用铅垂剖切平面切开基础所得到的断面图称为基础详图。常用1:20或

1∶50的比例绘制。基础详图一般又分为两类，一类为基础平面详图（图 2-5-3a)，另一类为基础剖面详图（图 2-5-3b)。在基础平面详图中需要绘出基础的平面轮廓，并注明尺寸。在基础的一角，用局部剖面图表示基础中钢筋的摆放方式。基础详图主要表示基础的断面形状、尺寸、材料、构造、埋深及主要部位的标高等。

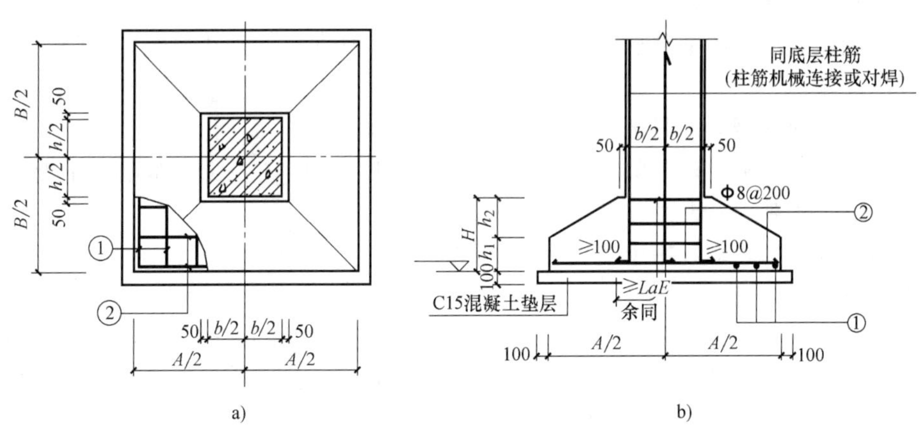

图 2-5-3　独立基础详图

a）基础平面详图　b）基础剖面详图

表 2-5-3　独立基础配筋表

编号	基础宽 A	基础长 B	h_1	h_2	H	①	②
J-1	2600	2600	300	300	600	Φ16@ 180	Φ16@ 180
J-2	2100	2100	300	200	500	Φ16@ 200	Φ16@ 200
J-3	3100	3100	300	400	700	Φ16@ 150	Φ16@ 150
J-4	2700	2700	300	300	600	Φ14@ 130	Φ14@ 130
J-5	2800	2800	300	300	600	Φ16@ 150	Φ16@ 150
J-6	2000	3600	500		500	Φ16@ 200	Φ16@ 200
J-8	2400	2400	300	300	600	Φ14@ 130	Φ14@ 130

2. 基础详图的主要内容

（1）图名（或详图的代号、独立基础的编号、剖切号)、比例。

（2）轴线及其编号（若为通用图，则轴线圆圈内不予编号)。

（3）基础断面形状、大小、材料以及配筋。

（4）基础断面的详细尺寸和室内外地面标高及基础底面的标高。

（5）防潮层的位置和做法。

（6）施工说明等。

3. 基础施工说明

对于图面难以表达而又必须交待清楚的内容，如 ±0.000 对应的绝对标高，基础持力层的地基承载力大小，砖、砂浆、混凝土的标号，钢筋的强度等级，对施工验槽的要求等内容就需要用文字加以说明。基础施工说明，一般包括以下内容：

（1）采用何种基础形式。

（2）地基承载力大小。

（3）基础材料特征。

（4）基础标高情况。

（5）其他注意事项。

4. 基础详图的表示方法

（1）基础断面形状的细部构造按正投影法绘制，如垫层、砖基础的大放脚、钢筋混凝土基础的杯口等。

（2）基础断面除钢筋混凝土材料外，其他材料宜画出材料图例。

（3）钢筋混凝土独立基础除画出基础的断面图外，有时还要画出基础的平面图，并在平面图中采用局部剖面表达底板配筋，如图 2-5-3a 所示。

（4）基础详图的轮廓线用中实线表示，钢筋符号用粗实线绘制，如图 2-5-3 所示。

5. 基础详图的识读

首先看基础施工说明。施工说明中已经说明了该工程的持力层为强风化灰岩夹页岩层，持力层的地基承载力特征值为 250kPa，基础形式为柱下独立基础。所用材料等级也已经明确，地基底面标高 -6.000m 只是暂定标高，施工时以实际情况为准，应保证基础进入持力层的深度不小于 200mm。

然后看基础详图。不同编号的独立基础，其尺寸或配筋均不相同。当基础种类不多时，不同编号的基础，均要绘出其断面图。当基础种类较多时，绘出每种编号的基础的详图会比较麻烦，此时可以画一个通用详图（如图 2-5-3a 所示），不同编号的基础其尺寸及配筋则采用列表的方式来表示（表 2-5-3）。

基础剖面详图一般表示出基础的立面形状、尺寸和基础配筋示例（如图 2-5-3b 所示），该建筑的基础形式均为锥形独立基础，分为两阶，高度分别为 h_1 和 h_2，具体尺寸则从独立基础配筋表（表 2-5-3）中读取。独立基础的下方一般还需做 100mm 厚的素混凝土垫层，四周均超出独立基础 100mm，垫层的混凝土强度等级为 C15。剖面图中还需标明基础底面的标高，该标高已在施工说明中加以说明。基础顶面每边比柱宽 50mm。基础底面配筋分别用①、②表示，具体配筋则参见表 2-5-3。

基础平面详图则绘出素混凝土垫层、独立基础和柱的轮廓，并在平面的一角用局部剖面图标明基础中钢筋的摆放方式。

5.3　识读住宅楼楼层结构平面布置图

5.3.1　楼层结构平面图的形成

楼层结构平面图是假想用一个水平的剖切平面沿楼板面将房屋剖开后所作的楼层水平投影。它主要用来表示每层的梁、板、柱、墙等承重构件的平面布置，说明各构件在房屋中的位置，以及它们之间的构造关系，是现场安装或制作构件的施工依据。

5.3.2　楼层结构平面图的主要内容

（1）图名、比例。

（2）与建筑平面图相一致的定位轴线及编号。

（3）墙、柱、梁、板等构件的位置及代号和编号。

（4）预制板的跨度方向、数量、型号或编号和顶留洞的大小及位置。

（5）轴线尺寸及构件的定位尺寸。

（6）详图索引符号及剖切符号。

（7）文字说明。

5.3.3 楼层结构平面图的表示方法

（1）对于多层建筑一般应分层绘制楼层结构平面图。若各层构件的类型、大小、数量、布置均相同时，可只画出标准层的楼层结构平面图。

（2）如平面对称，可采用对称画法；一半画梁配筋图；另一半画楼板配筋图。

（3）当现浇板配筋简单时，直接在结构平面图中表明钢筋的弯曲及配置情况，注明编号、规格、直径、间距。当配筋复杂或不便表示时，用对角线表示现浇板的范围，注写代号如 Bl、B2 等，然后另画详图表示。

（4）梁一般用单点划线表示其中心位置，并注明梁的代号。

（5）圈梁、门窗过梁等应编号注出，如 GL1、GL2、GL3 等，若在结构平面图中不能表达清楚时，则需另绘图表示，或在结构设计总说明中加以说明。

（6）楼层、屋顶结构平面图的比例同建筑平面图，一般采用 1∶100 或 1∶200 的比例绘制。

（7）楼梯间和电梯间一般另绘有详图，在平面图上只需用对角线表示，并注明“楼梯另详”。

5.3.4 楼层结构平面图的识读

1. 柱配筋图识读

和基础类似，柱子也需要进行编号，截面尺寸及配筋均相同的柱子编号相同，不同尺寸或配筋的柱子编号不同。在柱平面布置图中，每根柱子的编号用引出线引出，并注明编号，如附图 2-13（见书后插页）中 KZ1，KZ2 等。每根柱子均需详细注明其与定位轴线间的位置关系，便于施工时进行定位。

按照平法规则，柱子的配筋一般采用截面注写方式表示，即在相同编号的柱子中任选一个截面，将柱子的截面尺寸及配筋直接注写在该截面上。截面注写既可以直接注写平面图中柱子的原来位置，也可以将其绘于平面图以外。本工程是将所有编号的柱子配筋图集中绘制（见附图 2-14，见书后插页），故柱平面布置图中仅表示了柱编号及其定位尺寸，配筋信息需到附图 2-14 中读取。一般采用 1∶20 的比例绘出柱子的断面图并表明柱中钢筋的分布形式，同时注明截面尺寸（300×400）。在柱子的一角用引出线引出并注明柱子的角部钢筋（4Φ20）以及箍筋（Φ8@100/200）。柱中除了角部钢筋以外的其他钢筋，应标注在钢筋所在边的外侧，书写方向与柱边平行。如图 2-5-4 所示，KZ2 的上部一共有 3 根钢筋，其中两根角部钢筋已经标明，还有 1 根直径为 16mm 的钢筋应标注在柱子的上边的外侧。同理，右侧有 4 根钢筋，除角部钢筋外还有 2 根直径为 16mm 的钢筋，应标注在柱子的右边的外侧，标注文字的书写方向应与相应的柱边平行。由于柱子一般均采用对称配筋，柱子的四边只需注明两边即可。

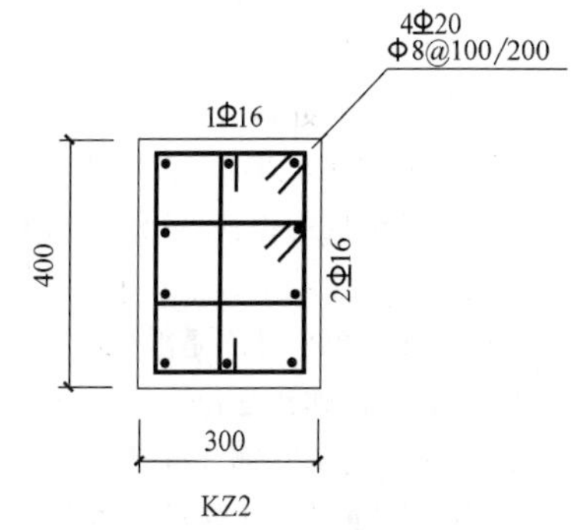

图 2-5-4　柱截面注写法示例

2. 梁配筋图识读

梁也需进行编号（附图 2-15，见书后插页），跨度、跨数、截面和配筋均相同的梁编号相同（附图 2-15 中Ⓐ轴上的梁编号相同，均为 DL6），否则编为不同的编号。梁配筋图中的轴线与建筑图中的轴线相同，梁一般均为居中布置。若梁偏向布置时，需注明梁两侧与定位轴线之间的位置关系。

梁配筋也采用平法进行标注，其标注方式又包括原位标注和集中标注两部分。集中标注的内容适用于整根梁，而梁中某一段不适用集中标注的内容则应采用原位标注。如图 2-5-5 所示，该梁位于Ⓔ轴上，引出线引出的部分即为集中标注部分，“DKL18（1）200×400”表示该梁为地框梁，编号为 18，整根梁跨数为 1 跨，梁的截面为 200mm×400mm。“Φ8@100/200”表示梁的箍筋直径为 8mm，梁两端箍筋加密区范围内箍筋间距为 100mm，非加密区范围箍筋间距为 200mm。“2Φ18；2Φ25”表示梁的通长钢筋，分号前表示梁的上部通长钢筋，为 2Φ18，分号后表示梁的下部通长钢筋，为 2Φ25。直接注写在梁平面图上，未用引出线引出的标注为原位标注。例如梁平面图左端上方原位标注为 2Φ18/2Φ20，表示梁左端的上部配筋并不是和集中标注的配筋完全相同，需要特别注明。其具体含义为，该梁的左端上部配筋为两层，上层配筋为 2Φ18，下层配筋为 2Φ20。同样，右侧原位标注表示该梁右侧上部配筋亦为两层，上、下层配筋均为 2Φ18。

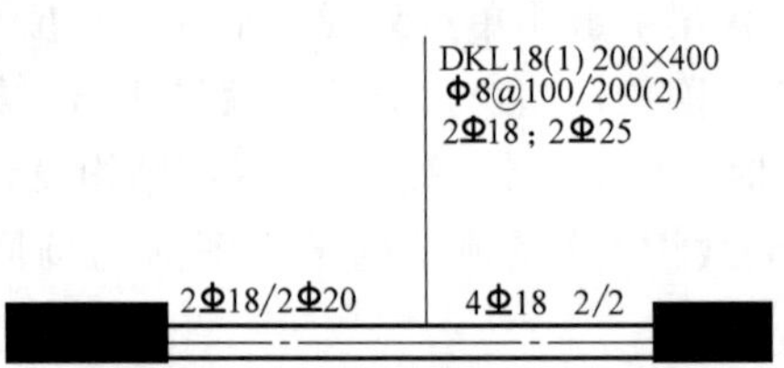

图 2-5-5　梁平法标注示例

3. 板配筋图识读

由于该工程为对称布置，板配筋图可以只画出一半，另一半注明为对称布置即可。卫生间、厨房和阳台的配筋在本张图样的注中已经注明，平面图中不需绘出其配筋，只需注明房间的名称即可。其他房间的楼板配筋为通长布置，板的上下部钢筋都已注明。另外，注中亦说明了未注明的板厚为 120mm，未注明的钢筋均为Φ8@150，若板厚或配筋无特别则不需再另外注明。

复习与思考

1. 什么是基础？什么是地基？地基与基础有何不同？
2. 什么是基础的埋置深度？影响基础埋深的因素有哪些？
3. 基础类型按所用材料与受力特点是如何划分的？
4. 基础按构造形式如何分类？
5. 墙体的设计要求有哪些？
6. 勒脚的作用是什么？工程中常采用哪些构造做法？
7. 墙身防潮层的作用是什么？其构造做法有哪些？
8. 过梁的作用是什么？过梁有哪些种类？
9. 什么是圈梁？什么是附加圈梁？
10. 构造柱的作用是什么？其构造特点有哪些？
11. 楼板层有哪几部分组成？地层有哪几部分组成？
12. 简述钢筋混凝土楼板的类型及特点。
13. 阳台常见的结构形式有哪些？

14. 雨篷顶面应如何做好防水处理?
15. 楼梯的作用是什么?
16. 楼梯有哪几部分组成?
17. 如何调整底层平台下做通道时的净高?
18. 板式楼梯的传力途径是什么? 梁式楼梯的传力途径是什么?
19. 屋顶坡度的形成方式有哪些?
20. 简述柔性屋面防水的构造做法。
21. 简述刚性屋面防水的构造做法。
22. 什么是泛水? 其构造要点有哪些?
23. 结构施工图有何作用?
24. 结构施工图的内容有哪些?

项目三　识读与绘制办公楼施工图

项目描述：

在学习地下室防潮与防水处理、变形缝设置等项目准备知识的基础上，学会识读、绘制办公楼建筑施工图。

知识目标：

1. 了解地下室的防潮与防水处理。
2. 掌握变形缝的构造。

任务目标：

1. 识读办公楼建筑施工图。
2. 绘制办公楼建筑施工图。

任务1　项目知识准备

1.1　地下室的防潮与防水

建筑物下部的地下使用空间称为地下室。地下室一般有墙身、底板、顶板、门窗、楼梯等部分组成。

地下室的防潮和防水是确保其能够正常使用的关键环节，应根据现场的实际情况，确定防潮或防水的构造方案。

1.1.1　地下室的防潮

地下室的防潮、防水做法取决于地下室地坪与地下水位的相对位置关系。当设计最高地下水位低于地下室底板标高300～500mm，且在地基范围内的土壤及回填土无形成上层滞水可能时，一般采用防潮做法。

对于现浇混凝土外墙，一般可起到自防潮效果，不必再做防潮处理。对于粘土砖墙其构造要求是：墙体用水泥砂浆砌筑，灰缝饱满；外墙外侧用1∶2.5水泥砂浆抹20mm厚，刷冷底子油一道和热沥青两道或涂刷乳化沥青、阳离子合成乳化沥青等防水冷涂料；然后在防潮层外侧回填粘土或低比例灰土等弱透水性土，宽约500mm，并逐层夯实。此外地下室的所有墙体都必须设两道水平防潮层，一道设在地下室底板附近，另一道设在室外地坪以上150～200mm处，如图3-1-1所示。

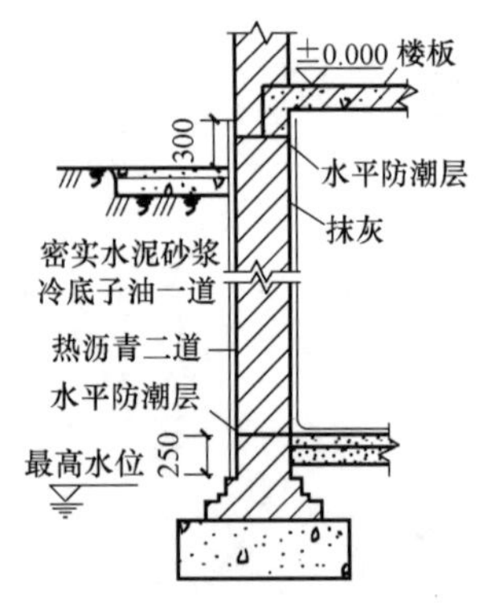

图3-1-1　地下室防潮

1.1.2 地下室的防水

当最高地下水位高于地下室设计地坪时，地下室外墙和底板都浸泡在水中，这时地下室的外墙受到地下水的侧压力，底板受到地下水的浮力。为了防止压力水侵入地下室，地下室的外墙应做垂直防水处理，地板应做水平防水处理。目前采用的防水措施有防水卷材和防水混凝土两种。

1. 防水卷材

防水卷材是用沥青系防水卷材或其他卷材（包括 SBS 卷材防水和 SBC 卷材防水、三元乙丙橡胶卷材防水等）做防水材料，也称柔性防水。防水卷材粘贴在墙体外侧称外包防水，粘贴在墙体内侧称内包防水。由于外包防水的防水效果好，因此应用较多。内包防水一般在补救或修缮工程中应用较多。

当地下室采取砖墙承重时，其防水多采用外包卷材防水处理，一般处理做法是：先浇筑地下室底板混凝土垫层，在垫层上粘贴卷材防水层（卷材层数视水压大小选定），在防水层上抹 20 ~ 30mm 厚水泥砂浆保护层，再在保护层上浇筑钢筋混凝土底板。在铺设卷材时，须在底板四周预留甩槎，以便与外墙垂直防水卷材搭接。外墙应砌筑在底板四周之上，墙外表面先抹水泥砂浆 20mm 厚，刷冷底子油一道，然后粘贴防水卷材层，卷材的粘贴应错缝搭接，相邻卷材搭接宽度不小于 100mm。在垂直防水层外，要砌筑半砖厚保护墙，在保护墙和防水层之间缝隙中灌以水泥砂浆。保护墙应沿长度每隔 5 ~ 8m 设垂直通缝，根部应干铺一层油毡，以利回填土的侧向挤压，促使保护墙贴紧防水层。垂直防水层和保护墙要做到高于最高地下水位 500 ~ 1000mm，并做好收头处理。保护墙外 500mm 范围内回填弱透水性土，并逐层夯实，如图 3-1-2 所示。

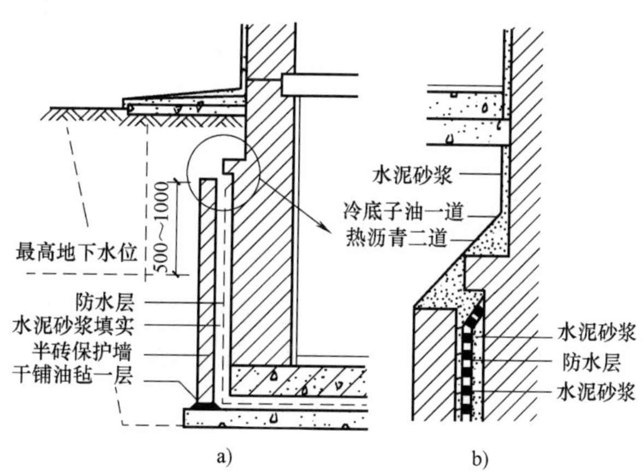

图 3-1-2 地下室外包卷材防水

a）外包防水 b）墙身防水层收头处理

2. 防水混凝土

为满足结构和防水的需要，目前大多数地下室的地坪和墙体均采用防水混凝土浇筑。防水混凝土的防水材料及注意问题有以下几点：

（1）防水混凝土有普通防水混凝土和掺外加剂（如加气剂、减水剂、王乙醇胺、氯化铁防水剂，明矾石膨胀剂和U形混凝土膨胀剂等）防水混凝土两类，属刚性防水。

（2）普通防水混凝土和掺防水剂混凝土有较好的防渗性能，但不能抗裂。因此在一定条件下能达到防水目的，为防止混凝土可能出现裂渗，必要时还应附加外包柔性防水层。

（3）掺膨胀剂的补偿收缩混凝土，不仅提高了防渗性能，而且有良好的抗裂性能，防水效果更好。

（4）掺UEA的防水混凝土，适用于各种地下防水工程，具有结构自防水、做法简单、防水可靠、施工方便、经济耐久等优点，还能适应任何形状复杂（如有桩基或有外伸地梁等）的工程，形成严密的整体防水结构，是其他外包式防水做法所无法达到的。

（5）在遭受剧烈振动、冲击和侵蚀性环境（混凝土耐蚀系数小于0.8）应用时，应附加柔性防水层或附加防蚀性好的保护层。

（6）采用防水混凝土，对结构强度、厚度、抗渗标号、配筋、保护层厚度、垫层、变形缝、施工缝等都有一定要求，应遵照有关专门技术规定，并同结构专业共同商定。

采用防水混凝土防水，地下室的外墙一般厚200mm以上，地坪厚150mm以上。为防止地下水对混凝土的侵蚀，在墙外侧应抹水泥砂浆，再涂一道冷底子油，两道热沥青，如图3-1-3所示。

1.2 变形缝

昼夜温差变化、不均匀沉降以及地震等因素可能引起建筑物变形、开裂，甚至结构破坏，为了避免上述情况，常在设计时事先将建筑物分成几个独立部分，使各部分能自由变形、互不干扰。这种将建筑物垂直分开的构造缝称为变形缝。

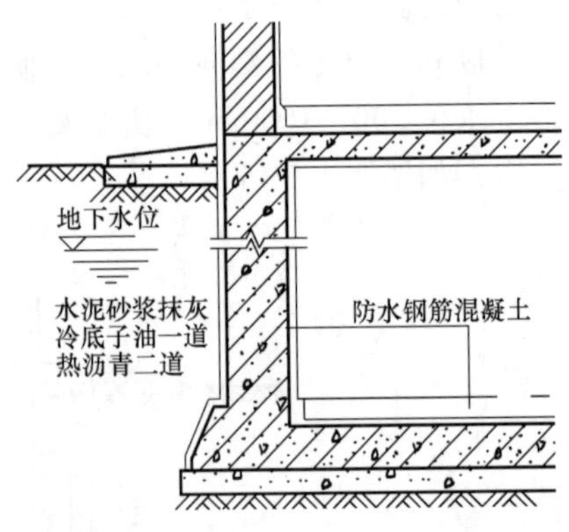

图3-1-3 防水混凝土防水地下室

1.2.1 变形缝的种类

变形缝按其功能不同分为伸缩缝、沉降缝和防震缝三种。

伸缩缝是解决由于冬夏和昼夜温度变化，引起建筑物热胀冷缩而产生的伸缩变形。

沉降缝是解决由于建筑物高度、重量不同及平面转折部位等产生的不均匀沉降变形。

防震缝是解决由于地震时建筑物不同部分相互撞击产生的变形。

1.2.2 变形缝的设置

1. 伸缩缝的设置

伸缩缝的设置间距，需要根据建筑物结构类型、所用结构材料、屋盖刚度、屋盖是否有保温或隔热层等因素确定。砌体结构墙体伸缩缝的最大间距见表3-1-1；钢筋混凝土结构墙体伸缩缝的最大间距见表3-1-2。

由于建筑物中受温差变化影响最大的是屋顶，越向地面影响越小，而基础部分埋在土里，温差变化较小，热胀冷缩值也较小，所以设置伸缩缝时，建筑物的基础不必断开，一般从基础顶面开始，将墙体、楼板、屋顶沿建筑物的全高全部断开，缝宽一般在20～40mm。

表 3-1-1　砌体结构墙体伸缩缝的最大间中距　（单位：m）

屋盖或楼盖类别		间距
整体式或装配整体式钢筋混凝土结构	有保温层或隔热层的屋盖、楼盖	50
	无保温层或隔热层的屋盖	40
装配式无檩体系钢筋混凝土结构	有保温层或隔热层的屋盖、楼盖	60
	无保温层或隔热层的屋盖	50
装配式有檩体系钢筋混凝土结构	有保温层或隔热层的屋盖、楼盖	75
	无保温层或隔热层的屋盖	60
瓦材屋盖、木屋盖或楼盖、轻钢屋盖		100

注：1. 当有实践经验时，可不遵守本表的规定。
2. 层高大于5m的混合结构单层房屋，其伸缩缝间距可按表中数值乘以1.3。
3. 温差较大且变化频繁地区和严寒地区，不采暖的房屋及构筑物墙体的伸缩缝的最大间距，应按表中数值予以适当减小。

表 3-1-2　钢筋混凝土结构墙体伸缩缝最大间距　（单位：m）

结构类别		室内或土中	露天
排架结构	装配式	100	70
框架结构	装配式	75	50
	现浇式	55	35
剪力墙结构	装配式	65	40
	现浇式	45	30
挡土樯、地下室墙壁等类结构	装配式	10	30
	现浇式	30	20

注：1. 如有充分依据或可靠措施，表中数值可予以增减。
2. 当屋面板上部无保温或隔热措施时；对框架、剪力墙结构的伸缩缝间距，可按表中露天栏的数值选用；对排架结构的伸缩缝间距，可按表中室内栏的数值适当减小。
3. 排架结构的柱高（从基础顶面算起）低于8m时，宜适当减小伸缩缝间距。
4. 外墙装配内墙现浇的剪力墙结构，其伸缩缝最大间距宜按现浇式一栏的数值选用。滑模施工的剪力墙结构，宜适当减小伸缩缝间距。现浇墙体在施工中应采取措施减小混凝土收缩应力。

2. 沉降缝的设置

由于沉降缝是为了预防建筑的不均匀沉降可能导致某些薄弱部位产生错动拉裂而设置的，当建筑物有下列情况时，应考虑设置沉降缝：

（1）地基土质不均匀，承载力相差较大。

（2）建筑物本身相邻部分高差悬殊。

（3）建筑物基础承受的荷载相差较大。

（4）建筑平面的转折部位。

（5）地基土的压缩性有显著差异。

（6）建筑结构（或基础）类型不同。

沉降缝是将建筑物沿垂直方向划分为若干个刚度较一致的单元，使相邻单元可以自由沉降，而不影响建筑的整体，因此沉降缝应从基础断开。

沉降缝应有足够的宽度，缝宽可按表3-1-3选用。

表 3-1-3　沉降缝的宽度

地基性质	房屋高度/m	沉降缝宽度/mm
一般地基	$H<5$m	30
	$H=5\sim10$m	50
	$H=10\sim15$m	70
软弱地基	2～3 层	50～80
	4～5 层	80～120
	6 层及 6 层以上	>120
湿陷性黄土地基		30～70

3. 防震缝的设置

在地震区建造房屋，防震缝应沿房屋的全高设置。对于平面形状简单的房屋，基础一般可不设防震缝。

当设计烈度为 8 度和 9 度，有下列情况之一时应设置防震缝：

(1) 房屋立面高差在 6m 以上。

(2) 房屋有错层，且楼板高差较大。

(3) 房屋各部分刚度截然不同。

防震缝的宽度与地震设计烈度、房屋的高度有关。见表 3-1-4。

表 3-1-4　防震缝的宽度

房屋高度 H/m	设计烈度/度	防震缝宽度/mm
$H\leqslant15$m	7	70
	8	70
	9	70
$H>15$m	7	高度每增加 4m 缝宽增加 20mm
	8	高度每增加 3m 缝宽增加 20mm
	9	高度每增加 2m 缝宽增加 20mm

1.2.3　变形缝的构造

1. 伸缩缝的构造

(1) 墙体伸缩缝构造：为防止自然条件对墙体及室内环境的影响，外墙伸缩缝的缝内采用沥青麻丝和填缝油膏嵌缝，缝口用镀锌铁皮、彩色薄钢板等材料盖缝。对有保温要求的外墙，可采用岩棉、玻璃棉、发泡聚苯乙烯板、发泡聚乙烯板、膨胀珍珠岩等保温材料填缝，如图 3-1-4a 所示。

内墙及顶棚伸缩缝采用木板和镀锌铁皮、铝板、不锈钢板做盖缝处理。如图 3-1-4b 所示。

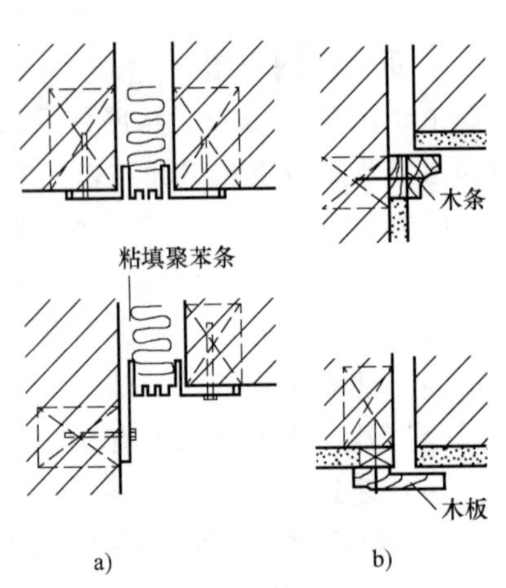

图 3-1-4　墙面伸缩缝构造
a) 外墙伸缩缝 b) 内墙伸缩缝

(2) 楼地面伸缩缝构造：楼地面伸缩缝的缝隙可用沥青麻丝、改性沥青麻丝、矿棉丝或发泡聚苯乙烯板等填充料填缝，面层可采用改性沥青油膏、聚氨脂改性塑料油膏、防水油膏等嵌缝膏，也可采用加盖预制混凝土板、橡胶、花岗岩或大理石等活动盖缝板。楼面伸缩缝构造如图 3-1-5a 所示，地面伸缩缝构造如图 3-1-5b 所示。

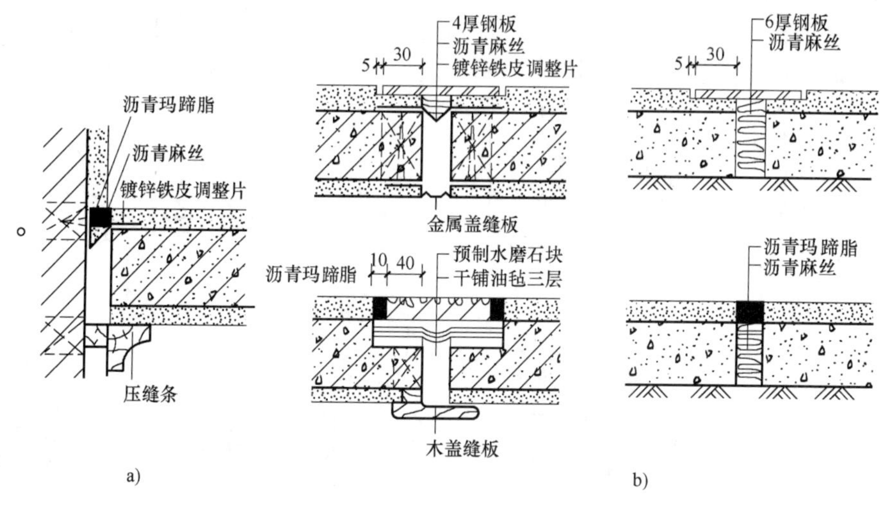

图 3-1-5　楼地面伸缩缝构造

a）楼面伸缩缝　b）地面伸缩缝

（3）屋顶伸缩缝构造：屋面伸缩缝常见的有伸缩缝两侧屋面标高相同和两侧屋面高低错层处，缝的构造处理原则是在保证两侧结构构件能在水平方向自由伸缩的同时又能满足防水、保温、隔热等要求。当缝两侧屋面标高相同又为上人屋面时，通常做防水油膏嵌缝，进行泛水处理，见图 3-1-6；为不上人屋面时，则在缝两侧加砌半砖矮墙，分别进行屋面防水和泛水处理，矮墙顶部加盖镀锌铁皮或钢筋混凝土盖缝板盖缝，如图 3-1-7 所示。

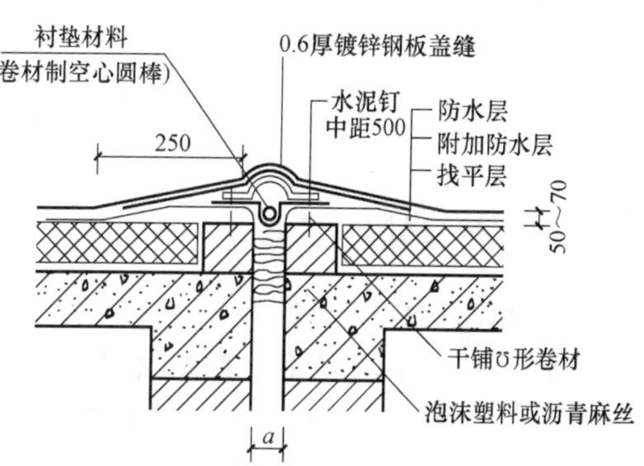

图 3-1-6　上人屋面伸缩缝构造

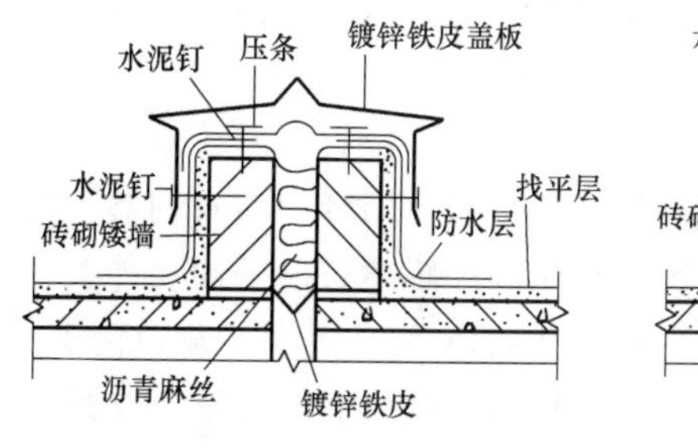

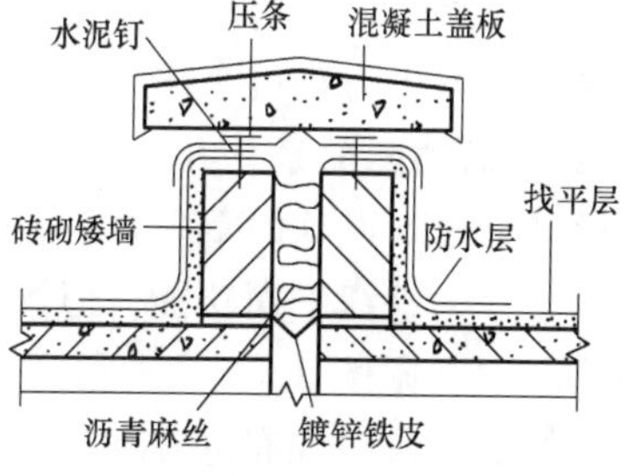

图 3-1-7　不上人屋面伸缩缝构造

2. 沉降缝的构造

沉降缝一般可兼做伸缩缝的作用，其构造与伸缩缝基本相同，但盖板及调节片构造必须保证在水平方向和垂直方向自由变形，如图 3-1-8 所示。

3. 防震缝的构造

防震缝在墙身、楼地面和屋顶各部分的构造基本与伸缩缝、沉降缝构造相同。因防震缝较宽，处理时应注意盖缝板的牢固性以及适应变形的能力，如图 3-1-9 所示。

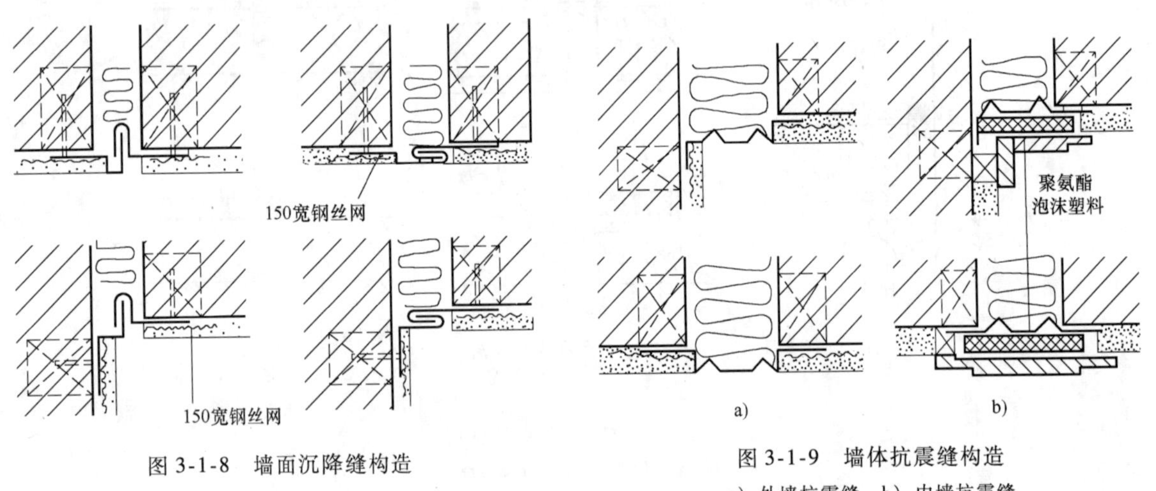

图 3-1-8 墙面沉降缝构造

图 3-1-9 墙体抗震缝构造
a）外墙抗震缝 b）内墙抗震缝

任务 2 识读高层办公楼建筑施工图

2.1 识读办公楼平面图

2.1.1 办公楼的结构体系

从附图 3-1 ~ 附图 3-6 平面图（见书后插页）中可以看出本建筑为钢筋混凝土框架结构的高层办公用建筑。钢筋混凝土框架结构是目前建筑工程中广泛采用的结构形式之一，它是由梁和柱刚性连接的骨架结构。其主要的受力构件为梁和柱，墙体在此只起维护与分隔作用，因而，钢筋混凝土框架结构的建筑在平面设计、立面设计、剖面设计、建筑形态设计等方面给设计者带来的极大的灵活性。在平面图中涂黑（小比例适用）的是混凝土柱，横向的柱与纵向的柱一般组成规则的柱网。在平面当中借助墙体分隔，可以划分出各个房间，墙体在平面图中的表示方法为双粗实线（如图 3-2-1 所示）。

2.1.2 办公楼的平面功能关系

平面功能设计是建筑设计的重要内容，同时关系到使用者的切身利益。从建筑识图的角度来讲虽然不用亲自去组织平面功能，但读懂与深刻理解建筑的平面功能关系也是非常重要的。本建筑平面图中（附图 3-1）在一层平面当中设有入口大堂、营业网点、消防控制室、值班室等主要功能房间，还设有电梯候梯厅、电梯间、楼梯间、过道等交通空间，同时还设有卫生间（包括男女卫生间及残疾卫生间）、各种设备管道井等辅助空间，从图中我们还可以看到一层平面还设有灰空间（介于室内空间与室外空间之间的一种模糊的空间类型）等；

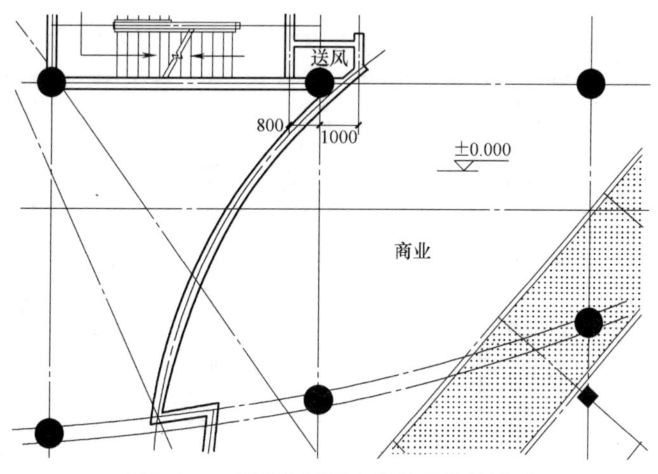

图 3-2-1 平面中混凝土柱及墙体的图示

在二层平面中设有营业网点、职工餐厅、职工厨房等主要功能空间，设有电梯候梯厅、电梯间、楼梯间及其前室、过道等交通空间，设有卫生间、各种设备管道井等辅助空间组成；在三～七层中其主要功能有大空间办公、内走道、电梯间及其消防前室、楼梯间及其消防前室、卫生间、设备要求的各种管道间等；本建筑八层平面只是把三～七层的大空间办公部分功能调整为活动室、档案室、健身房、大会议室等功能，其余没有太大变化；在屋顶平面中主要设有电梯机房间、水箱间、水表间、工具间、出屋面楼梯间等功能。

从上述功能分析来看，任何建筑都是有主要功能空间、交通空间、辅助空间等三大部分组成，三大功能空间所承载的作用不同，但对于一栋完整的建筑来讲都是不可或缺的。

2.1.3 办公楼平面施工图的识读

（1）承重墙、柱及其定位轴线和轴线编号，内外门窗位置、编号及定位尺寸，门的开启方向，注明房间名称或编号。（门窗编号应能体现是否防火门，以及防火等级）。如图 3-2-2和图 3-2-3 所示。

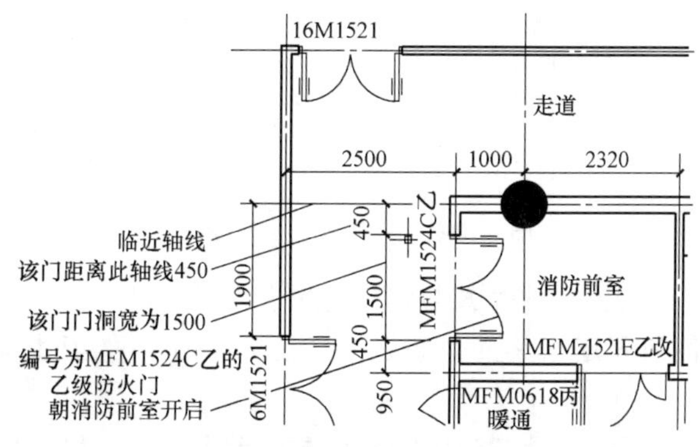

图 3-2-2 平面图门的编号、定位与开启方向

图 3-2-2、图 3-2-3 所示 16M1521 为门的编号（具体尺寸为 1500mm × 2100mm），MFM1524C 乙为乙级防火门的编号（具体为 1500 ×2400mm 的乙级防火门），MFM1524C 丙为丙级防火门的编号，门的定位一般相对于某一轴线的位置来标示。图中所注消防前室、电梯厅消防前室等为房间名称。卫 4 则表示施工图中对该卫生间的定义的名称及编号，以便进

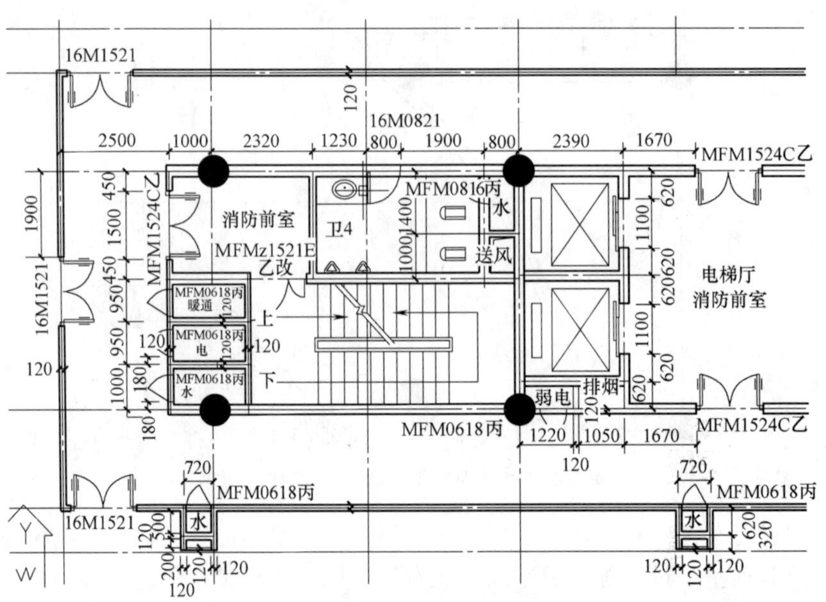

图 3-2-3　高层办公楼平面图局部

行卫生间详图的绘制与查阅。

（2）外包总尺寸、轴线间尺寸、门窗洞口尺寸、分段尺寸。

建筑平面施工图中，一般要详细的标注相关尺寸，通常包含一道细部尺寸线如门窗洞口尺寸、分段尺寸、构件尺寸等，一道轴线间尺寸以及一道外包总尺寸等三道尺寸线（如图 3-2-4 所示）。

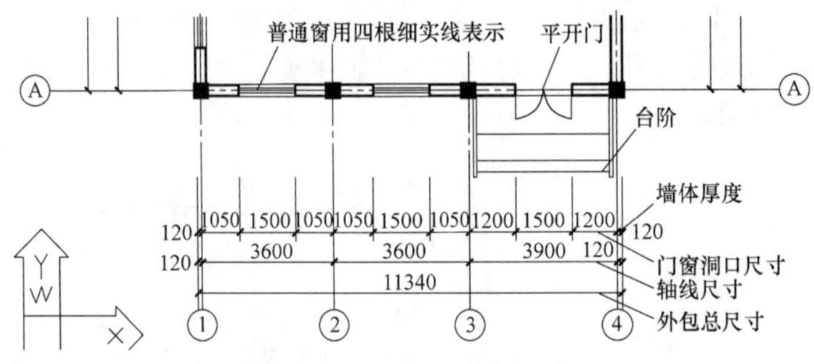

图 3-2-4　平面图尺寸的标注

（3）墙身厚度、外凸构件尺寸及其与轴线定位关系的尺寸，如图 3-2-5 所示。

（4）主要建筑设备和固定家具的位置及相关做法索引，如卫生器具、雨水管、水池、台、橱、柜、隔断等。

在建筑施工图中，主要建筑设备和固定家具要表示出来，比如本高层办公当中的各楼层的卫生间，都进行了标号并进行了详图的绘制。一层平面公共卫生间设有男女卫生间各一间以及一间残疾人卫生间，并对此卫生间进行了详图编号，为卫-1，如图 3-2-6 所示；二层平面公共卫生间设有男女卫生间各一间，并对此卫生间进行了详图编号，为卫-2、卫-3，卫-2 如图 3-2-7 所示；三～八层平面公共卫生间每层设有男女卫生间各一间，并对此卫生间进行

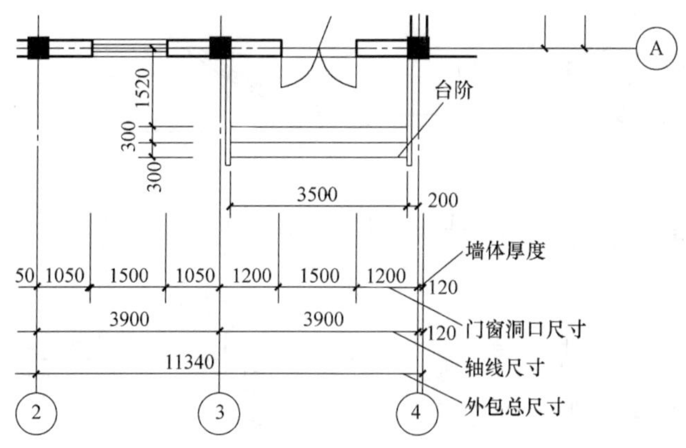

图 3-2-5 细部尺寸的标注

了详图编号，为卫-4、卫-5，如图 3-2-8 所示。具体细部要结合详图进行识读，有详细的布置与做法的交代。

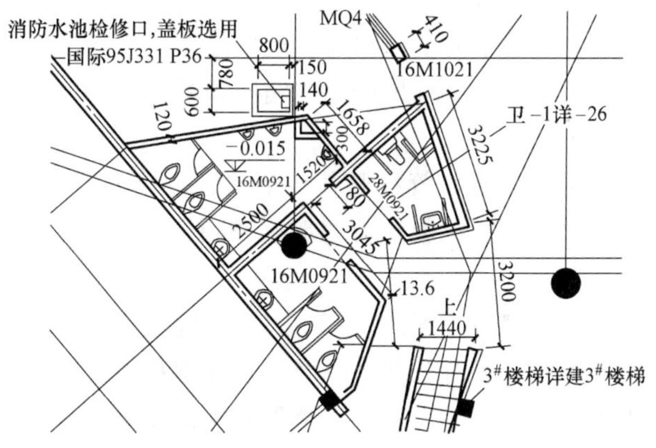

图 3-2-6 一层平面图中卫生间（卫-1）

（5）电梯、自动扶梯及步道、楼梯（爬梯）位置和楼梯上下方向示意和索引编号。

电梯、自动扶梯及步道、楼梯（爬梯）以及坡道是建筑的垂直交通空间，在施工图中要详细的绘制与说明。楼梯要绘制楼梯详图，电梯、自动扶梯要根据不同厂家不同型号绘制详图。

（6）主要结构和建筑构造部件的位置、尺寸和做法索引，如中庭、天窗、地沟、地坑、重要设备或设备基座的位置尺寸、各种平台、夹层、人孔、阳台、雨篷、台阶、坡道、散水、明沟等。

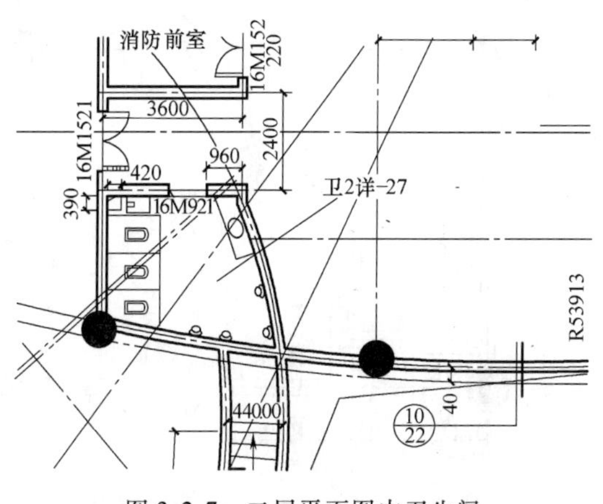

图 3-2-7 二层平面图中卫生间

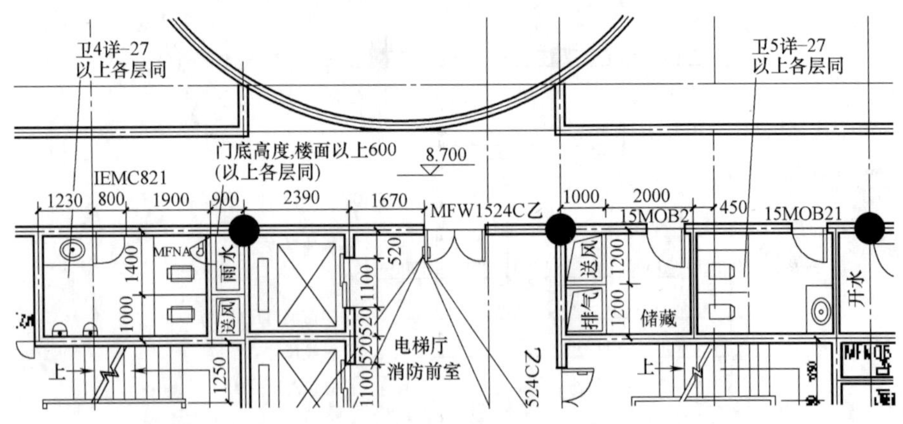

图 3-2-8　三～八层平面图中卫生间（卫-4、卫-5）

上述主要结构和建筑构造部件的位置、尺寸和做法索引等都要在平面图中绘制出来，且加上必要的做法索引及详图。比如在本建筑中地下室平面图中的汽车坡道、排水沟、集水井、消防水池等；一层平面中的入口坡道、室外散水、台阶、小坡道、下沉管沟等；二层平面中大堂上空的位置示意等；三层平面中大雨篷、遮阳篷等；六层平面的露台等；以及屋顶层的机房、水箱间、消防水箱间等；还有机房及水箱间顶的各种预留孔洞等。这些内容都可以从图样中识读出。

（7）楼地面预留孔洞和通气管道、管线竖井、烟囱、垃圾道等位置、尺寸和做法索引，以及墙体（主要为承重砌体墙、钢筋混凝土剪力墙）预留洞的位置、尺寸与标高或高度等；如图 3-2-9 所示。

在本高层办公楼建筑里涉及到各种管井，其中有配置弱电系统的弱电井、有配置强电系统的电井、有给排水系统的水井、有对公共楼梯及合用前室机械送风的送风井、有空气调节设配的暖通井、有机械排烟井、另外还设有针对楼下厨房的排烟井等。上述这些管道井同样是本建筑实现功能所必须的，并且在施工图中有详细的表示，也要正确识读，同时还涉及建筑专业与其他各专业的协调与配合问题。

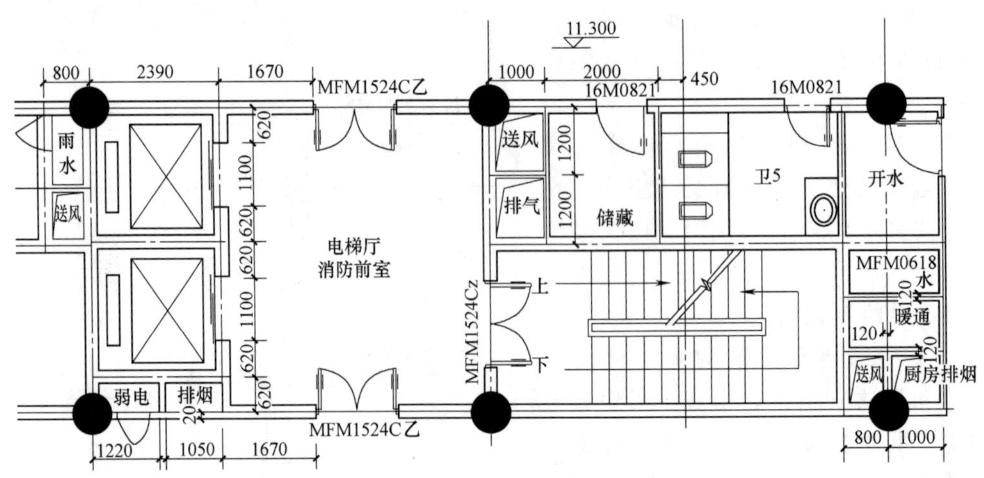

图 3-2-9　标准层平面中管井

（8）车库的停车位和通行路线：建筑施工图中，有地下车库要绘制出车库的停车位和通行路线如附图 3-1（见书后插页）所示。

（9）特殊工艺要求的土建配合尺寸：建筑施工图中，有些建筑构配件是有特殊工艺要求的，并且要和本建筑的土建部分相配合。比如本办公楼建筑的玻璃幕墙的制作与施工，要有专业的幕墙设计与施工单位进行，但是，建筑专业要依据建筑平面、立面来进行幕墙的设计，作为幕墙公司设计的依据。

（10）室外地面标高、底层地面标高、各楼层标高、地下室各层标高。

建筑施工图中，各部位的高度都用标高来表示。除总平面图外，施工图中所标注的标高均为相对标高。标高符号应以直角等腰三角形表示。不同的建筑功能需要不同的建筑高度，在平面图中要标注出建筑各部分的标高，特别是标高变化的地方，仅仅依靠剖面图并不能完全反映出来。例如从附图 3-1 地下一层平面图中我们可以得知地下车库的入口处的层高为 3.150m、车库的层高为 4.000m、消防水池的层高为 4.500m（局部需要 5.300m）、高压配电房的层高为 4.800m 等。

屋面平面、剖切面位置及编号、有关平面节点详图或详图索引号、指北针等在项目一中已详细讲述，在此不再累述。

2.1.4 办公楼平面施工图中各工种衔接点的识读

在建筑施工图的识读过程中还会涉及与其他如结构专业、电气专业、给排水专业以及暖通专业的衔接问题。比如讲建筑的结构体系就与结构专业的结构体系的合理安排相一致，电梯间的尺寸与布置要符合电梯生产厂家的要求，各种管井的要求与布置要查看电气专业、给排水专业以及暖通专业的专业图样等，这些都涉及各工种图样间的协调问题。

2.2 识读办公楼立面图

办公楼立面图根据主要出入口命名为正立面图（如附图 3-7 所示，见书后插页）、背立面图、侧立面图的形式。识读建筑立面图的时候一定要与建筑平面图对照阅读。在办公楼立面图中可以看出：

（1）看标高，了解地上每层的层高关系如室内外高差为 150mm，一层层高为 4500mm，二层层高为 4200mm，三～八层层高为 3600mm，设备间层高为 4600mm；同时图中也表达出屋顶、檐口、女儿墙、窗台、遮阳板、以及其他装饰构件，线脚等的标高或高度。

（2）看门窗洞口的形状、位置与尺寸，玻璃幕墙的形状、位置、分割、材质等（如吊挂式玻璃幕墙、透明玻璃、大片明玻、轻质灰色铝合金型材）。

（3）看立面装修，该组立面图表达出主要建筑墙体部分所采用的材料、颜色、位置等（如深红、深褐色毛面天然石材组合干挂幕墙，赭土色、沙红色毛面天然石材混合干挂幕墙，轻质灰色铝板，浅褐色毛面花岗岩结合光面灰粉色光面花岗石带、银灰色金属漆、乳白色高级外墙涂料等）。

2.3 识读办公楼剖面图

本办公楼 1—1 剖面图（如附图 3-8 所示，见书后插页）是一个全剖面图，2—2 剖面图（如附图 3-9 所示，见书后插页）是一个局部剖面图。识读建筑剖面图的时候要与建筑平面图中相应的剖切位置对照起来。

1. 在办公楼 1-1 剖面图中可以看出

（1）建筑地下室与主体建筑的关系，地下室主体的层高关系。

（2）建筑底层室内外空间的过渡关系，一层大堂的空间变化，以及建筑底部空间的变化与衔接。

（3）建筑底部灰空间与主体建筑的关系与高度变化。

（4）建筑标准层的空间关系，以及建筑设备层的层高与空间的变化关系。

（5）建筑室内外构件的位置与形式，如建筑室内门窗高度、窗台高度、栏杆高度与形式、装饰构件的剖面形状与位置、装饰构件与主体建筑的连接关系。

2. 在办公楼 2-2 剖面图中可以看出

（1）2-2 剖面图是表现营业网点处一层、二层、地下室局部的空间关系；以及建筑局部的层高关系。

（2）本建筑营业网点底层室内外空间的过度关系。

（3）建筑装饰构件与主体建筑的连接关系等。

2.4 识读办公楼详图

本建筑相对比较复杂，为了便于施工，图样表达清楚、应完善，设计人员绘制了大量的详图。其详图部分包括节点详图、人防大详、卫生间详图、楼梯间详图、门窗大样等组成。识读详图时要与对应的详图索引部位对照阅读。

节点详图的识读对理解建筑施工图很重要，本建筑的节点详图较多不便逐个叙述，因此我们挑选两个为例加以讲解。图 3-2-10 表示一层平面图中沉降区具体做法，其内容包含了图形部分和文字注解部分，图形部分表示此处的剖断面图，而文字部分则表示出了本节点的工程做法与构造层次。图 3-2-11 表示了屋顶檐口处的详图，此详图一方面交代了屋面的构造层次以及屋面泛水的具体做法，另一方面指出了檐口处轻钢构架与主体结构的连接关系。

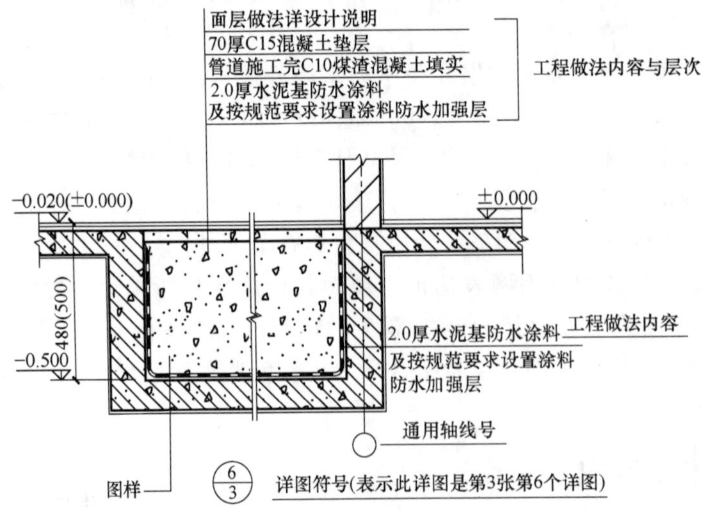

图 3-2-10 沉降区大样图（索引在一层平面图上）

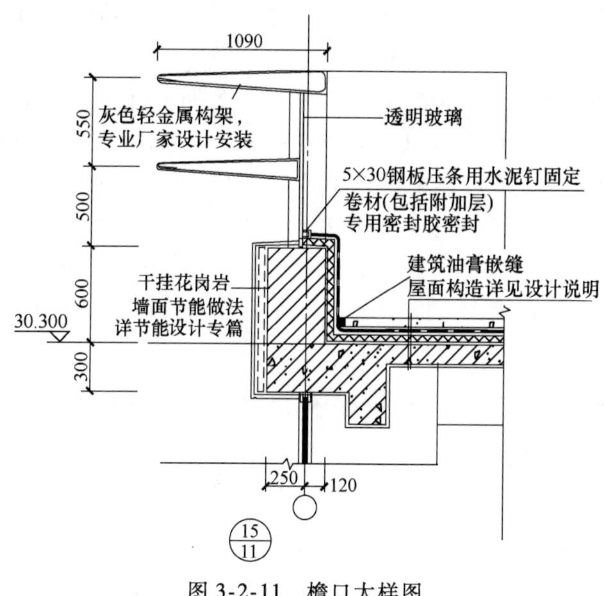

图 3-2-11　檐口大样图

任务3　绘制高层办公楼建筑施工图

3.1　制订绘图计划

办公楼建筑施工图绘制要求学生独立完成。学生个人在前面识读办公楼建筑施工图的基础上，制订制图计划，并填写绘图计划表（表 3-3-1）。

表 3-3-1　绘图计划表

<table>
<tr><td colspan="2">学生姓名</td><td></td><td>学号</td><td></td></tr>
<tr><td colspan="2">工程名称</td><td colspan="3"></td></tr>
<tr><td>序号</td><td colspan="2">图样名称</td><td colspan="2">进度安排</td></tr>
<tr><td>1</td><td colspan="2"></td><td colspan="2"></td></tr>
<tr><td>2</td><td colspan="2"></td><td colspan="2"></td></tr>
<tr><td>3</td><td colspan="2"></td><td colspan="2"></td></tr>
<tr><td>4</td><td colspan="2"></td><td colspan="2"></td></tr>
<tr><td>5</td><td colspan="2"></td><td colspan="2"></td></tr>
<tr><td>6</td><td colspan="2"></td><td colspan="2"></td></tr>
</table>

3.2　绘制办公楼平面图

在实际工程中，从方案阶段到建筑施工图阶段是有一个过程的，建筑施工图阶段是在方案经过前期的设计、修改、确定、初步设计等多阶段的反复之后进行的，也就是说建筑施工图要在技术层面上对设计方案细致化、精确化，以指导随后进行的建筑施工。绘制高层办公楼施工图是一项比繁琐而细致的工作，本书由于章节所限不便一一累述，因此在讲解办公楼平面图施工图时，以四层平面图为代表来进行表述，其他各层辅助介绍。

1. 绘制轴网

鼠标左键点击右边菜单平面-轴线-直线轴网，命令提示行提示“请选择/ 1-生成新数据/ 2-修改已有数据/ <1>:”，回车或鼠标右键选择“1-生成新数据”，跳出轴网数据编辑对话框（如图 3-3-1 所示），类型选择中默认下开间，数据编辑中尺寸输入 7050，点击加入，接着依次在尺寸中输入 7050、7050、7228、7050、7050、7050，点击加入；类型选择中点击左进深，数据编辑中输入尺寸 3200，点击加入，接着依次在尺寸中输入 5300、3200，点击加入；点击 OK。鼠标左键在绘图界面中点击一下，轴网绘制完成。利用图层属性，修改轴线线型为点划线。

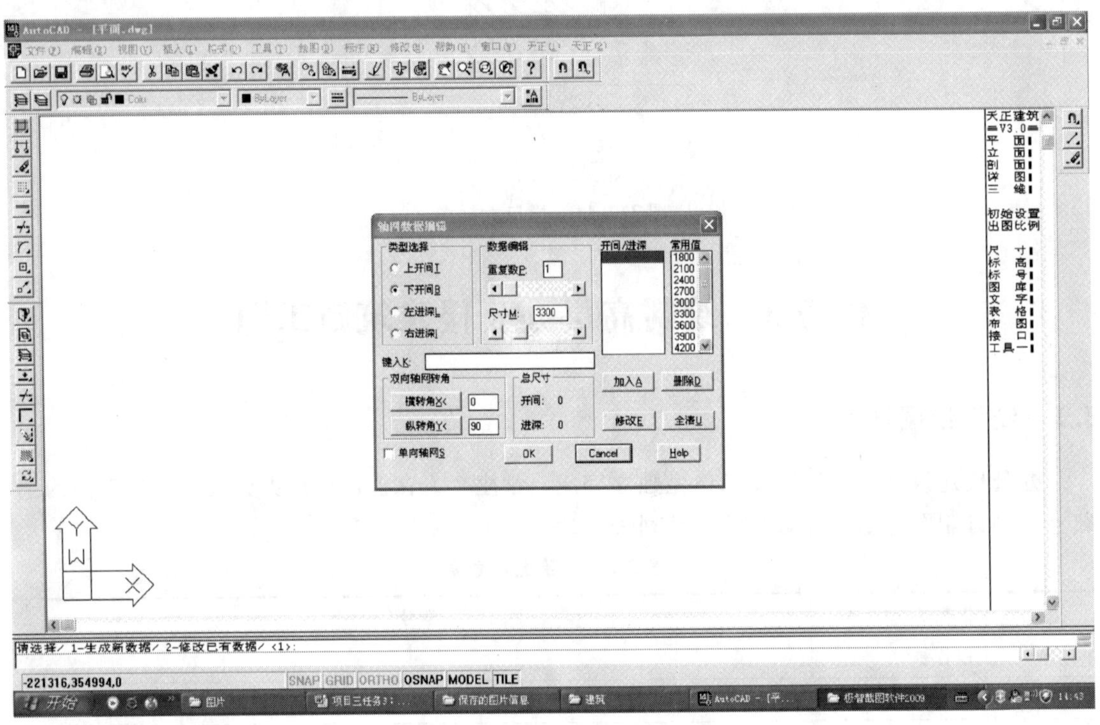

图 3-3-1　轴网数据编辑对话框

2. 轴网标注

鼠标左键点击右侧菜单中平面-轴线-轴网标注，命令提示行提示“请点取要标注轴线一侧的横断轴线 <退出>:”，点击最下面一根水平轴线，命令提示行提示“起始轴的编号（1 A A1 AA） <1>:”，回车，垂直轴线轴网编号完成。同样方法完成其他三面的轴网标注（如图 3-3-2 所示）。

以距离 D 轴 36076 的水平线（上方向）与①～⑧轴的中线的交点为圆心作半径为 53512.4，弧度为 55°的圆弧。同理作出下端的圆弧（如图 3-3-3 所示）。然后按照交通核的位置完善轴线图。

继续完善轴网，删除多余的辅助线，如图 3-3-4 所示。

3. 绘制柱子

鼠标左键点击右侧菜单中平面-柱子-圆柱插入（或方柱插入），会弹出一个对话框，将

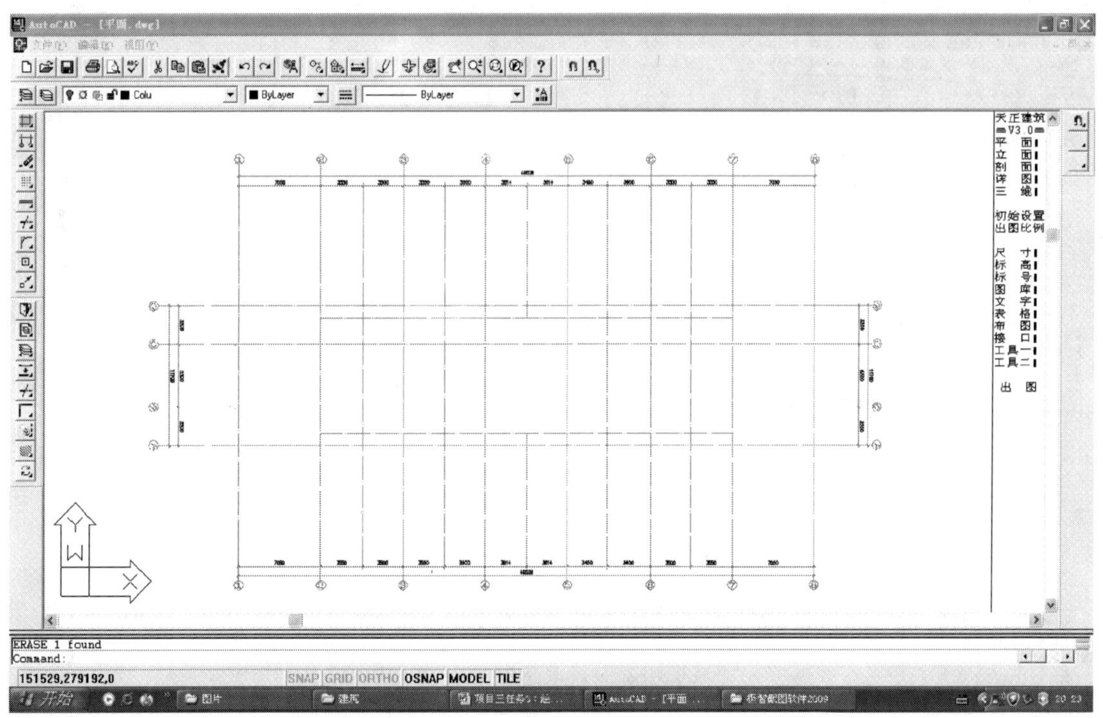

图 3-3-2　轴网标注

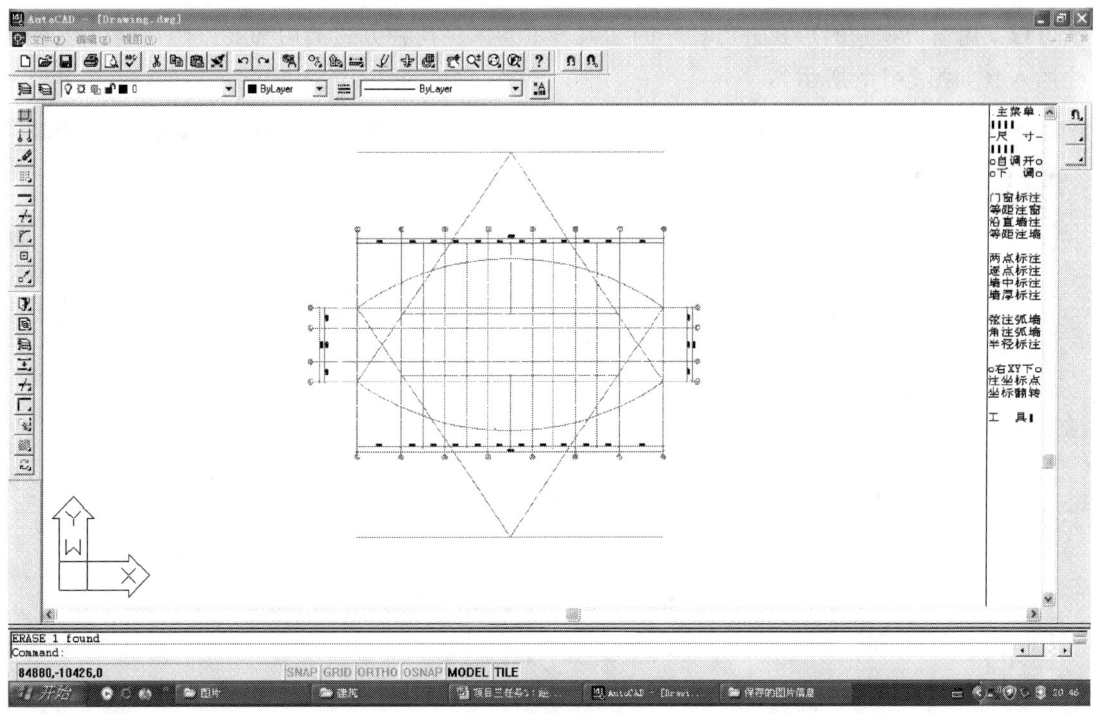

图 3-3-3　轴网完善 1

尺寸参数栏的直径设为 700，设置后点确定，这时命令提示行提示“请点取柱子的插入点（轴线交点）或窗口的第一点 <退出>”，意思是可以采用一次选择一个轴线交叉点的方法，

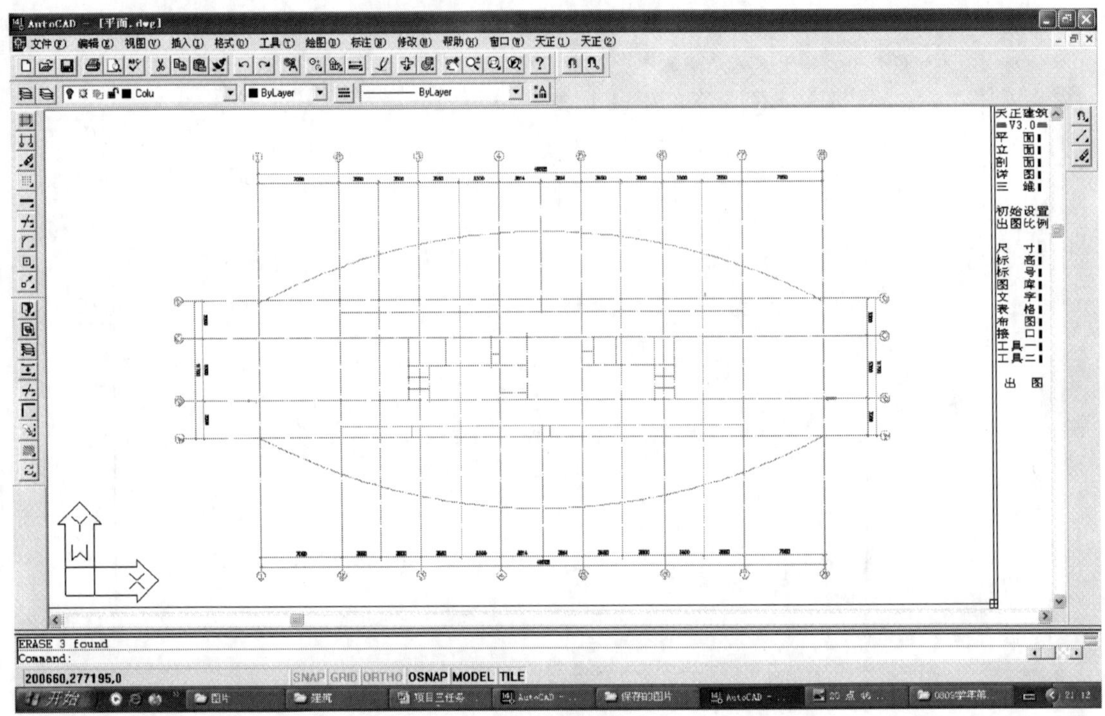

图 3-3-4　轴网完善 2

也可以采用窗口框选的形式进行柱子的插入，不管采用何种方式最后都要按照正确位置把圆柱插入（如图 3-3-5 所示）。

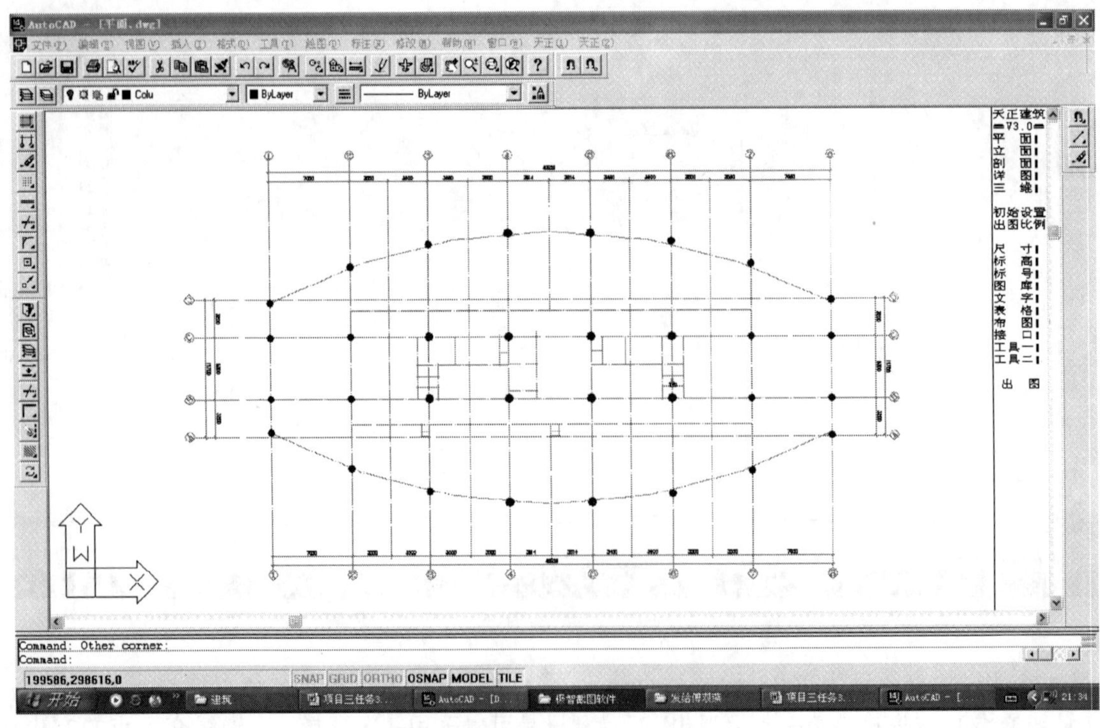

图 3-3-5　柱子插入

4. 绘制墙体

点击右边菜单初始设置，跳出建筑图初始设置对话框，修改墙线设置，左墙厚 120，右墙厚 120，点击 OK（也可以在命令栏提示时改）。鼠标左键点击平面-双线墙-双线直墙，鼠标左键点击轴网角点，依次完成所有直墙体绘制（内墙有 120 墙时，设置左墙厚 60，右墙厚 60，完成绘制）。对于弧线墙，可以点击菜单平面-双线墙-双线弧墙，并且完成墙厚设置，鼠标左键点击弧墙的点、终点和第三点（可以是中点），完成绘制；也可以采用轴线往两侧各偏移一半墙厚的方式，最后把偏移后的墙线改成与墙线同的方式（偏移为 offset 命令），如图 3-3-6 所示。

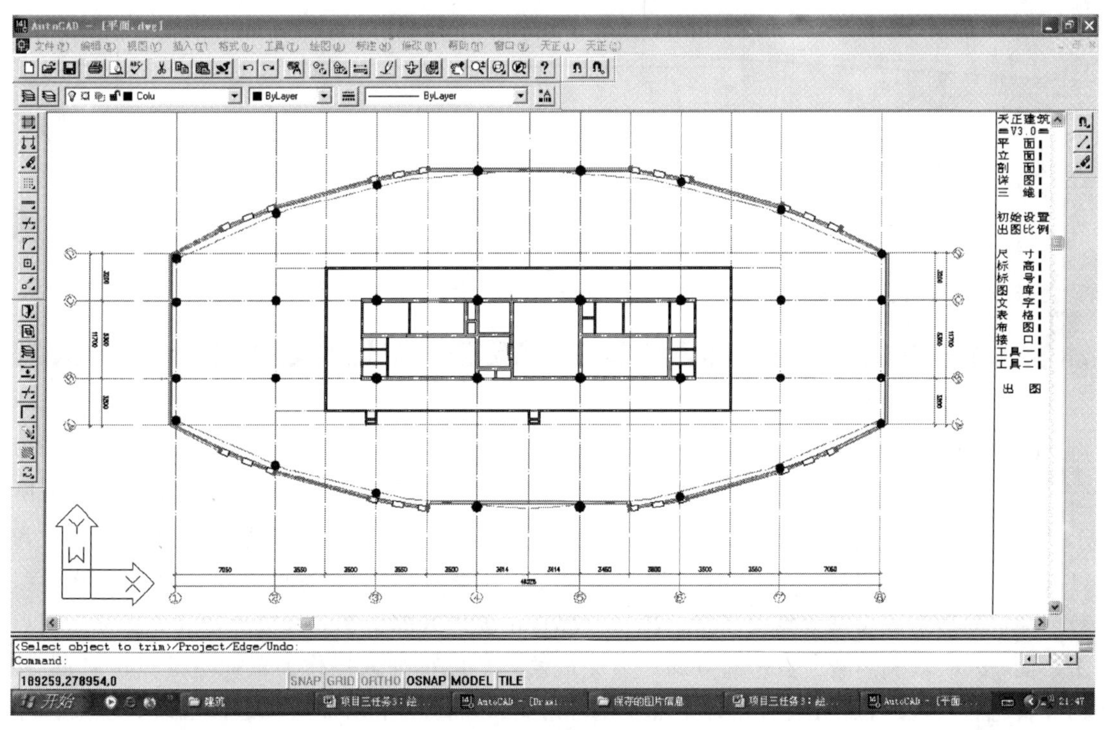

图 3-3-6　墙体绘制

5. 绘制门窗

鼠标左键点击平面-门（窗）-垛宽插入，命令提示行提示“请输入从基点到门窗侧边的距离 <240>:”，键盘输入需要尺寸数，鼠标左键点击需要垛宽插入门轴间墙体，命令提示行提示“门窗的宽度（可点取轴线的跨越点）/ S-选择已有门窗/ <4500>:”，键盘输入门的宽度尺寸数，回车或空白键，插入门；按此步骤也可以完成门（窗）的中心插入；当我们发现自己所插入的门（窗）形式与所需要的形式不同时，可以鼠标左键点击平面-门（窗）-换平面门，点击要换的门，然后点击右键出现对话框，我们可以选择想要的形式。同样开启方向有变化时也可以可以鼠标左键点击平面-门（窗）-工具-内外翻转（左右翻转）来完成（如图 3-3-7 所示）。

对于不是很复杂的门窗插入绘制方法是一样的，只是本建筑立面窗户比较复杂，因此不建议这么做。我们可以采用偏移和修剪命令来完成窗户的绘制，并且窗户的绘制要与立面形式严格对应绘制，包括墙面的凸凹。

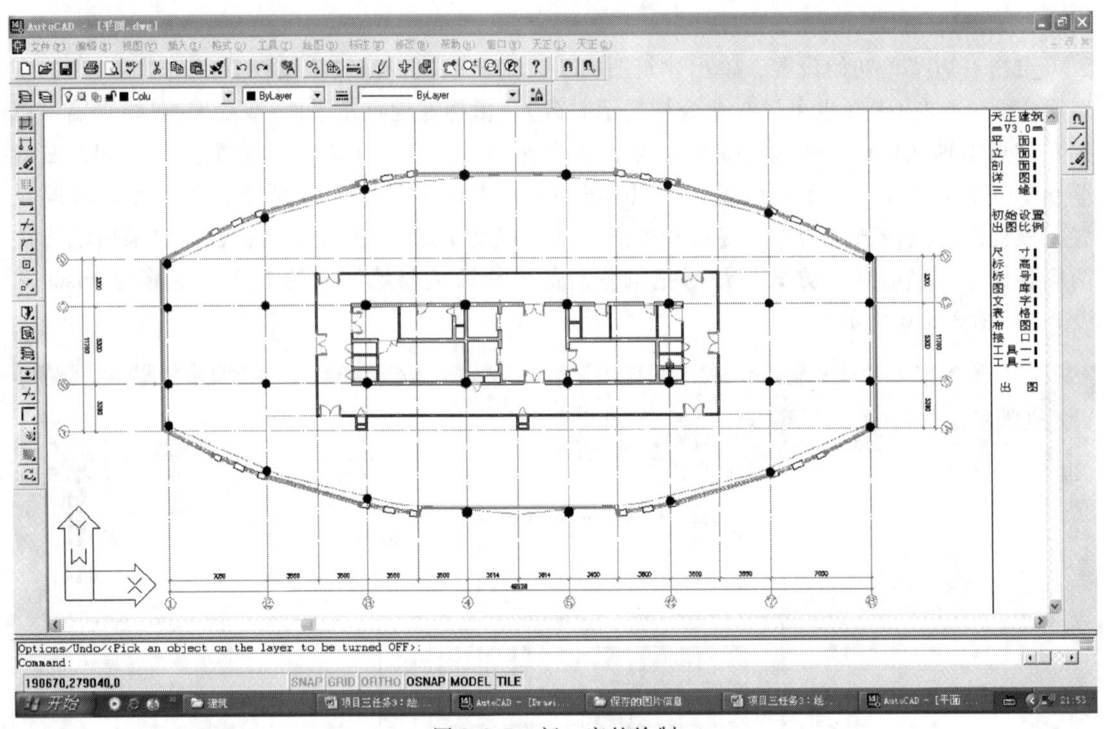

图 3-3-7　门、窗的绘制

6. 绘制楼、电梯

鼠标左键点击平面-楼梯-两跑楼梯，弹出楼梯参数对话框设置楼梯参数（如图 3-3-8 所示），设置为中间层楼梯、踏步宽 300、梯段宽 1250、栏板宽 60、踏步数 1 为 11 踏步数 2 为 11（共 22 步，是依据层高为 3600，踏步高为 150 计算所得）、总宽度 2660、转角为 0 等参数。完成参数后点击确定后关闭对话框，鼠标点击要插入的位置完成楼梯插入。鼠标左键点击平面-楼梯-双侧剖断，点击起点和终点完成绘制。电梯插入操作为鼠标左键点击平面-楼梯-电梯插入，然后点击电梯井的一点和其对角点，再点击平衡锤所靠近的墙线，然后回车完成绘制（如图 3-3-9 所示）。

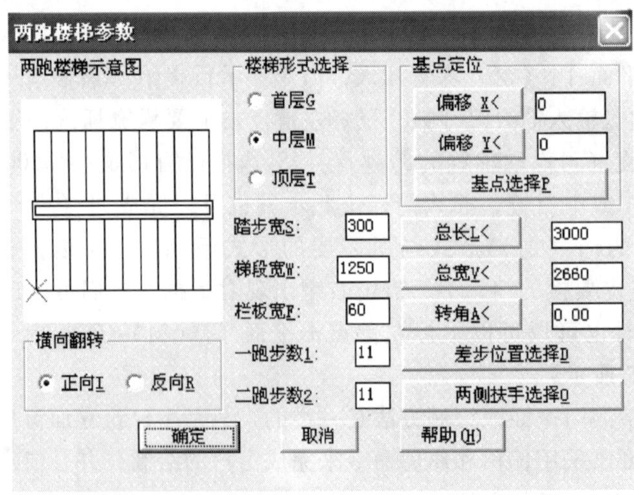

图 3-3-8　楼梯参数设置

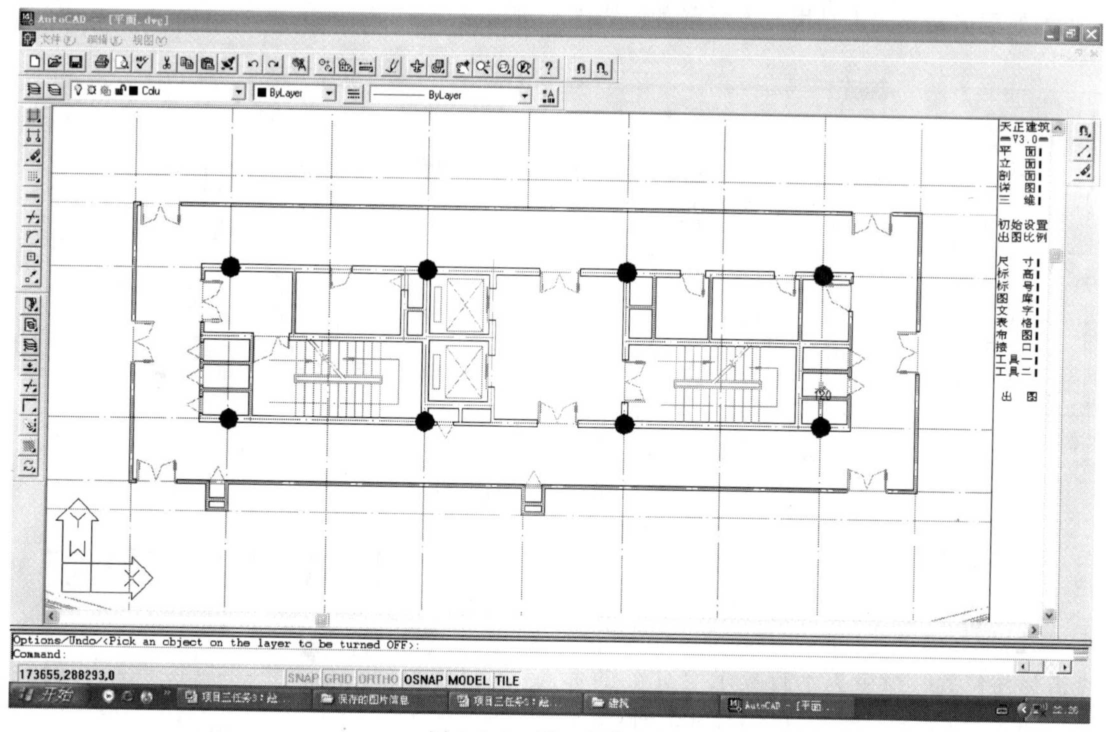

图 3-3-9　楼、电梯绘制

7. 卫生洁具的绘制

鼠标左键点击详图-厨厕-洁具布置，出现卫生间洁具布置对话框（如图 3-3-10 所示），选择你需要的卫生洁具，按照命令栏提示的步骤进行卫生洁具的插入，并完成卫生间布置图（如图 3-3-11 所示）。

8. 尺寸标注、文字标注

尺寸标注的方式有很多种，要灵活运用，这里讲述一种最基本的方式。

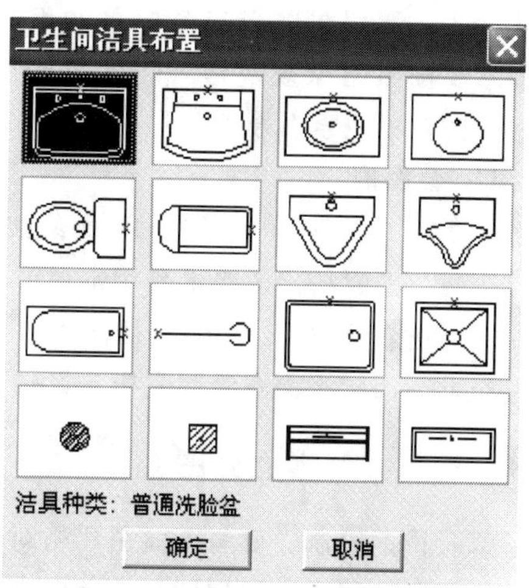

图 3-3-10　卫生间洁具布置对话框

首先，在标注尺寸之前要先对尺寸特征进行设定，鼠标左键点击界面最顶端下拉菜单-标注-样式，回车后出现一个尺寸属性界面（如图 3-3-12 所示），然后要分别对 Name、Geometry、Format、Annotation 等内容进行相应的设置。然后，在标注样式面版设置完成之后，用鼠标左键点击界面最顶端下拉菜单-标注-线性，回车后点取两点之间进行标注。最后，依次完成相应的尺寸标注。

房间名称标注，鼠标左键点击主菜单-文字-文字标注，跳出“编辑文字”对话框，输入“大空间办公”字样，点击 OK，命令提示行“请给出文字的插入点（左下角点）<退出>:”，点击标注位置；命令提示行“字高（小于 15 为出图实际字高）<500>:”，回车；命令提示行“转角 <0>:”，回车。以此方式完成文字编辑，当然绘制图名和比例也是用此方法（如图 3-3-13 所示）。

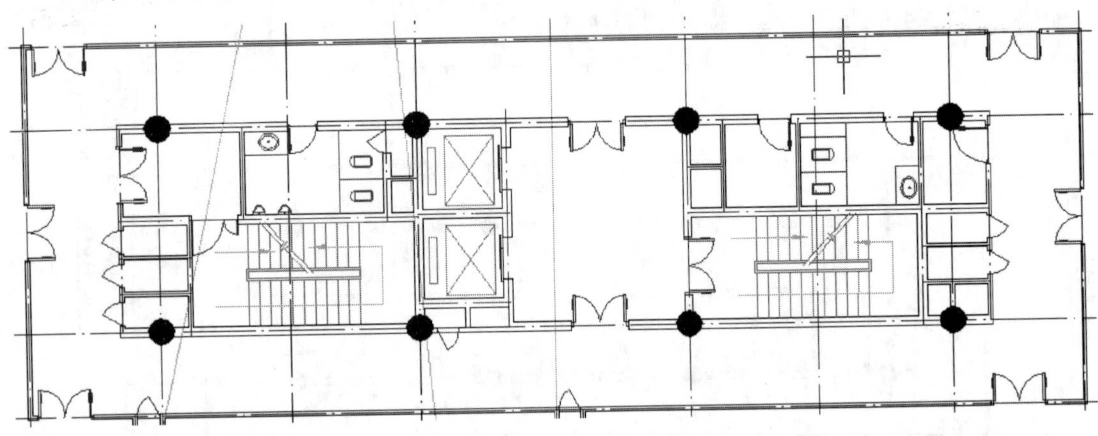

图 3-3-11　卫生间的绘制

9. 标注标高

鼠标点击主菜单-标高-注标高，命令提示行提示“请点取标高点［右键-更换形式］<退出>:”，点击标注位置，命令提示行提示“此处的标高为 <403.367>:”，输入数字 11.300，回车或鼠标右键，完成标注。

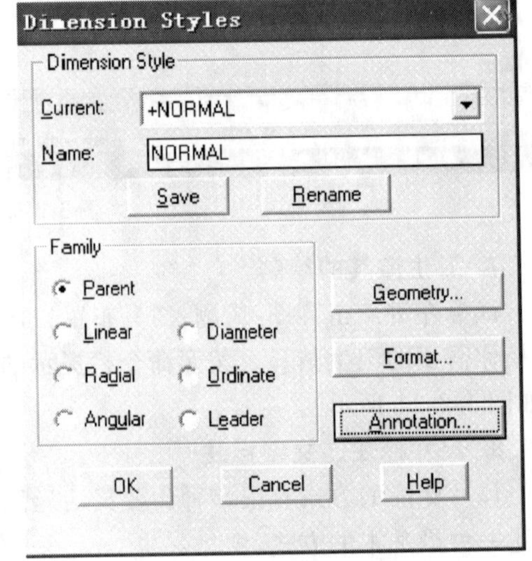

图 3-3-12　尺寸标注样式设定对话框

10. 门窗标号的编写、注索引号

门窗标号可以用上述编辑文字的方法输入，也可以在下面命令栏里输入“dt”命令，然后根据命令提示设定字高、倾斜角度等，最后完成字体输入。不过在进行门窗标号的编写时其格式要求要按照国家规范格式。同时按照规范在要索引的位置注索引号。

11. 套图框

一般每个设计单位都有自己设计的图框，设计人员出图时按出图要求套用本单位的图框。如果套用天正建筑软件自带的图框时，用鼠标左键点击右侧菜单-布图-实插图框，选择 A1 图幅，其他默认，点击 OK。

至此，四层平面图绘制完毕，其他各层的绘制方法与之相仿，这里不再累述。

3.3　绘制办公楼立面图

立面图的绘制，要与平面图严格对应起来一丝不苟。在绘制立面图时，同学们先要把建筑平面图从底层平面图到屋顶平面图按照顺序排列起来。然后即可进行建筑立面图的绘制（如图 3-3-14 所示）。

1. 按照建筑平面的退让关系绘制出建筑外轮廓

在熟悉本办公楼建筑室内外高差、建筑层高、阳台高度、女儿墙高度、设备层高度等的基础上，按照一层平面图、二层平面、三～八层平面、屋顶平面等建筑平面的退让关系绘制

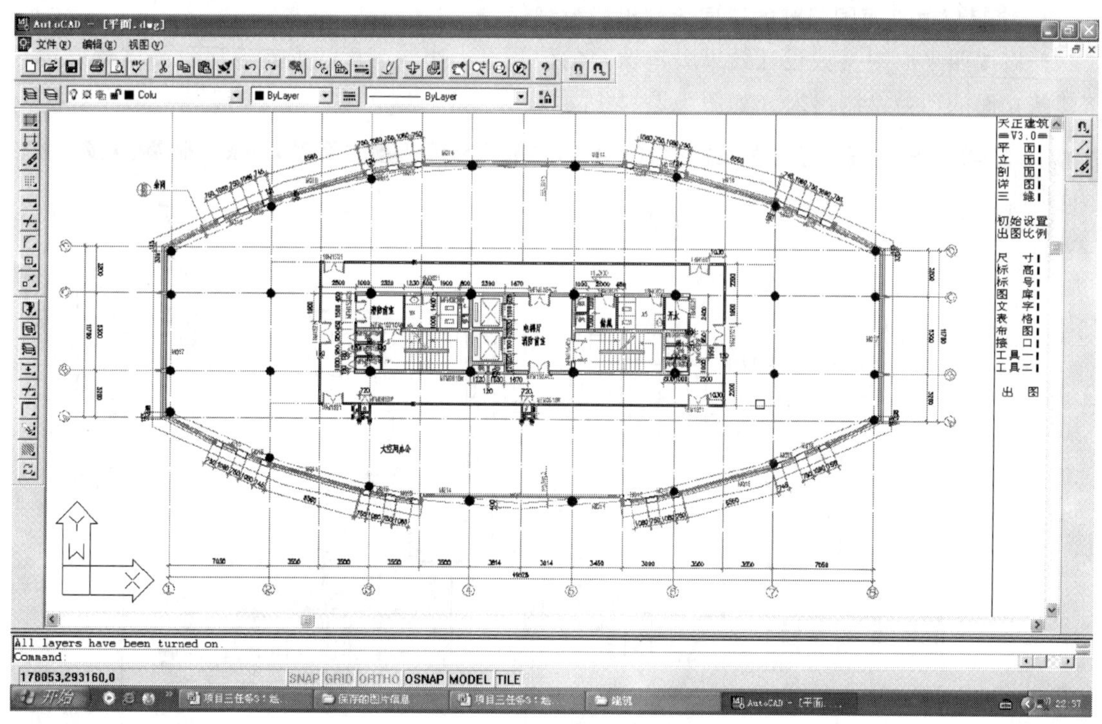

图 3-3-13 尺寸标注和文字标注

出建筑外轮廓（如图 3-3-14 所示）。

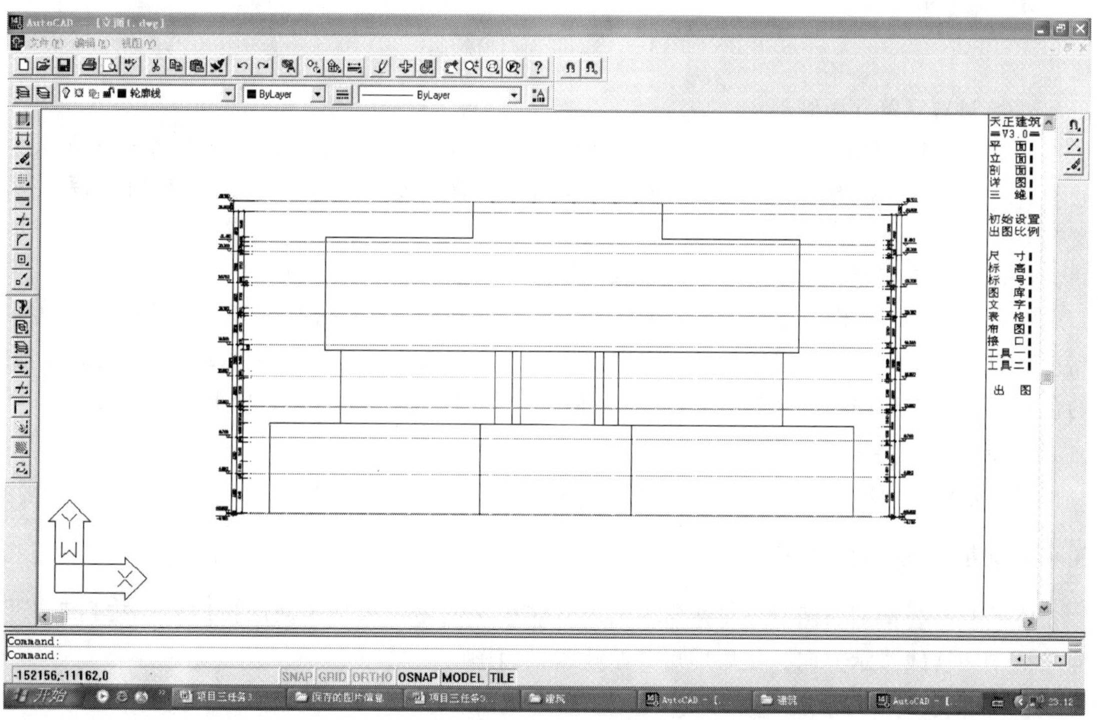

图 3-3-14 立面外轮廓

2. 按照每层平面图门窗的不同绘制出门窗细部

严格按照平面图（或设计效果图）窗户的位置、大小、高度、形式、窗台高度等要求，将建筑立面的门窗绘制出来（如图 3-3-15 所示）。

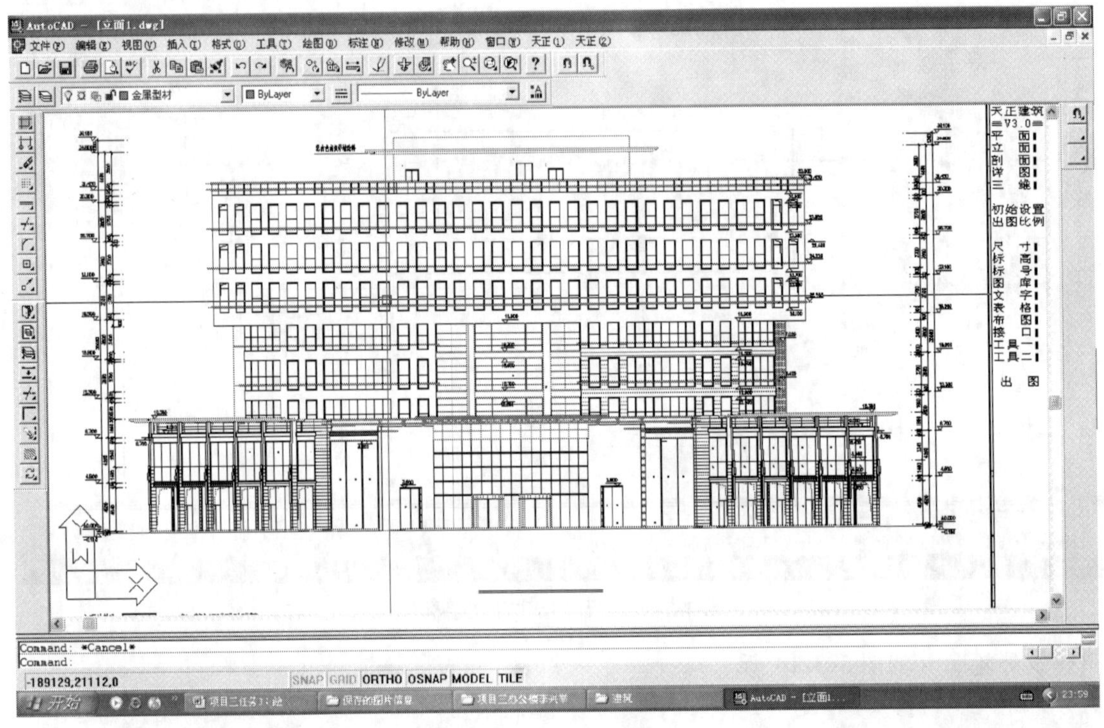

图 3-3-15　立面门窗绘制

3. 绘制与完善立面细部

这一阶段要按照设计阶段所确定的一些建筑细部形式绘制出立面细部，包括室内外高差处理、门框处理、雨篷形式、遮阳形式、立面材质划分、玻璃幕墙形式划分等细部要逐个落实在图面上。

4. 标注立面尺寸、标高、材料名称等完善图样

在立面图中要交代出主要的尺寸如层高、室内外高差、女儿墙高度等，同时立面上的标高也是非常重要的，如每层的标高、窗户的标高、突出物的标高等，另外要表达出建筑立面的色彩（实际工程中结合建筑效果图），以便指导立面施工（如图 3-3-16 所示）。

5. 注图名、套图框，完成立面图绘制

至此，正立面图的绘制完成，其他各立面的绘制方法也是如此。

3.4　绘制办公楼剖面图

在绘制办公楼剖面图时先将建筑平面图从底层平面图到屋顶平面图按照顺序排列起来，且按照剖切视线指示方向，然后即可开始建筑剖面图的绘制。

1. 按照建筑结构形式绘制出建筑剖面的基本轮廓。

将底层-顶层平面图排列一起（如图 3-3-17 所示），用旋转命令使各层平面图剖视方向朝上，用基本命令绘制各层剖面图的轮廓线。

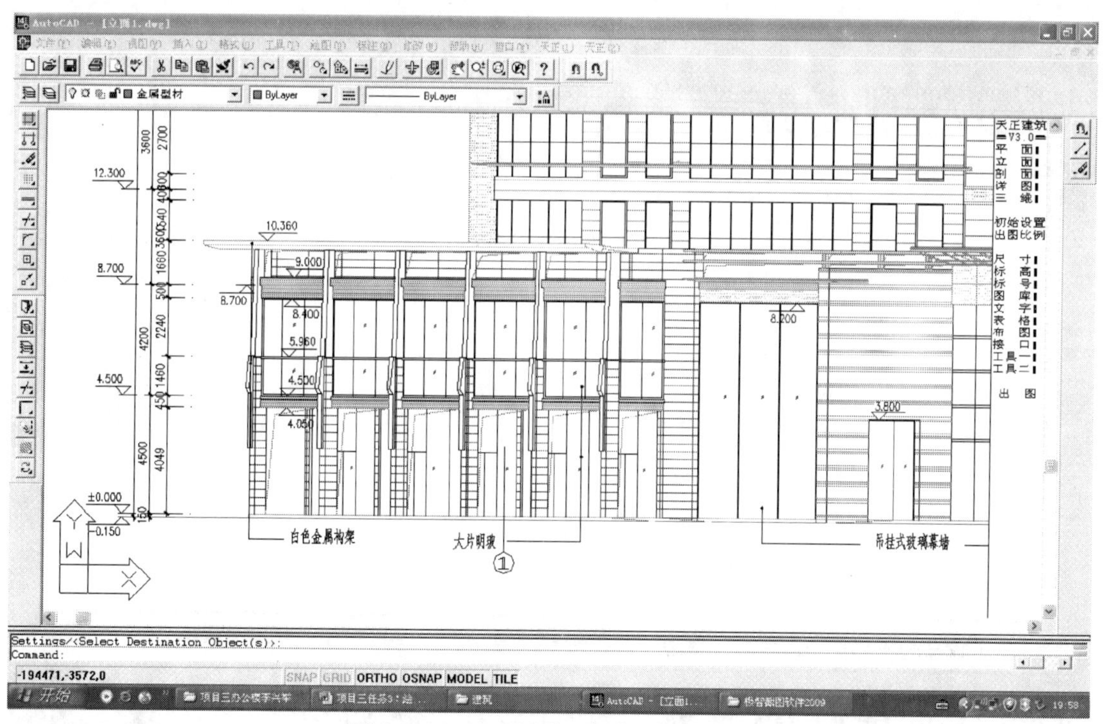

图 3-3-16　立面尺寸、标高、材料表示

通过轴线对应，结合层高，将各层剖面图轮廓线组合一起，完成绘制出建筑剖面的基本轮廓（如图 3-3-18 所示）。

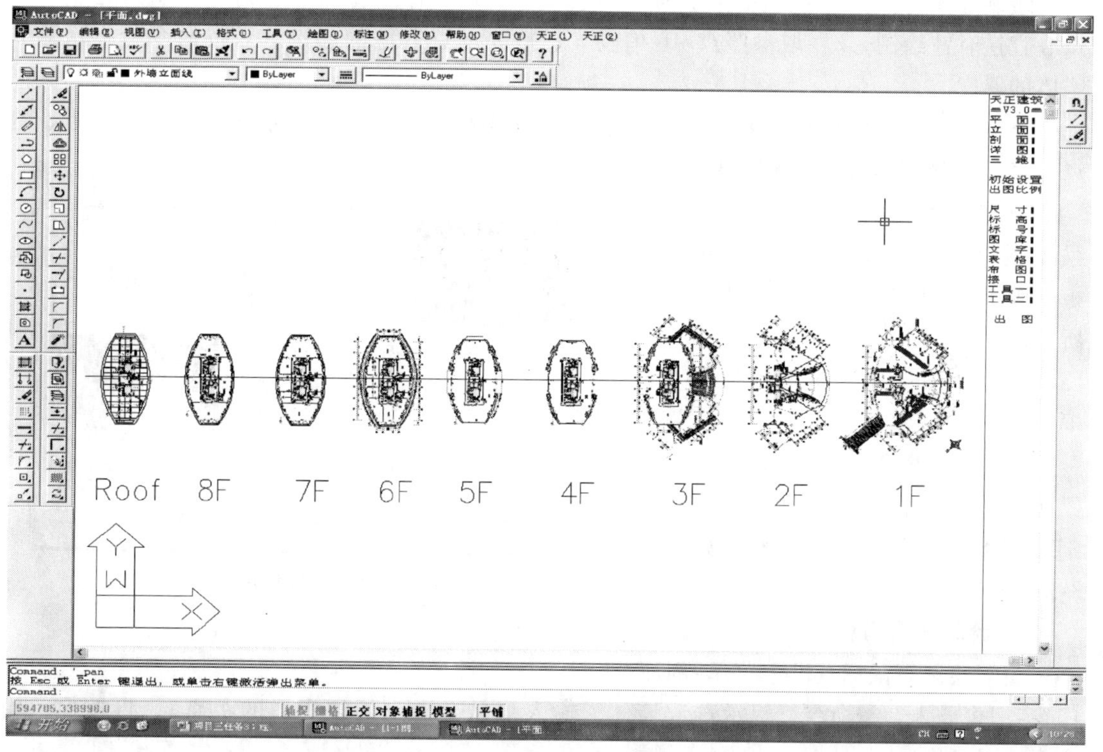

图 3-3-17　旋转各层平面图

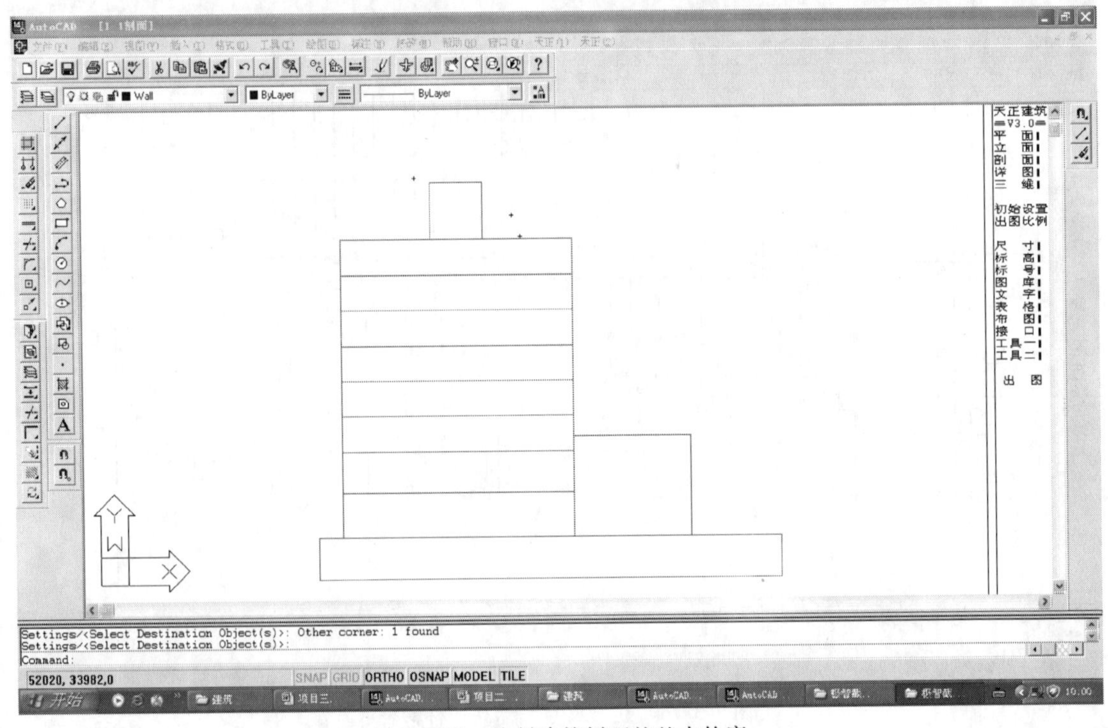

图 3-3-18　绘制建筑剖面的基本轮廓

2. 绘制各层剖面图墙体、柱子、楼板。

绘制墙体　鼠标点击主菜单-剖面-墙线-画双线墙，命令行提示 <请点取墙的起点（圆弧墙宜逆时针绘制）/F-取参照点/D-单段>，按要求点取墙的起点，后按命令行提示输入墙体的厚度。

绘制楼板　鼠标点击主菜单-剖面-梁板-双线楼板，按命令行提示输入梁板的起点、终点、楼板的顶面标高、楼板厚度。

填充楼板。鼠标点击主菜单-剖面-梁板-梁板填充，按命令行提示选择梁板，弹出以下对话框，如图 3-3-19 所示。

点击“图案库”按钮，弹出对话框，如图 3-3-20 所示。

选择填充图案，点击 OK，就完成梁板填充（如图 3-3-21 所示）。最终剖面图墙体、楼板、柱子绘制如图 3-3-22 所示。

请点取所需的填充图案：

比例S: 1500　图案库L...　填充预演V<

OK　Cancel　Help

图 3-3-19　填充图案对话框

3. 绘制剖面门窗

窗户绘制　鼠标点击主菜单-剖面-门窗-门窗插入，按命令行提示选取墙体，输入〈从基点到门窗底边的距离〉，再按提示输入窗户的高度。

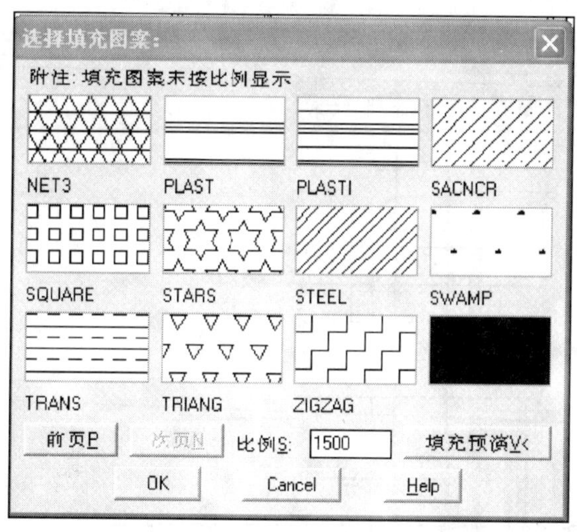

图 3-3-20　填充图案对话框中图案库

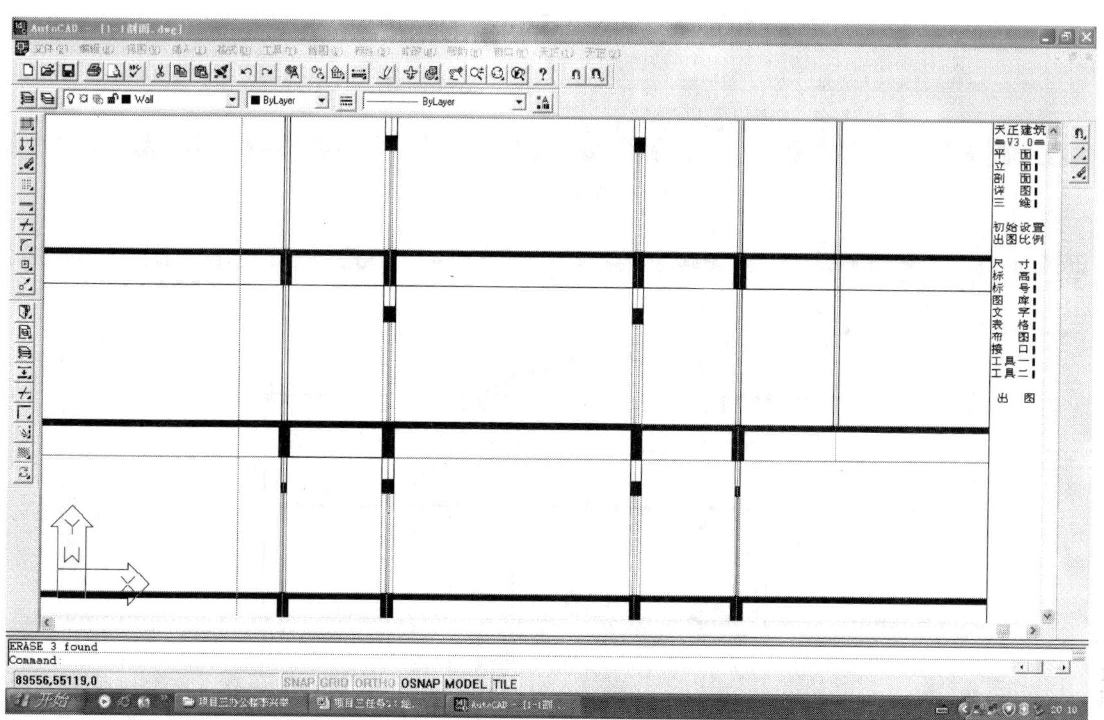

图 3-3-21　梁板填充

绘制门　用基本绘图命令完成，绘制门。绘制好后，定义成块，通过多个复制的方式，绘制其他同类的门（如图 3-3-23 所示）。

4. 用基本命令完成其他部分的绘制（如图 3-3-24 所示）

5. 尺寸标注与标高

方法与项目一相同，此处不再介绍。

6. 注图名、套图框，完成剖面图绘制（如图 3-3-25 所示）

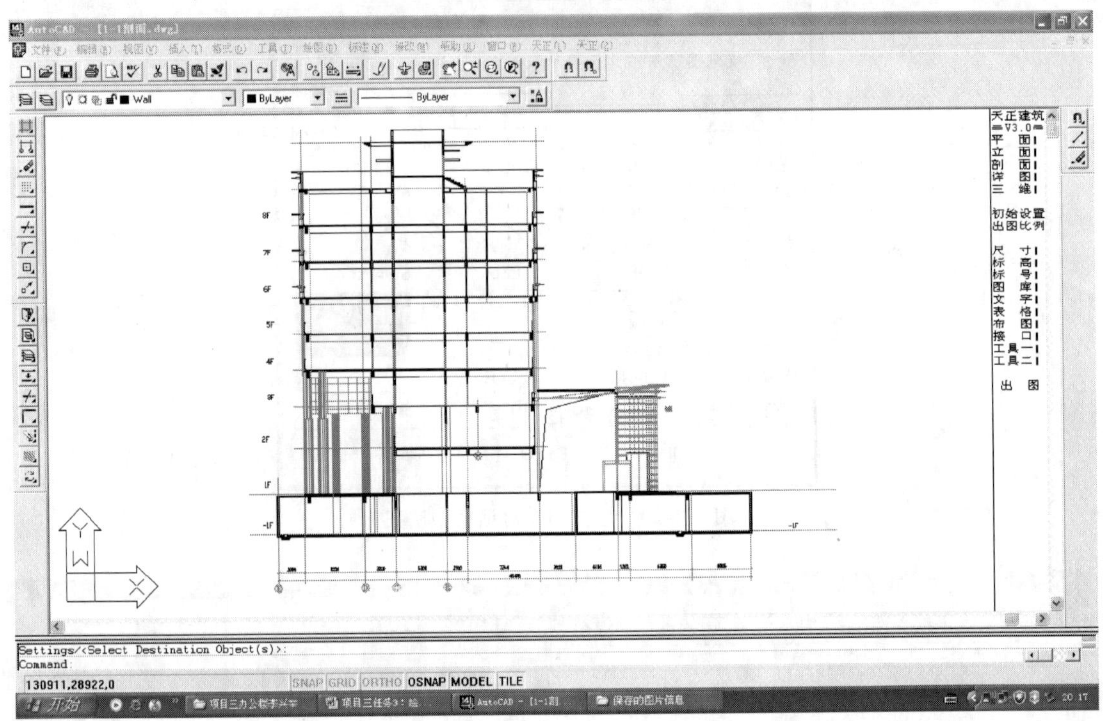

图 3-3-22　墙体、楼板、柱子绘制

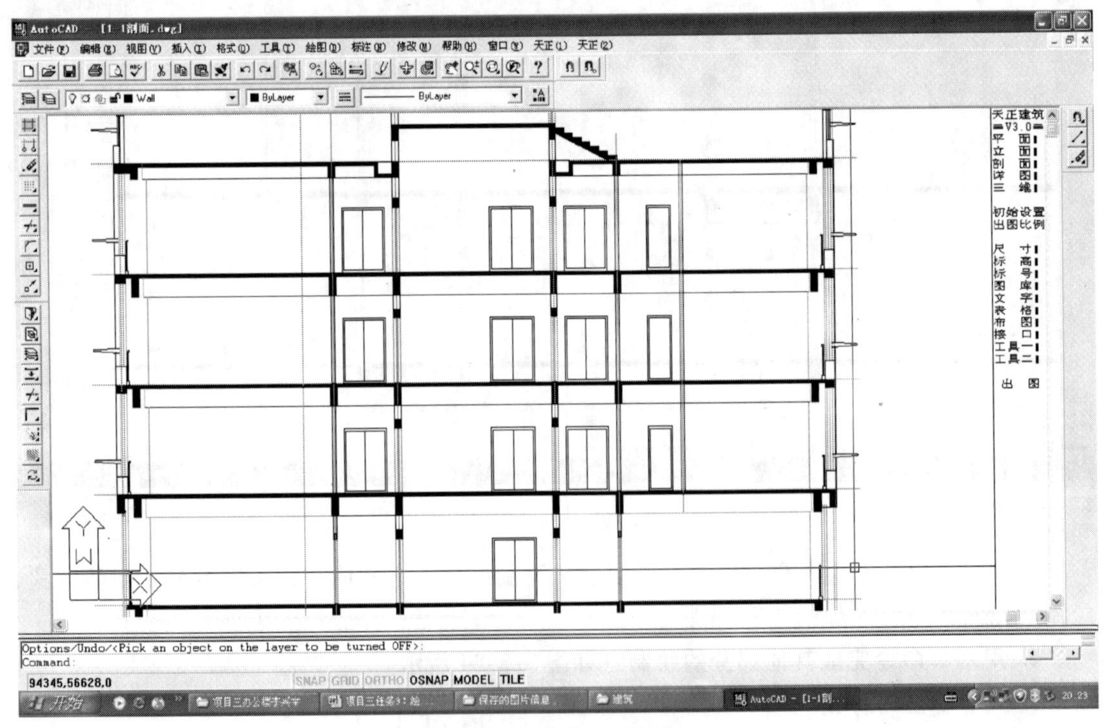

图 3-3-23　门窗绘制

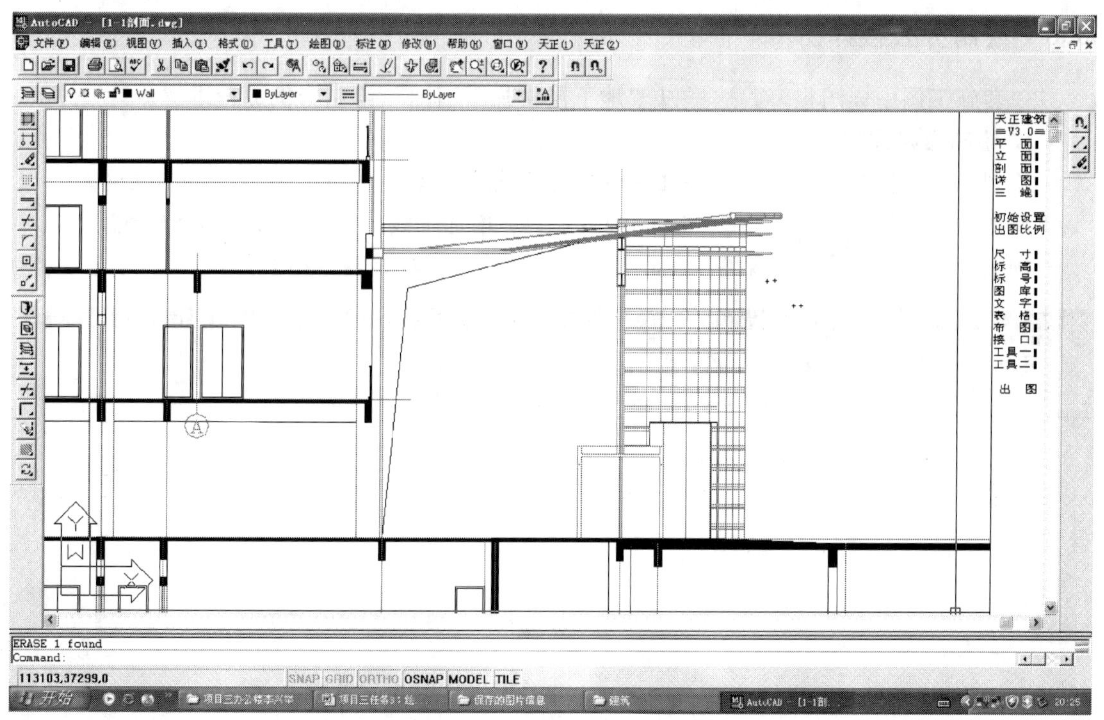

图 3-3-24　基本命令完成绘制

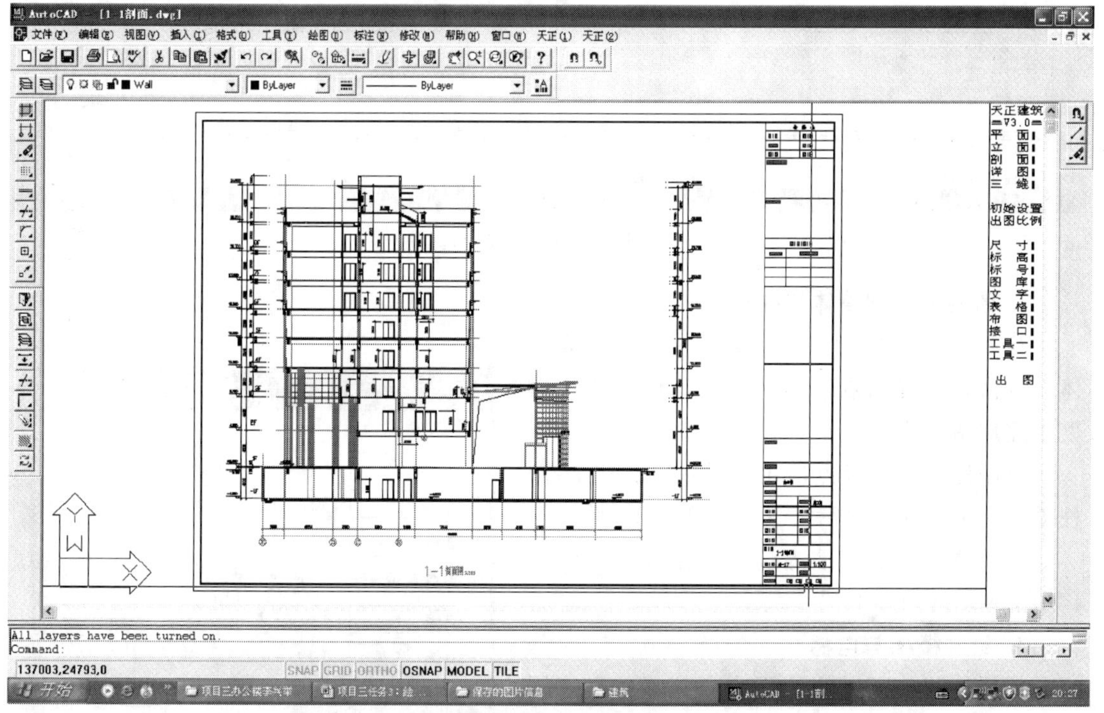

图 3-3-25　剖面图绘制完成

3.5 绘制办公楼详图

一套施工图中详图很多，这里以“地下层楼梯平面图”绘制为例进行讲解。

1. 绘制楼梯间轴线

绘制轴网　鼠标点击主菜单-平面-轴线-直线轴网，输入开间、进深，绘制轴网。

增加轴线　鼠标点击主菜单-平面-轴线-工具-增加轴线，在相应位置增加轴线。

轴网标注　鼠标点击主菜单-平面-轴线-轴网标注。如图 3-3-26 所示。

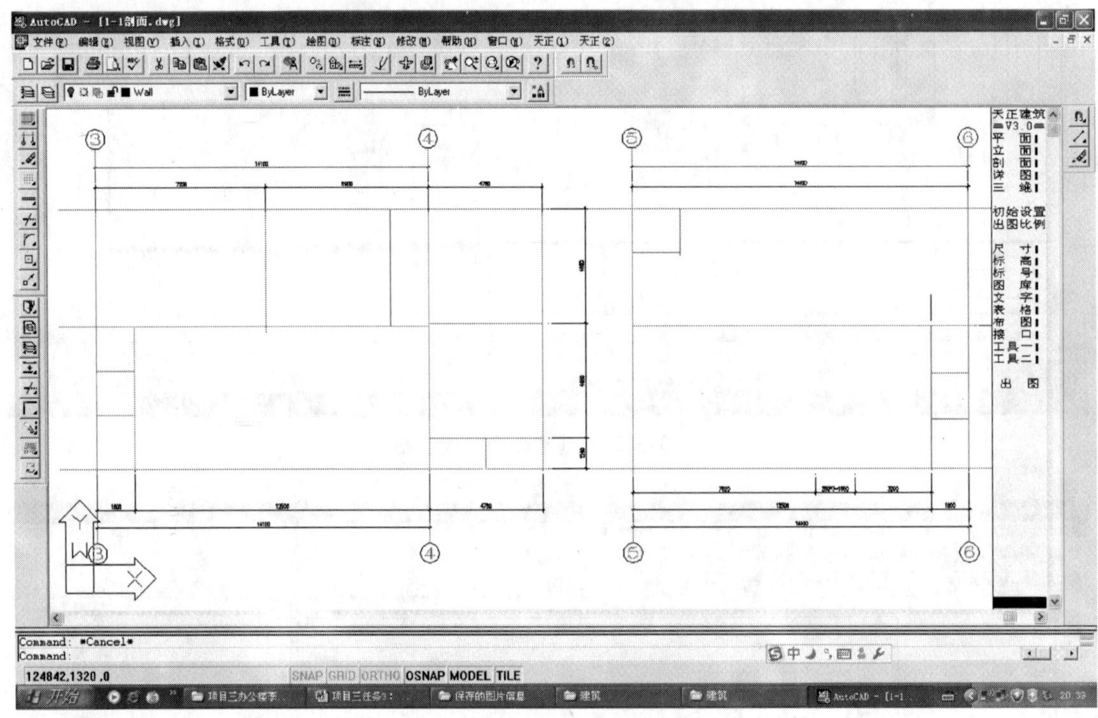

图 3-3-26　轴网绘制与标注

2. 绘制楼梯间墙体与柱子

绘制墙体　鼠标点击主菜单-平面-双线墙体，按命令行提示点取墙体起点，输入墙体厚度，完成墙体绘制。

绘制柱子　鼠标点击主菜单-平面-柱子-圆柱插入，弹出如下对话框（如图 3-3-27 所示）：

输入直径，点取插入位置，完成柱子绘制（如图 3-3-28 所示）。

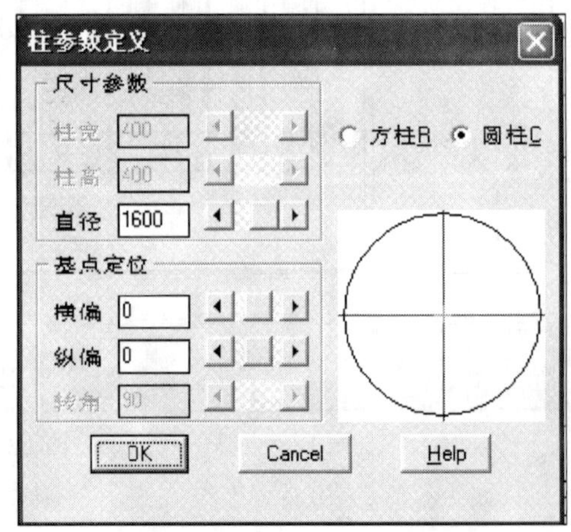

图 3-3-27　柱参数定义对话框

3. 绘制楼梯与电梯

楼梯绘制　用基本绘图命令完成绘制。同时绘制楼梯箭头，标注文字。

电梯绘制　鼠标点击主菜单-平面-楼梯-电梯插入，按命令行提示，给出电梯间的一个角点、再给出上一点的对角点，然后点取安装平衡块的电梯间端墙线，生成电梯（如图 3-3-29 所示）。

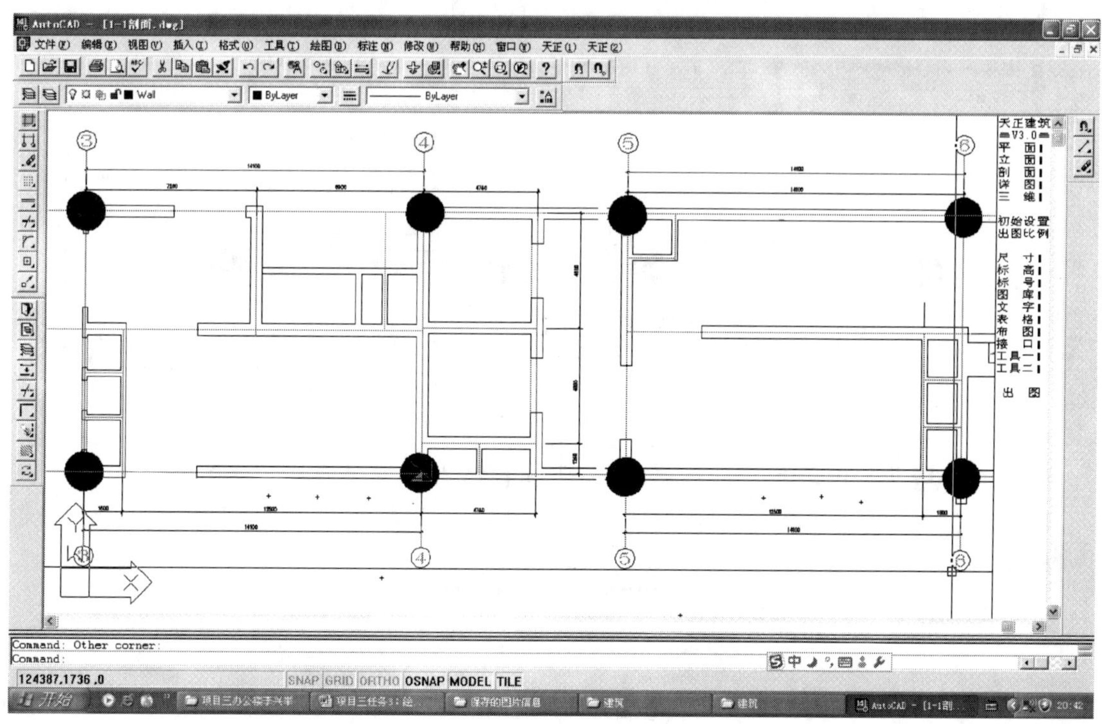

图 3-3-28　墙体与柱子绘制

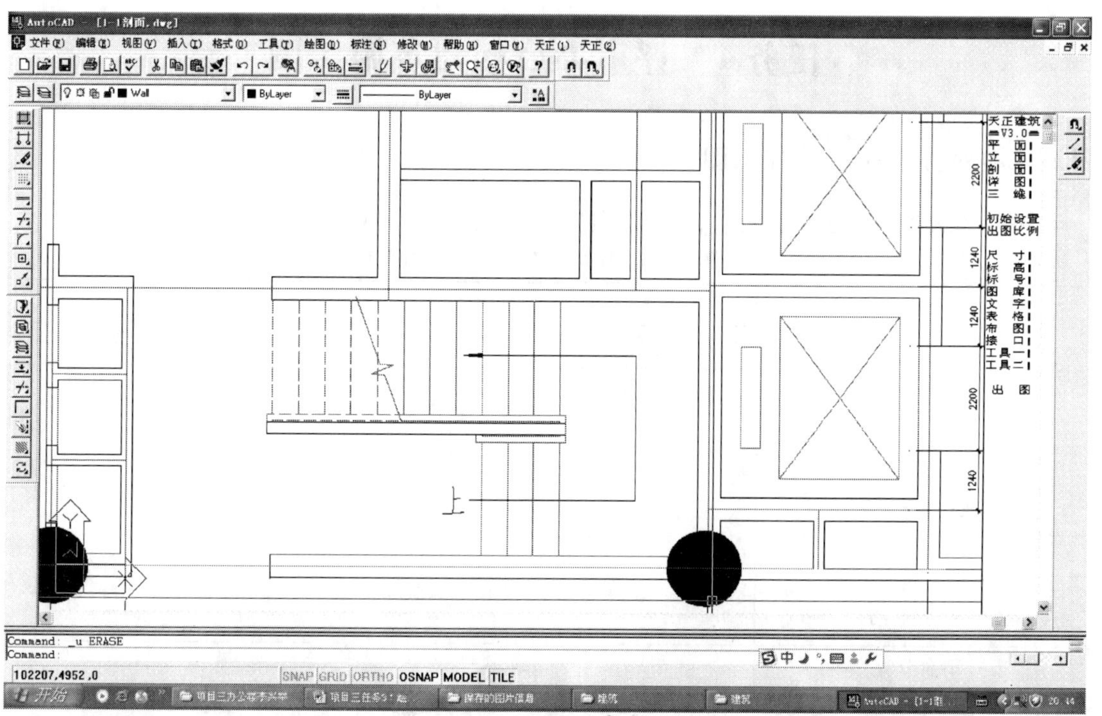

图 3-3-29　楼梯与电梯绘制

4. 绘制门、标注尺寸、写图名，完成地下层楼梯平面图绘制

至此，地下层楼梯平面图绘制完成（如图 3-3-30 所示），其他详图不再举例。

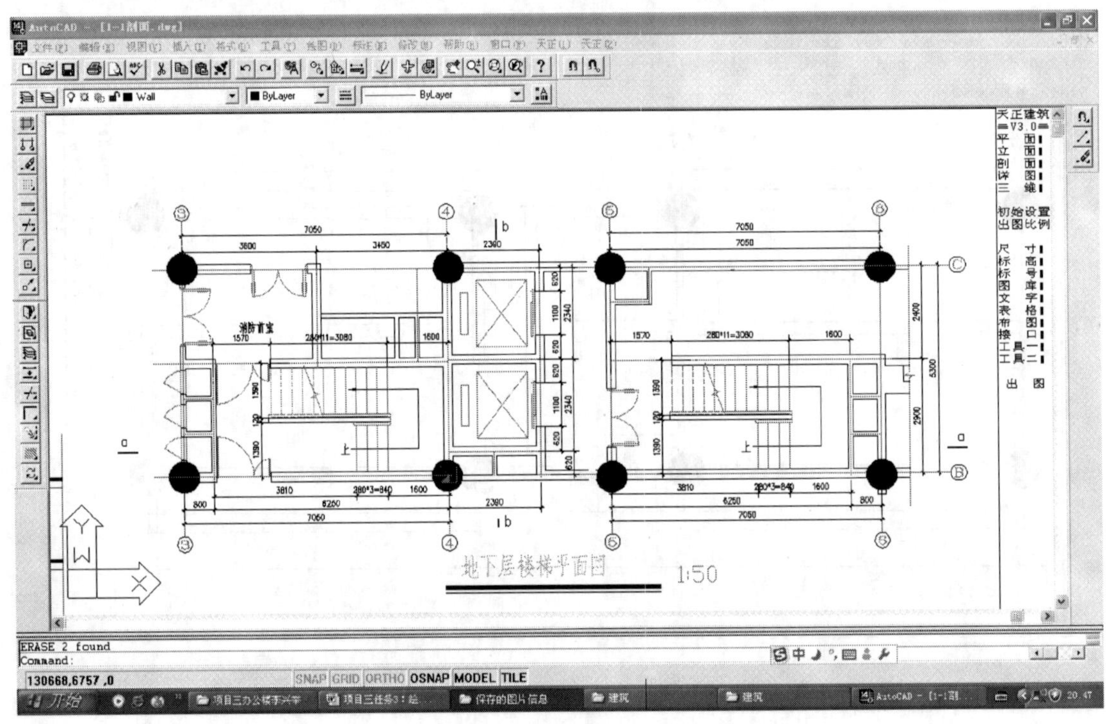

图 3-3-30　地下层楼梯平面图绘制

任务 4　评审办公楼建筑施工图

4.1　校对办公楼建筑施工图

学生本人按照样图进行校对，并填写图样校对单（表 3-4-1）。

表 3-4-1　图样校对单（自评用表）

工程名称			
图样名称			
校对情况记录			
评价分值			
校对人(签字)		日期	

4.2 审核办公楼建筑施工图

两个学生相互审核，并填写图样审核单（表3-4-2）。

表3-4-2 图样审核单（互评用表）

工程名称			
组别			
组员			
审查情况记录			
评价分值			
审查组长(签字)		日期	

4.3 审查办公楼建筑施工图

指导教师对图样进行审查评价，并填写图样审查单（表3-4-3）。

表3-4-3 图样审查单（教师用表）

工程名称			
组别			
组员			
审核情况记录			
评价分值			
审核人(签字)		日期	

复习与思考

1. 地下室何处做防潮处理？其构造做法如何？
2. 地下室在何处做防水处理？其构造做法如何？
3. 变形缝的作用是什么？它分哪几种类型？
4. 什么情况下设置伸缩缝？缝宽一般为多少？
5. 什么情况下设置沉降缝？怎样确定沉降缝的宽度？
6. 什么情况下设置防震缝？确定防震缝宽度的依据是什么？

项目四　识读与绘制工业建筑建筑施工图

项目描述：

在学习单层工业厂房结构构件组成、柱网布置及定位轴线等项目准备知识的基础上，会识读、绘制单层厂房建筑施工图。

知识目标：

1. 了解单层厂房的结构组成。
2. 了解单层厂房的柱网布置及定位轴线标定。

任务目标：

1. 识读工业建筑建筑施工图。
2. 绘制工业建筑建筑施工图。

任务1　项目知识准备

1.1　工业建筑的特点

工业建筑是指用以从事各种工业生产的房屋，一般称为工业厂房。它与一般民用建筑一样要求体现适用、经济、安全、美观的原则，在建筑材料、建筑技术方面也与民用建筑类似，但由于工业厂房生产工艺复杂、生产环境多样，在使用要求、室内通风与采光、屋面排水及构造等方面具有以下特点：

1. 厂房的生产工艺布置决定了厂房的建筑平面和形状

工业产品的生产往往要经过一系列的加工过程，这个过程称为生产工艺流程。厂房的设计是在工艺设计人员提出的工艺设计图的基础上进行的，首先应满足生产工艺布置的要求，为产品及工人的劳动创造良好的环境。

2. 厂房内部空间大，结构承载力大，往往有起重运输设备

大多数厂房由于生产设备多、体量大，各部分生产关系密切，并有多种起重运输设备通行，因此厂房内需要有较大的通敞空间。例如设置桥式吊车的厂房，跨度一般在 18m 以上，室内净高一般在 8m 以上；有 6000t 以上水压机的锻压车间，室内净高可超过 20m。

3. 厂房屋顶构造复杂

当厂房宽度较大时，特别是多跨厂房，为满足室内采光、通风要求，屋顶上通常设有天窗，同时还有屋顶的防水和排水问题，导致屋顶结构复杂。

4. 需满足生产工艺的某些特殊要求

由于生产工艺复杂多样，往往形成了不同的生产环境。为保证生产质量，厂房设计中常要采取一些技术措施解决这些特殊问题。如精密机械、生物及制药厂房等要保持室内空气具有一定的温度、湿度、洁净度等，采取空气调节、防尘等技术措施。热加工车间，生产中会产生大量余热及有害烟尘等，需加强厂房的通风。

1.2 工业建筑的分类

1. 按用途分厂房

主要生产用房：是指在其中进行产品加工的主要工序的厂房，如机械制造厂中的铸工车间、机械加工车间和装配车间等。

辅助生产用房：是指为主要生产厂房服务的厂房，如机械制造厂中的机修车间、工具车间等厂房；材料库、木材库、油料库和成品库等仓储类厂房；锅炉房、变电站、煤气发生站、压缩空气站等动力类厂房；机车库、汽车库等运输用房屋。

2. 按生产状况分

冷加工车间：生产操作是在正常温、湿度条件下进行的，例如机械加工车间、机械装配车间等。

热加工车间：生产过程中散发大量热量和烟尘等，例如炼钢、轧钢铸工和锻工车间等。

恒温恒湿车间：车间内要求具有稳定的温度和湿度，例如精密机械车间、纺织车间等。

洁净车间：防止大气中灰尘和细菌的污染，要求保持车间内高度洁净，例如集成电路车间、精密仪表加工和装配车间等。

其他特殊状况的车间：例如有爆炸可能、有大量腐蚀物、有放射性散发物、防电磁波干扰等。

3. 按层数分类

单层厂房：主要适用于一些生产设备或振动较大，原材料或产品较重的重型机械制造工业、冶金工业等。其优点是内外设备布置及联系方便等，缺点是占地多、土地利用率低等。

多层厂房：主要适用于垂直方向组织生产和工艺流程的生产车间和设备及产品较轻的车间。如轻纺、电子、仪表等厂房。多层厂房占地面积少、建筑面积大、造型美观，应予以提倡。

混合层次厂房：厂房内既有单层跨又有多层跨，如热电厂的主厂房，汽轮发电机设在单层跨，其他为多层。

1.3 单层工业厂房的结构组成

排架结构是我国目前单层厂房中应用较多的一种基本形式，有钢筋混凝土排架（现浇或预制装配施工）和钢排架两种类型。它由基础 、屋架、（屋面大梁）、等横向排架构件和基础梁、屋面板、连系梁、圈梁、吊车梁等纵向连系构件以及抗风柱、支撑等三方面结构构件组成，如图 4-1-1 所示。

1.3.1 承重构件

1. 柱

柱是厂房的主要承重构件，它承受屋盖、吊车梁、墙体上的荷载，以及山墙传来的风荷

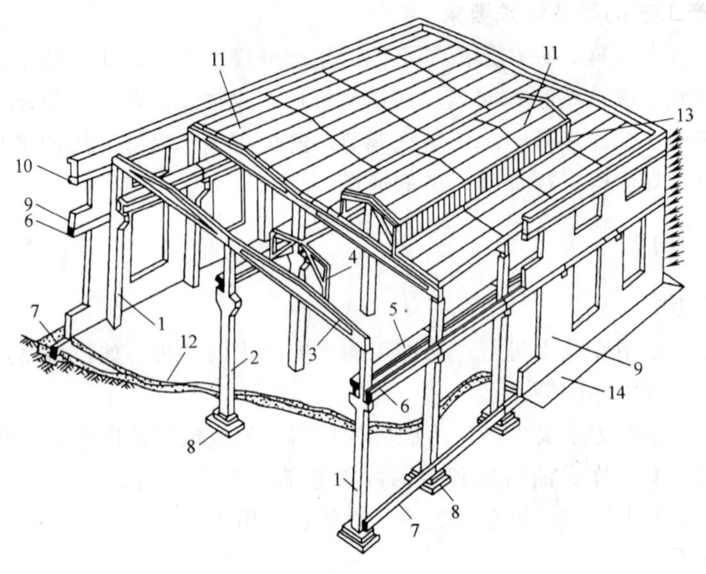

图 4-1-1　单层厂房构造组成

1—边柱　2—中柱　3—屋面大梁　4—天窗架　5—吊车梁　6—连系梁　7—基础梁
8—基础　9—外墙　10—圈梁　11—屋面板　12—地面　13—天窗扇　14—散水

载，并把这些荷载传给基础。柱子的截面形式通常有矩形柱、工字形柱、双肢柱等，如图 4-1-2 所示。

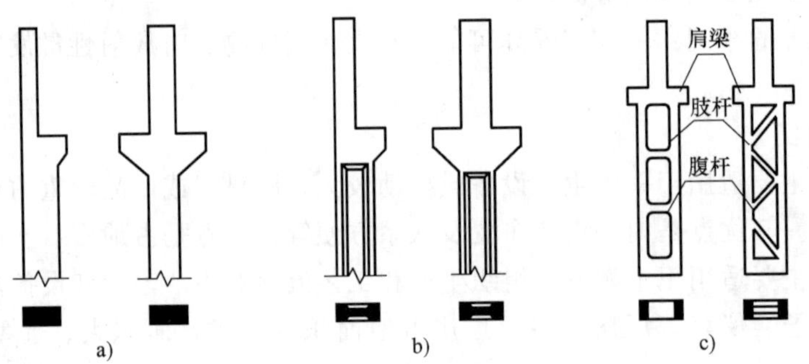

图 4-1-2　常用的钢筋混凝土柱

a）矩形柱　b）工字形柱　c）双肢柱

2. 基础

基础承受柱和基础梁传来的全部荷载，并将这些荷载传给地基。当单层厂房采用排架结构时，其柱下基础常采用杯形基础，如图 4-1-3 所示。

3. 基础梁

基础梁承受上部砖墙荷载，并把它传给基础。单层厂房排架结构的外墙通常为自承重墙，其墙下一般不做条形基础，而是支撑于基础梁上。

4. 屋架及屋面梁

屋架或屋面梁是屋盖的主要承重构件之一，承受屋盖上的全部荷载并传递给柱子。常见的屋架有预应力钢筋混凝土屋架和钢屋架两类。屋面梁为了减轻自重，充分发挥混凝土的作用，使之受力合理，常做成薄腹梁的形式。

5. 屋面板

屋面板铺设于屋架、檩条或天窗架上，直接承受各类荷载并传递给屋架。常见的屋面板有钢筋混凝土槽形板、彩钢板等。

6. 吊车梁

当厂房根据工艺要求需布置吊车做为内部起重的运输设备时，沿厂房纵向需布置吊车梁，以便安装起吊行车运行轨道。吊车梁一般装设在柱子的牛腿上，它直接承受吊车荷载，包括吊车自重、吊车起重量，以及吊车启动和刹车时产生的纵、横向水平冲力，并把这些荷载传递给柱子，同时对保证厂房的纵向刚度和稳定性起着重要作用。

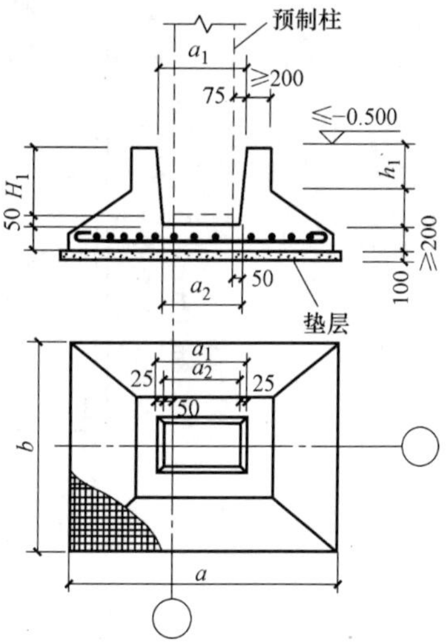

图 4-1-3　杯形基础

7. 连系梁

连系梁是厂房纵向柱列的水平连系构件，主要用来增强厂房的纵向刚度，并传递风荷载至纵向柱列。

8. 支撑系统

支撑系统构件包括柱间支撑和屋盖支撑两部分，分设于屋架和纵向柱列之间，其作用主要是加强厂房的整体空间刚度，同时能传递水平荷载，如山墙风荷载及吊车纵向制动力等，此外还保证了结构和构件的稳定。

9. 抗风柱

单层厂房山墙比较高大，需承受较大的水平风荷载，因此单层排架结构中的自承重山墙处需设置抗风柱以增加墙体的刚度和稳定性。

1.3.2　围护结构

由外墙、抗风柱、墙梁、基础梁等构件组成，所承受的荷载主要是墙体和构件的自重以及作用在墙上的风荷载。

1.4　单层工业厂房柱网布置及定位轴线的标定（图 4-1-4）

1.4.1　柱网的布置

厂房承重柱的纵向和横向定位轴线在平面上所形成的网格称为柱网。工业厂房的柱网尺寸由柱距和跨度组成。跨度是柱子纵向定位轴线之间的距离，柱距是横向定位轴线之间的距离。柱网布置的一般原则：符合生产工艺和正常使用的要求；建筑和结构经济合理；施工方法具有先进性；符合厂房建筑统一化基本规则；适应生产发展和技术改新的要求。

厂房的柱网尺寸还应符合《厂房建筑模数协调标准》设计规范的规定。该规范对单厂柱网尺寸有如下规定：柱距应符合 60M 扩大模数，常用 6m；跨度在 18m 及以下时，应采用 30M 数列，在 18m 以上时，应采用 60M 的数列，常用 9m、12m、15m、18m、24m、30m、36m 等；厂房山墙处抗风柱柱距宜采用扩大模数 15M 数列。

1.4.2　定位轴线的标定

单层厂房定位轴线是控制厂房主要承重构件位置及标志尺寸的基准线，同时也是设备定

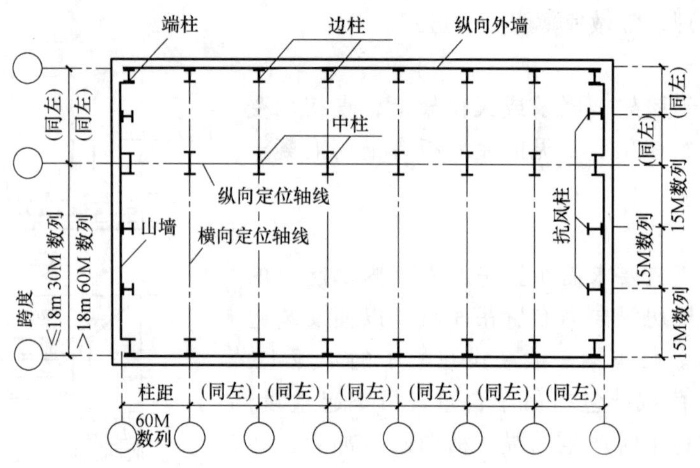

图 4-1-4　单层厂房柱网的布置及定位轴线划分

位、安装及厂房施工放线的依据。

1. 横向定位轴线

横向定位轴线主要用来控制厂房纵向构件如屋面板、吊车梁等位置，标注它们的长度方向的标志尺寸。

（1）中间柱与横向定位轴线的关系：除山墙端部排架以及横向伸缩缝处以外，中柱的横向定位轴线一般与与柱的中心线相重合，且通过屋架中心线和屋面板横向接缝中心，如图 4-1-5 所示。

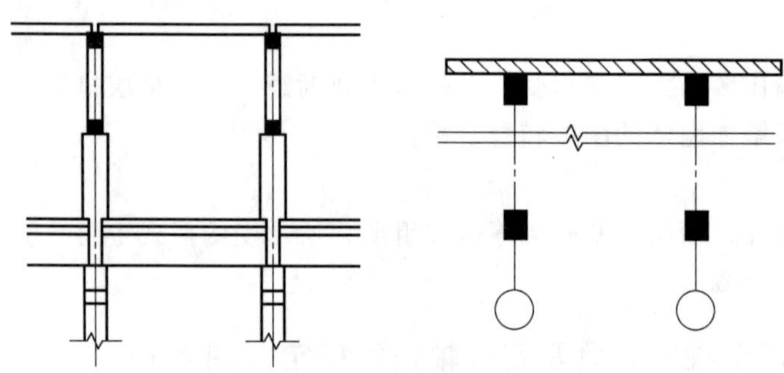
图 4-1-5　中间柱与横向定位轴线的关系

（2）山墙与横向定位轴线的联系：当山墙为非承重墙时，横向定位轴线与山墙内缘相重合，并与屋面板的端部形成封闭式联系，端部排架柱中心线自定位轴线向内移 600mm，如图 4-1-6 所示；当山墙为承重墙时，横向定位轴线与墙体内缘的距离，按墙体的块材类别分别为半块或半块的倍数，或墙厚的一半，屋面板直接搁置于上墙上，其内移的尺寸即为屋面板的搁置长度，如图 4-1-7 所示。

（3）横向变形缝处与横向定位轴线的关系：横向变形缝处一般采用双柱双轴线处理，两柱的中心线应从横向定位轴线向缝的两侧各移 600mm，两条定位轴线之间的距离等于变形缝的宽度，即插入距 a_i 等于变形缝的宽度 a_e，如图 4-1-8 所示。

2. 纵向定位轴线

纵向定位轴线主要用来标定厂房横向构件如屋架或屋面梁位置，标注它们长度方向的标志尺寸。纵向定位轴线的具体位置应使厂房结构和吊车规格相协调，同时也是保证吊车和柱子之间留有足够的安全距离，必要时，还应设置检修吊车的安全走道板。

（1）外墙、边柱与纵向定位轴线的关系：由于吊车起重量、柱距、跨度、是否有走道板等因素的影响，边柱外缘与纵向定位轴线的联系有两种情况：

1）封闭式结合的纵向定位轴线：在无吊车或有悬挂吊车和柱距为 6m、吊车起重量 $Q \leqslant 20$t 的厂房中，可取封闭式结合，即边柱外缘和墙内缘与纵向定位轴线相重合，如图 4-1-9a 所示。

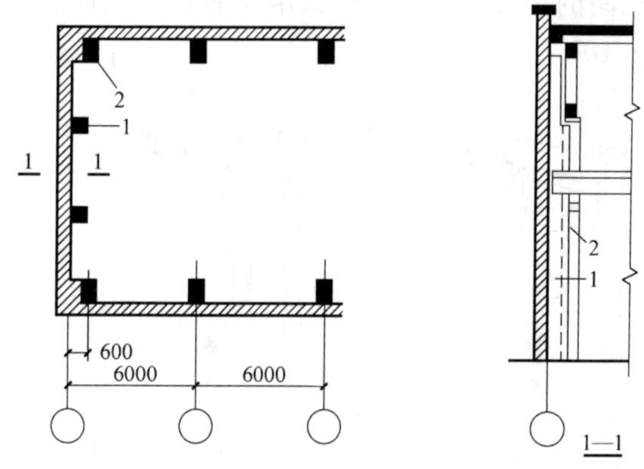

图 4-1-6　非承重山墙与横向定位轴线的联系

1—山墙抗风柱　2—厂房排架柱（端柱）

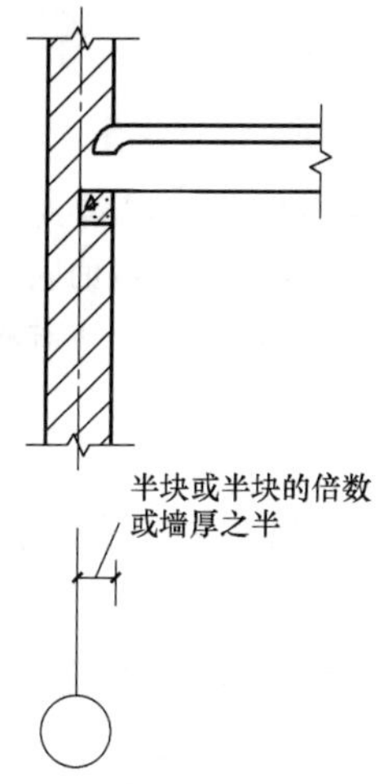

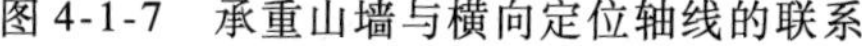

图 4-1-7　承重山墙与横向定位轴线的联系

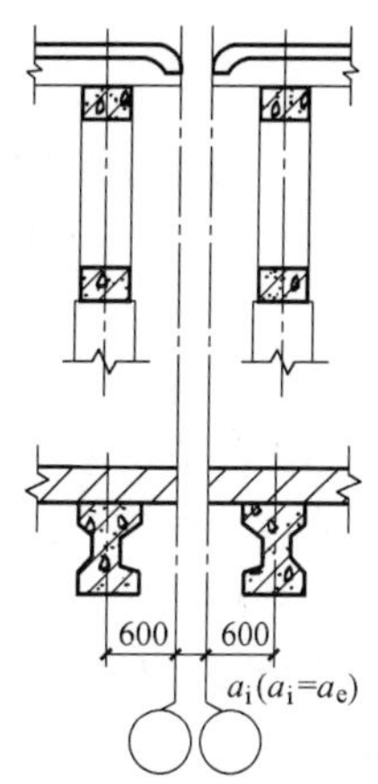

图 4-1-8　横向变形缝与横向定位轴线的联系

2）非封闭式结合的纵向定位轴线：当柱距为 6m，吊车起重量 $Q>30$t 时，可采用非封闭式结合的纵向定位轴线，即边柱外缘与纵向定位轴线之间应加设联系尺寸 D。D 一般为 150mm，当 $Q>50$t、柱距为 12m 或因设置走道板等构造需要时，D 可采用 300mm 或 300mm 的倍数。如图 4-1-9b 所示。

（2）中柱与纵向定位轴线的联系：在多跨厂房中，中柱有平行等高跨和平行不等高跨两种形式。并且，中柱有设变形缝和不设变形缝两种情况。下面仅介绍不设变形缝的中柱纵向定位轴线。

1）当厂房为平行等高跨时，通常设置单柱和一条定位轴线，柱的中心线一般与纵向定位轴线相重合，如图 4-1-10a 所示。

当等高跨两侧或一侧的吊车起重量 $Q \geqslant 30$t、厂房柱距大于 6m 或构造要求等原因，纵向定位轴线需采用非封闭式结合，中柱仍然可以采用单柱，但需设置两条定位轴线。两条定位轴线之间的距离称为插入距，用 A 表示。此时，柱中心线一般与插入距中心线相重合，如图 4-1-10b 所示。

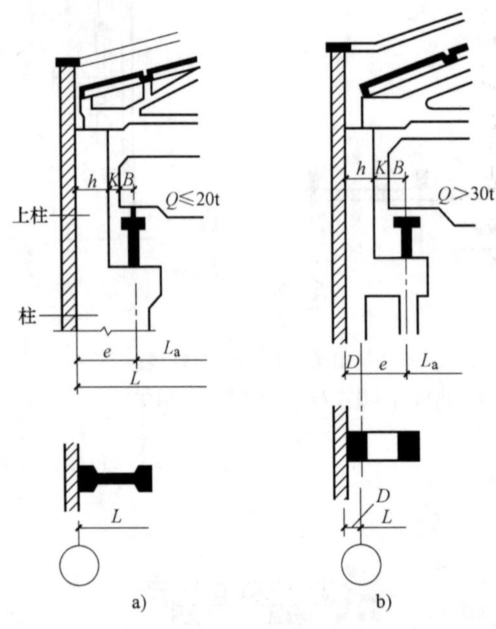

图 4-1-9 外墙、边柱与纵向定位轴线的关系

a）封闭结合 b）非封闭结合

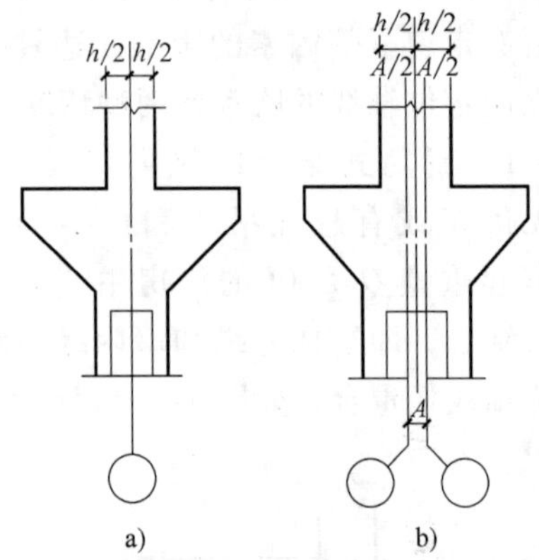

图 4-1-10 平行等高跨中柱与纵向定位轴线的联系

a）单柱单轴线 b）单柱双轴线

2）当厂房为平行不等高跨且采用单柱时有四种情况：

① 高跨上柱外缘一般与纵向定位轴线相重合，纵向定位轴线按封闭结合设计，不须加联系尺寸，也无须两条定位轴线，如图 4-1-11a 所示。

② 当高跨和低跨均为封闭结合，两条定位轴线之间设有封墙时，则插入距 A 等于墙厚，如图 4-1-11b 所示。

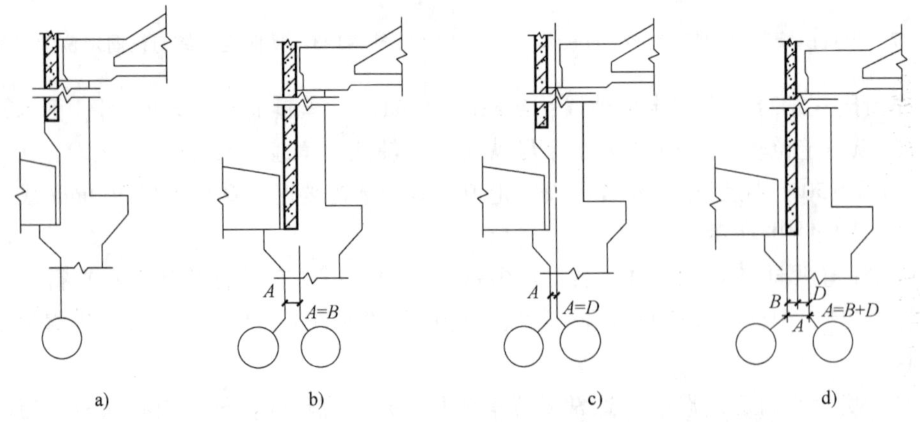

图 4-1-11 平行不等高跨中柱与纵向定位轴线的联系

a）单轴线封闭结合 b）双轴线封闭结合（封墙低于低跨屋面） c）双轴线非封闭结合

d）双轴线非封闭结合（封墙低于低跨屋面）

③ 当上柱外缘与定位轴线不能重合时（即纵向定位轴线为非封闭结合时），该轴线与上柱外缘之间设联系尺寸 D，低跨定位轴线与高跨定位轴线之间的插入距 A 等于联系尺寸 D，如图 4-1-11c 所示。

④ 当高跨为非封闭结合，且高跨上柱外缘与低跨屋架端部之间设有封墙时，则两条定位轴线之间的插入距 A 等于墙厚与联系尺寸 D 之和，如图 4-1-11d 所示。

任务2　识读工业建筑建筑施工图

2.1　识读工业建筑一层平面图

见附图 4-1（见书后插页）。

2.1.1　看图名、比例

图名为一层平面图，比例为 1∶150，即以实物的 1/150 进行绘制。

2.1.2　看指北针

在一层平面图上要附注指北针 N，表示建筑物的朝向，指北针的方位应与总图上的方位相对应。

2.1.3　看轴网信息及柱子

相关知识见第一章论述。在识读轴网时要知晓开间和进深的尺寸，明确建筑物总尺寸。而轴网经常是用来定位柱子位置的，因而在识读轴网信息时，要明确柱子的布置，如图表示工字钢柱子。

2.1.4　看墙体布置、门窗布置及门窗标注

先看墙体布置，一般民用建筑施工图中，墙体居中布置在定位轴线上，而工业建筑轴线常位于墙边。

再看门窗布置，这里大多数门窗居开间进深的中间布置，门窗编号识读以图 4-2-1 为例：（C-1）表示该位置门窗编号，而（上 C-2）表示该位置上方的窗户编号，可参看立面图以方便理解。这里的门窗编号，应该与说明中的门窗表的门窗编号相统一。

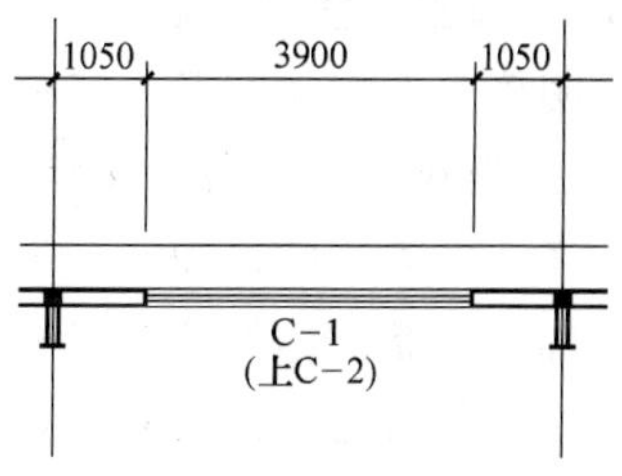

图 4-2-1　门窗标注

2.1.5　看地面标高

附图 4-1 中 ±0.000 表示该位置标高为 0.000，一般定义底层地坪标高为 0.000。

2.1.6　看剖切符号

剖面的剖切位置应该在底层平面图中表示出来，如附图 4-1 所示，剖切的方式参看第一章论述。

2.2　识读工业建筑屋顶平面图

屋顶平面图（见附图 4-2，见书后插页）最重要的是理清排水组织，屋面排水方式有有组织排水和无组织排水。

2.2.1 看屋面整体形态

明确屋面的坡向情况、雨篷的位置和尺寸，建立屋面整体形式的概念。

2.2.2 看屋面的排水信息

首先看屋面排水坡度，屋面正中央一条横线代表分水线，即以这条线为屋脊，往两侧排水，箭头所指方向为水流方向，排水坡度为1∶15。

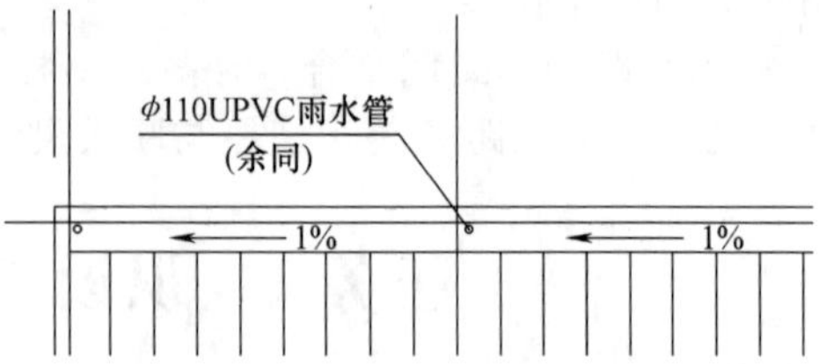

图 4-2-2　檐沟平面

2.2.3 看檐沟的排水信息

图 4-2-2 中所示 1% 代表檐沟排水坡度，箭头方向为水流方向，檐沟上小粗线表示分水线，小圆表示雨落水管。

2.2.4 看索引符号

索引包括剖切索引和指向索引，相关知识论述参看第一章。

2.3 识读工业建筑立面图

建筑施工图需要绘制建筑物各个方位的立面图（见附图 4-3 中立面图，见书后插页），立面图必须和平面图相对应，在识读立面图前，对平面图应该了然于心，以南立面图为例了解识读的方法。

2.3.1 看图名、比例、轴线及其编号

了解立面图的观察方位，立面图的绘图比例、轴线编号与建筑平面图上的应一致，并对照阅读。

2.3.2 看立面整体形态

明确立面整体图形，门窗位置、雨棚的位置等。

2.3.3 看尺寸及标高标注

在立面图一侧，标注三道尺寸，由外到内，分别是总尺寸、层高尺寸和门窗细部尺寸。标高标注有原位标注和引出标注两种方式，引出标注在总尺寸线外侧，表示室内外地坪处、层高处、建筑物顶部处的标高。原位标注为引出标注的补充，在此图中表示雨篷的上下标高。通过看标注，我们可以明确该建筑物总高度为 10.000m，室内外高差 0.150m，建筑层高 8.000m，女儿墙高 2.000m 等数据。

2.3.4 看材质标注

以引出线的方式标注，材质类别写在引出线上，引出线上的小黑点表示材质区域。

2.4 识读工业建筑剖面图

见附图 4-3 中 1—1 剖面图。

2.4.1 看图名、比例、剖切位置及编号

绘制的剖面应该与平面图的剖切位置相对应，在一层平面图中表示了剖切的位置，图名为 1-1 剖面图，绘图比例为 1∶150。

2.4.2 看房屋内部的构造、结构形式

了解梁板、屋面的结构形式、位置及其与墙（柱）的相互关系，剖到部分的门窗应该与立面图位置相一致。该比例绘制的剖面，混凝土材质涂黑表示。

2.4.3 看房屋各部分竖向尺寸

剖面图尺寸及标高标注同立面图，但我们通过识读剖面图，能更清楚的明确内部的高度关系。

2.5 识读工业建筑详图

建筑详图是建筑施工图中绘制最为细致的部分，包含的信息量大，图纸绘制复杂，而且节点详图数量较多，这里，我们选择一个代表性的节点进行识读，如图 4-2-3 所示。

2.5.1 看图名、比例、详图位置及编号

节点详图对应关系参看第一章的论述，这里强调下，一般节点详图采用的绘制比例为 1:20，特殊情况下可以采用其他比例，以能让打印出的图样清晰可辨为标准。

2.5.2 看材料与构造关系

不同的填充表示不同的建筑材料，具体参看第一章。构造搭接关系在详图中已仔细绘出，绘制的内容与实际情况相吻合。识读完后要明确构造关系、构造尺寸、所用材料等内容。

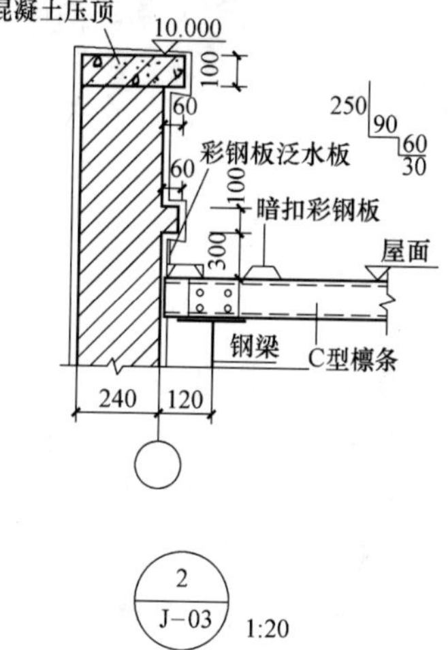

图 4-2-3 节点详图

任务 3 绘制工业建筑建筑施工图

3.1 制定绘图计划

工业建筑建筑施工图绘制要求学生独立完成。学生个人在前面识读工业建筑施工图样的基础上，制定制图计划，并填写绘图计划表（表 4-3-1）。

表 4-3-1 绘图计划表

学生姓名		学号	
工程名称			
序号	图样名称	进度安排	
1			
2			
3			
4			
5			
6			

3.2 绘制工业建筑建筑一层平面图

图 4-3-1 是本任务要绘制的工业建筑三维模型。

1. 绘制轴网

鼠标左键点击右边菜单平面-轴线-直线轴网，命令提示行提示“请选择/ 1-生成新数据

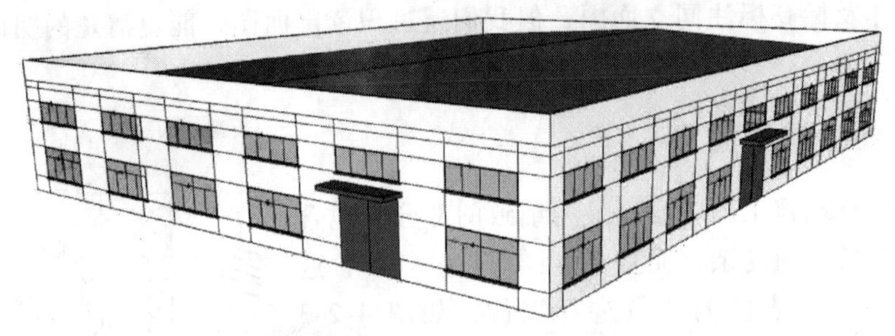

图 4-3-1　工业建筑三维模型

/ 2-修改已有数据/ <1>:”，回车或鼠标右键选择“1-生成新数据”，跳出轴网数据编辑对话框（图 4-3-2），类型选择中默认下开间，数据编辑中尺寸输入 6000，重复数为 10，点击加入；类型选择中点击左进深，数据编辑中输入尺寸 8000，重复数为 8，点击加入；点击 OK。鼠标左键在绘图界面中点击一下，轴网绘制完成（如图 4-3-3 所示）。利用图层属性，修改轴线线型为点划线。

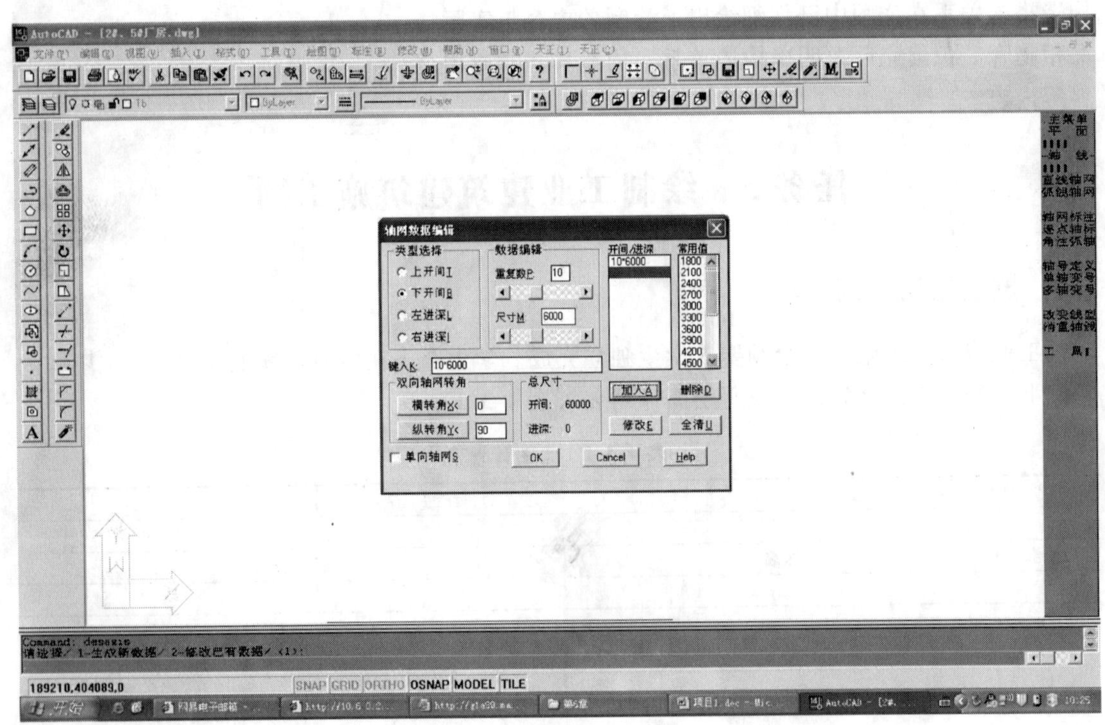

图 4-3-2　轴网数据编辑对话框

2. 轴网标注

鼠标左键点击右侧菜单中平面-轴线-轴网标注，命令提示行提示“请点取要标注轴线一侧的横断轴线 <退出>:”，点击最下面一根水平轴线，命令提示行提示“起始轴的编号（1 A A1 AA） <1>:”，回车，垂直轴线轴网编号完成。同样方法完成其他三面的轴网标注（如图 4-3-4 所示）。

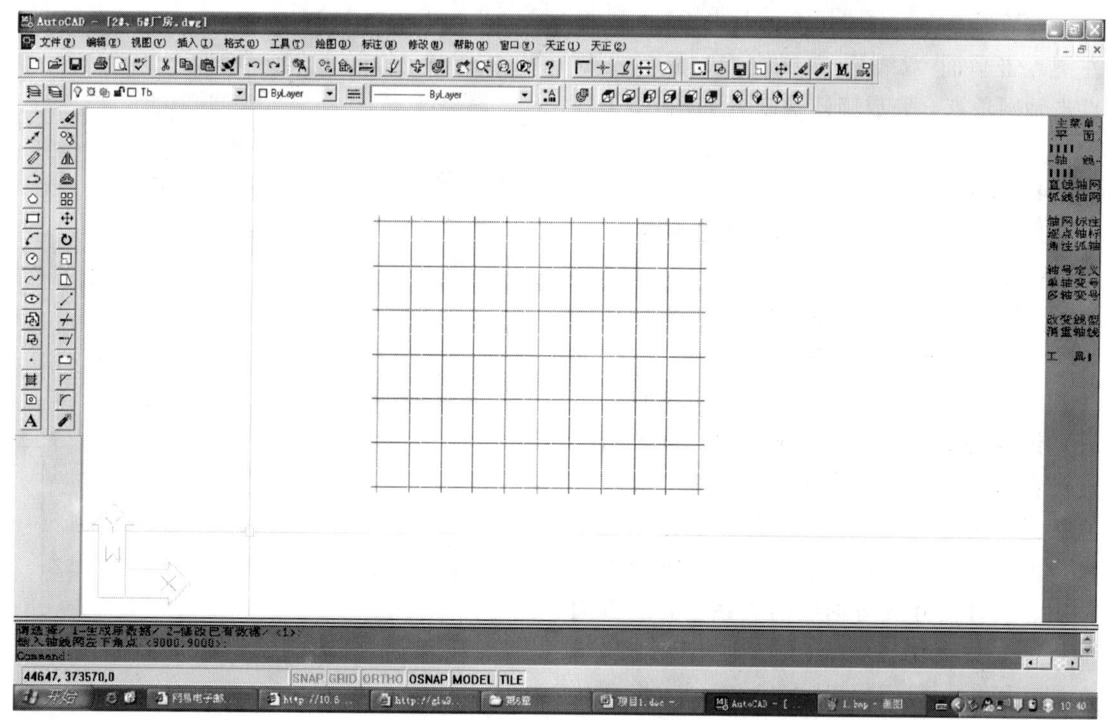
图 4-3-3　轴网生成

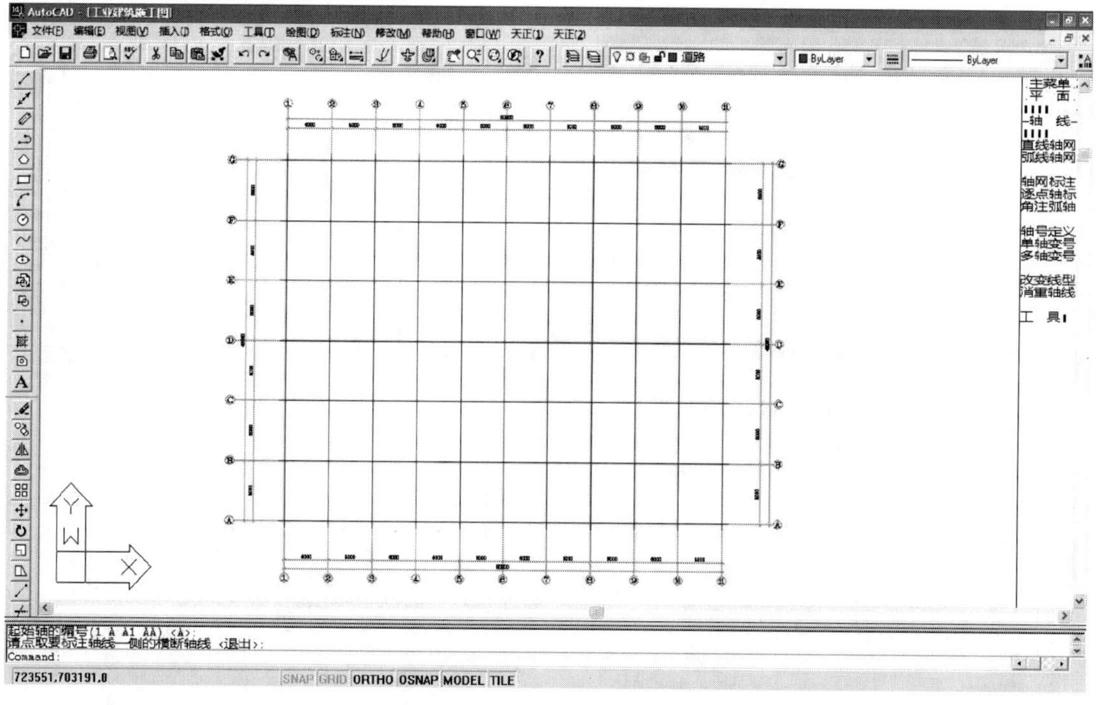
图 4-3-4　轴网标注

3. 绘制墙体

点击右边菜单初始设置，跳出建筑图初始设置对话框（如图 4-3-5 所示），修改墙线设置，左墙厚 240，右墙厚 0，点击 OK。鼠标左键点击平面-双线墙-双线直墙，鼠标左键点击轴网角点，完成墙体绘制（如图4-3-6所示）。

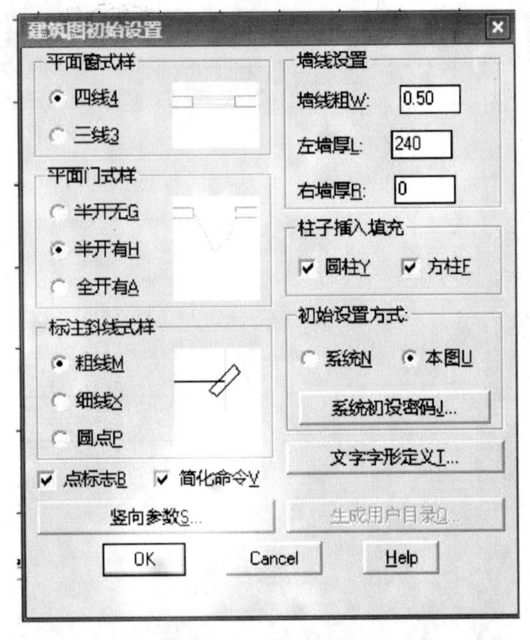

图 4-3-5　墙体厚度设置

4. 插入门窗

鼠标左键点击平面-门窗-中心插入，鼠标左键点击轴间墙体，命令提示行提示“门窗的宽度（可点取轴线的跨越点）/ S-选择已有门窗/ < 4500 >：”，键盘输入窗户宽度 3900，回车或空白键，插入了 1 个窗户；鼠标左键点击平面-门窗-门窗名称，点击刚绘制的窗户在命令栏输入窗户的名称（C-1），直接回车或空白键，以同样的方法完成其他窗户的绘制。在平面图中仅反映门窗的平面位置、洞口尺寸及与轴线的关系。高度方向的尺寸在立面图、剖面图或门窗表中查找。在施工图中，门用代码“M”表示，窗用代码“C”表示，如 M-1 表示编号为 1 的门，C-2 则表示编号为 2 的窗。门窗的制作安装需查阅相应的详图或设计说明。

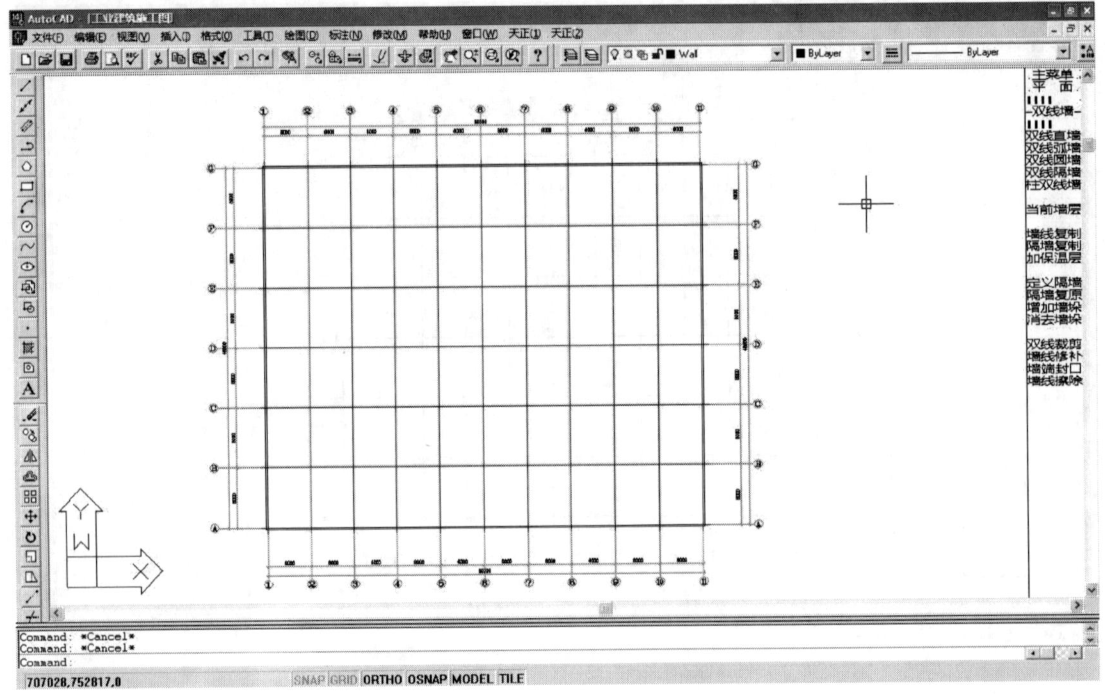

图 4-3-6　墙线绘制

鼠标左键点击平面-窗，窗插入换成门插入，点击门窗选型，跳出平面门窗形式设定对话框（如图 4-3-7 所示），点击选门式样，跳出平面门图块对话框，选择所需的单扇门形式，点击OK，回到平面门窗形式设定对话框，点击OK。此时，门的形式已经设定好，接下去要插入门。门插入具体方法与窗插入一样。门绘制完成后，左键单击平面-门窗-工具-加门口线，左键点击需加门口线的门，右击确定，在需要加门口线的一侧左键点击一下，绘制完成（如图4-3-8所示）。

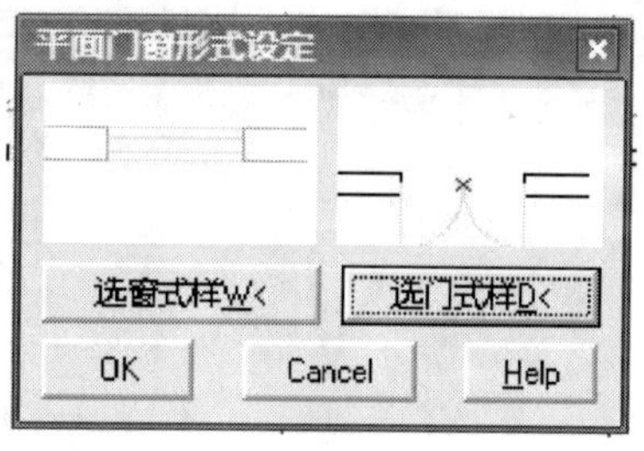

图4-3-7 平面门窗形式设定对话框

5. 插入柱子，绘制附属设施

H型钢柱插入 用多段线命令绘制H型钢柱子，制作成图块，按结构设计要求的位置插入。

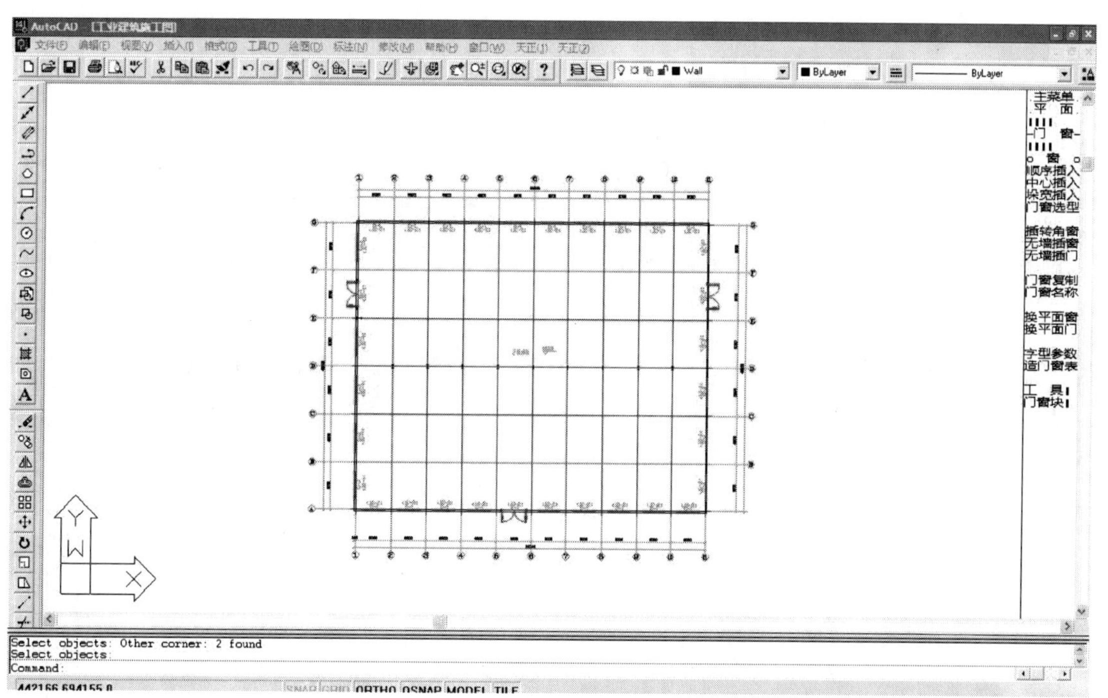

图4-3-8 门窗插入

构造柱插入 鼠标左键点击平面-柱子-方柱插入，跳出“柱参数定义”对话框，设置尺寸参数：柱宽240，柱高240，基点定位：横偏0，纵偏0，转角0，点击OK回到绘图界面，鼠标左键框选D轴3与5轴的交点，插入柱子，如图4-3-9所示，其他柱子插入方法一致。

散水绘制 将四周外墙线各往外偏移600，通过修剪，画45°斜线，并改变图层属性（图层及颜色），完成散水绘制。

6. 尺寸标注

在窗户左右两侧绘制标注辅助线，鼠标左键点击主菜单-尺寸-逐点标注，在需要标注尺寸线的左右位置各点击一下，完成标注，双击标注，使其尺寸线显示。可同时绘制多条辅助线，完成尺寸逐点标注，绘制完成后删除辅助线（如图4-3-10所示）。

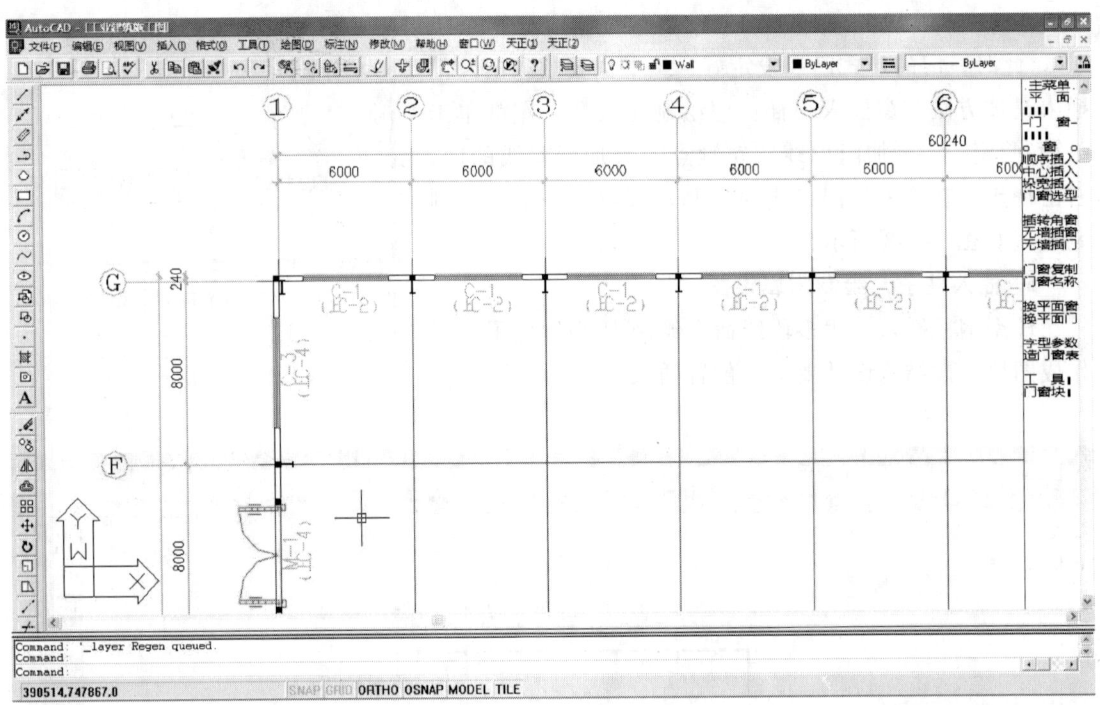

图 4-3-9 柱子插入

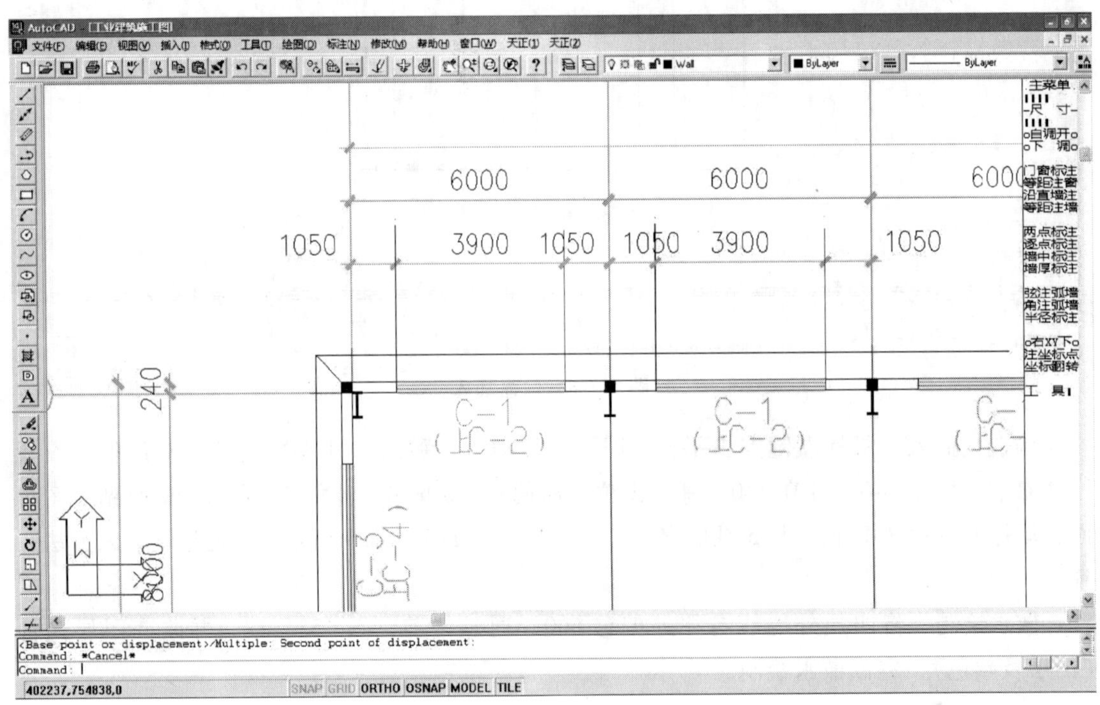

图 4-3-10 尺寸逐点标注

7. 文字标注

鼠标左键点击主菜单-文字-文字标注，跳出“编辑文字”对话框，输入“2#车间”字样，点击 OK，命令提示行“请给出文字的插入点（左下角点）<退出>:”，点击标注位置；命令提示行“字高（小于 15 为出图实际字高）<500>:”，回车；命令提示行“转角<0>:”，回车。

8. 标注标高、剖切符号，绘制图名、比例、指北针

标高　鼠标点击主菜单-标高-注标高，命令提示行提示“请点取标高点［右键-更换形式］<退出>:”，点击标注位置，命令提示行提示“此处的标高为 <403.367>:”，输入数字 0.000，回车或鼠标右键。

剖切符号　鼠标点击主菜单-标号-大剖切号，命令提示行提示“请输入剖切线的起始点/ P-采用已有的剖切线/<退出>:”，鼠标左键点击第一点，命令提示行提示“第二点 <退出>:”，鼠标左键点击第二点，命令提示行提示“下一点 <结束剖切线>:”，右键或回车；命令提示行提示“请给出剖视方向 <退出>:”，鼠标左键点击左边任一点；命令提示行提示“剖面图号 <1>:”，直接右键或回车。

指北针　鼠标点击主菜单-标号-画指北针，在屏幕上点击指北针南北方位，完成绘制。

9. 套图框

左键点击右侧菜单-布图-实插图框，选择 A0 图幅，其他默认，点击 OK（如图 4-3-11 所示）。

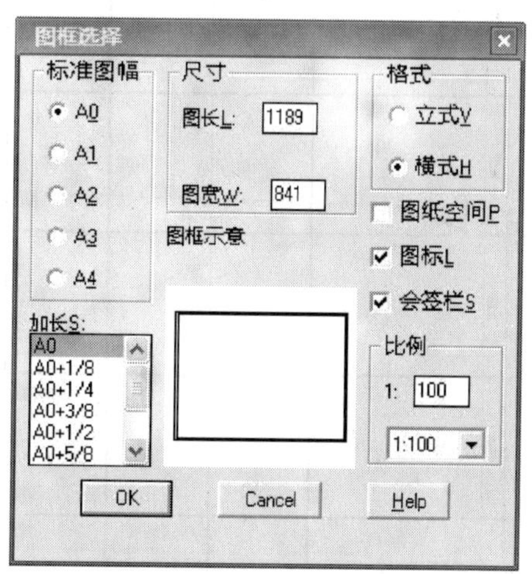

图 4-3-11　图框插入对话框

3.3　绘制工业建筑屋顶平面图

将首层平面图拷贝一个，打开图层，关闭轴网与轴线图层，删除剩余图层显示线体，完成后打开所有图层（如图 4-3-12 所示）。

打开图层对话框，新建一个图层命名为“女儿墙”，点击 OK（如图 4-3-13 所示）。绘制女儿墙如图 4-3-14 所示。

接着，用偏移和修剪的命令，完成檐沟和雨篷的绘制。绘制完雨篷后，进行尺寸标注，标注方法同门窗标注。

坡屋面绘制及填充　在相应图层用绘制直线、曲线和填充的命令完成坡屋面绘制。注意填充的样式和填充比例。

屋面排水绘制　建立相应图层进行屋面排水（如图 4-3-15 所示）。檐沟部分按照设计要求，绘制分水线盒雨水管。接下来进行排水坡度的标注，先绘制箭头，左键点击主菜单-标号-箭头绘制，在屏幕点击箭头和箭尾的位置，完成绘制。接着进行坡度数值的标注，用文字标注的命令完成。

3.4　绘制工业建筑立面图

以绘制南立面图为例。拷贝一个一层平面图，在其正下方做一条线宽为 100，Z 值为 0

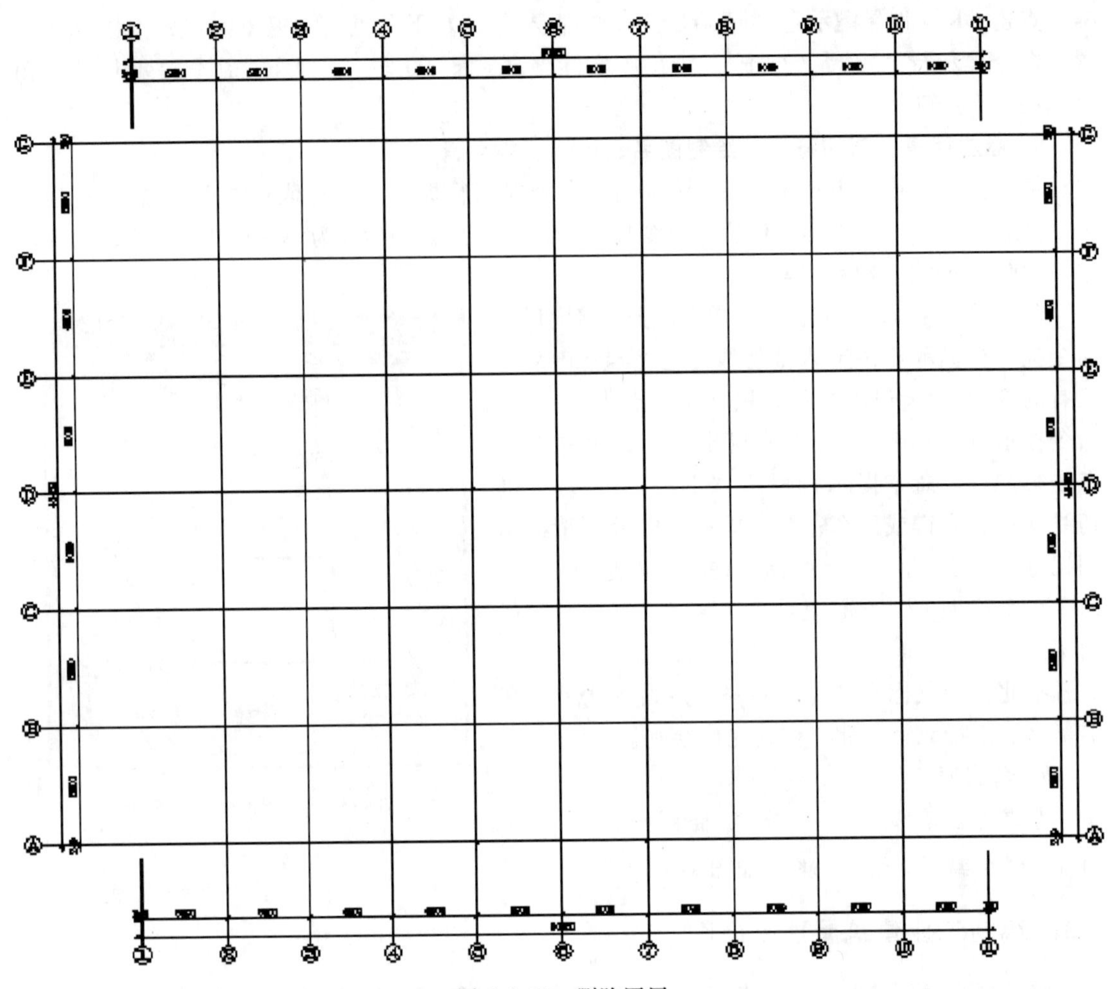

图 4-3-12 删除图层

的地平线（左键点击上方菜单中的绘图-多段线，输入起始点坐标为 0，0，在命令栏中输入 W，再输入 100，回车或空格键两次，即可完成线宽为 100，Z 值为 0 的线条）。该多段线往下移动 150，作为室外地坪，如图 4-3-16 所示。

从平面图中的墙边线，门窗两侧引直线到地平线，以确定立面中墙体和门窗的大致位置，按设计要求，在门窗高度位置绘制辅助线，从而确定门窗的外框尺寸，如图 4-3-17 所示。

绘制建筑轮廓　通过修剪等命令，完成外轮廓的绘制，如图 4-3-18 所示。

绘制门窗图案　可以通过自己绘制，也可以通过右侧菜单-图库-图块输出，选择立面窗图块，选择合适的窗型插入。重复样式的门窗可进行拷贝复制。

绘制外墙装饰线条，标注立面材质。左键点击右侧菜单-标号-引出标注，根据需要分别在对话框中输入所需材料，如图 4-3-19 所示。

标注尺寸与标高　尺寸标注与平面标注方法一致。标高标注方法，左键点击主菜单-标高-注标高，在所需位置点击，即生成准确的标高数值，在绘制立面时，将建筑 0.000 标高与 CAD 中 Z 的 0 值相对应，能生成准确的标高数值，方便作图，如图 4-3-20 所示。

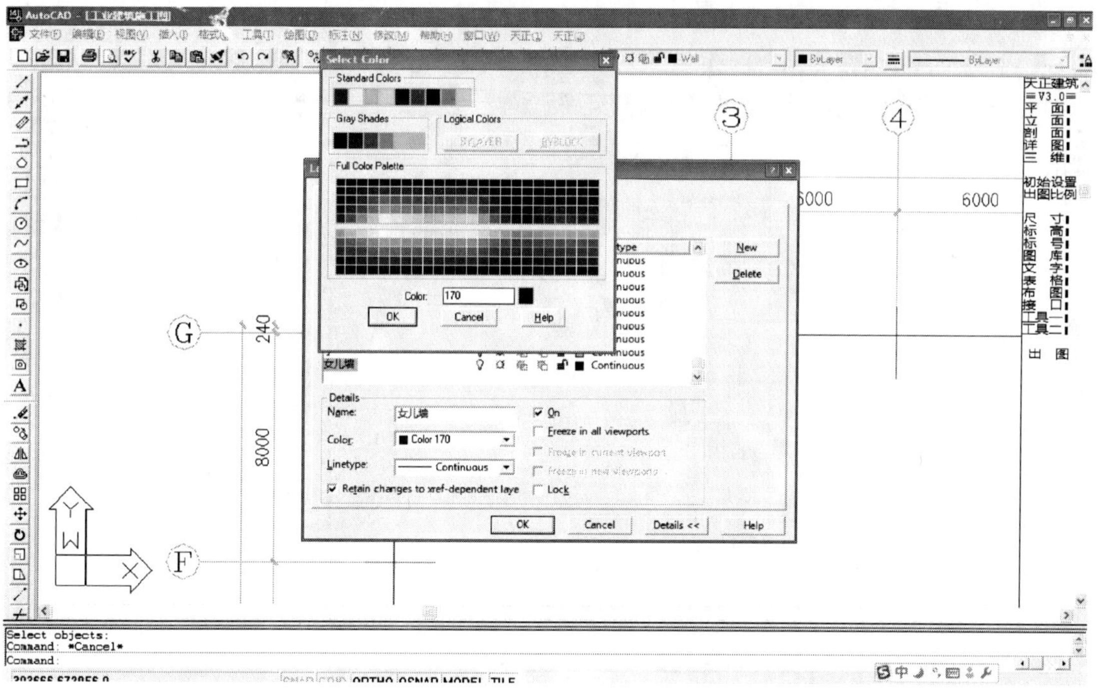

图 4-3-13　新增图层

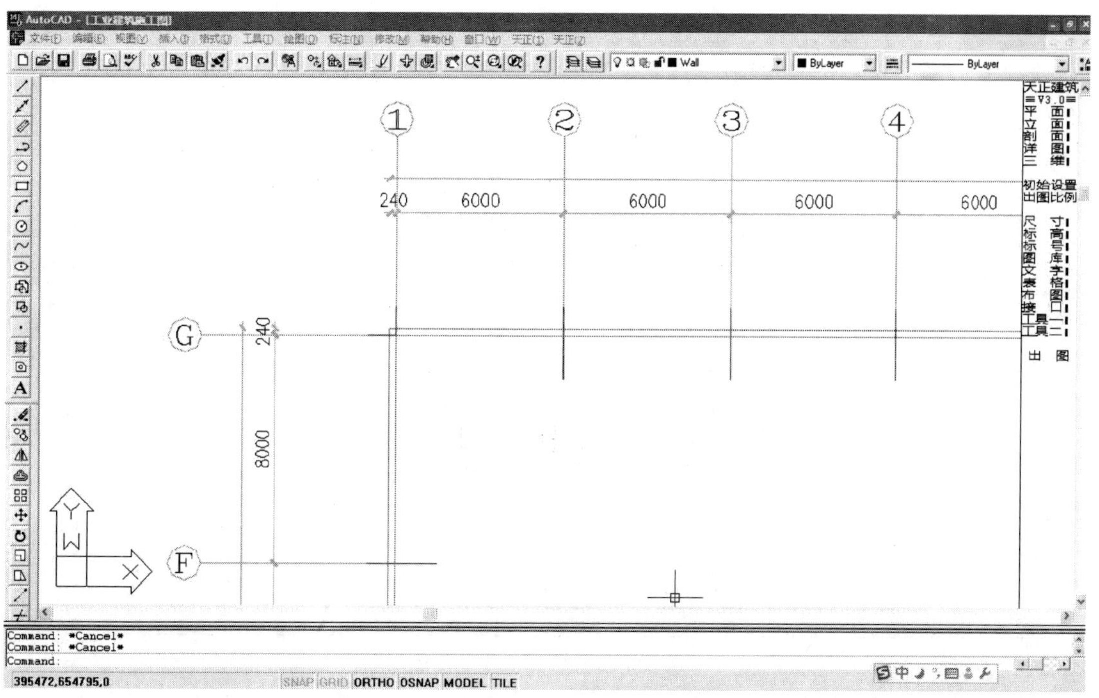

图 4-3-14　绘制女儿墙

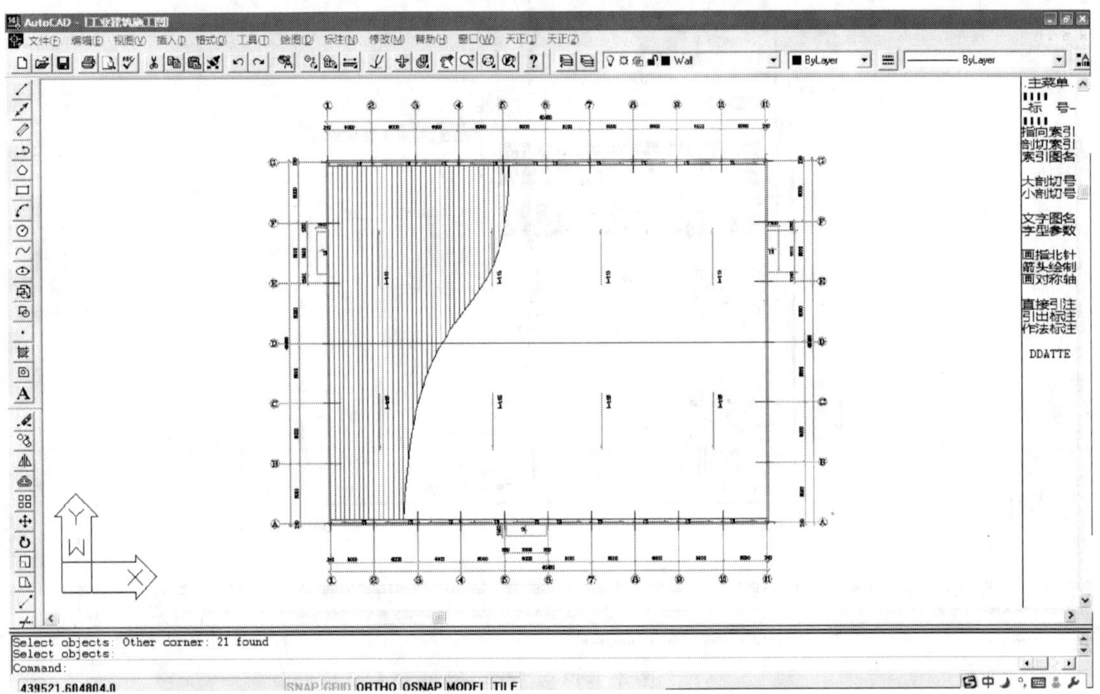

图 4-3-15 屋面排水绘制

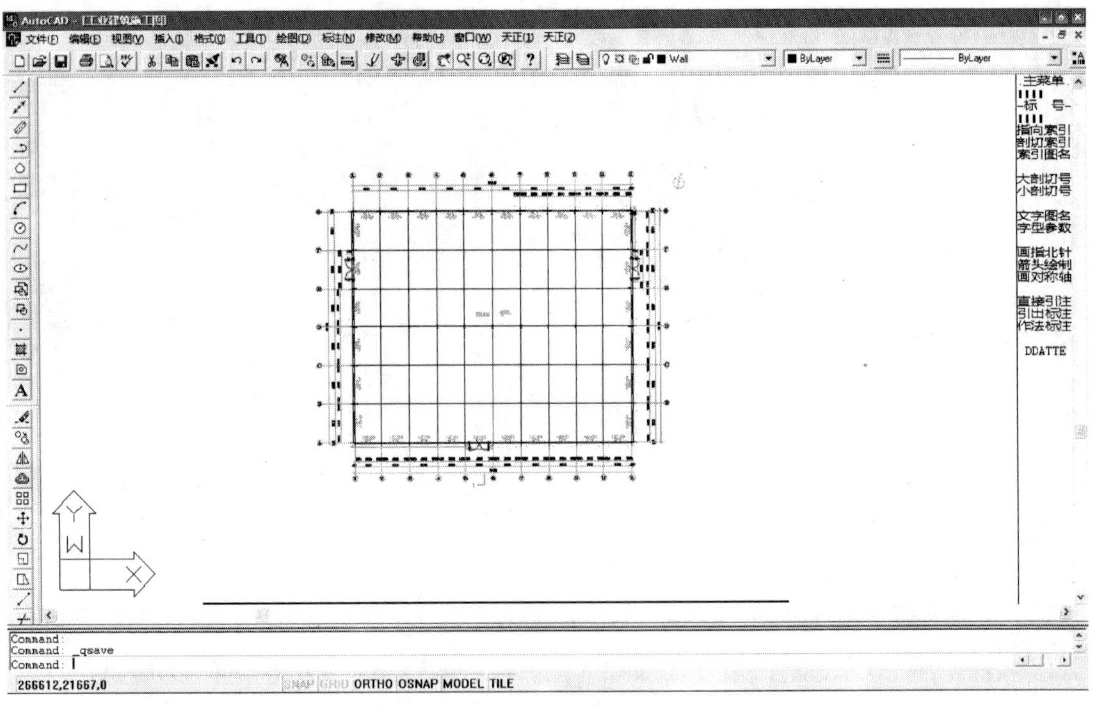

图 4-3-16 以平面为参照

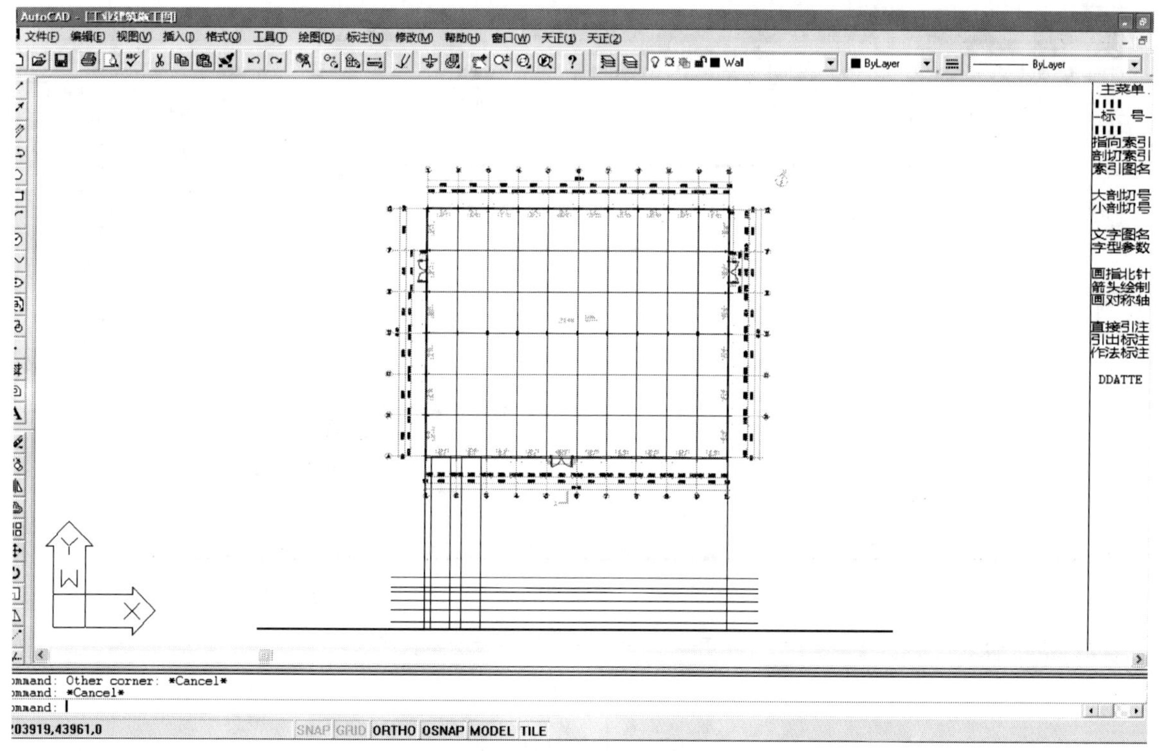

图 4-3-17　与平面对齐

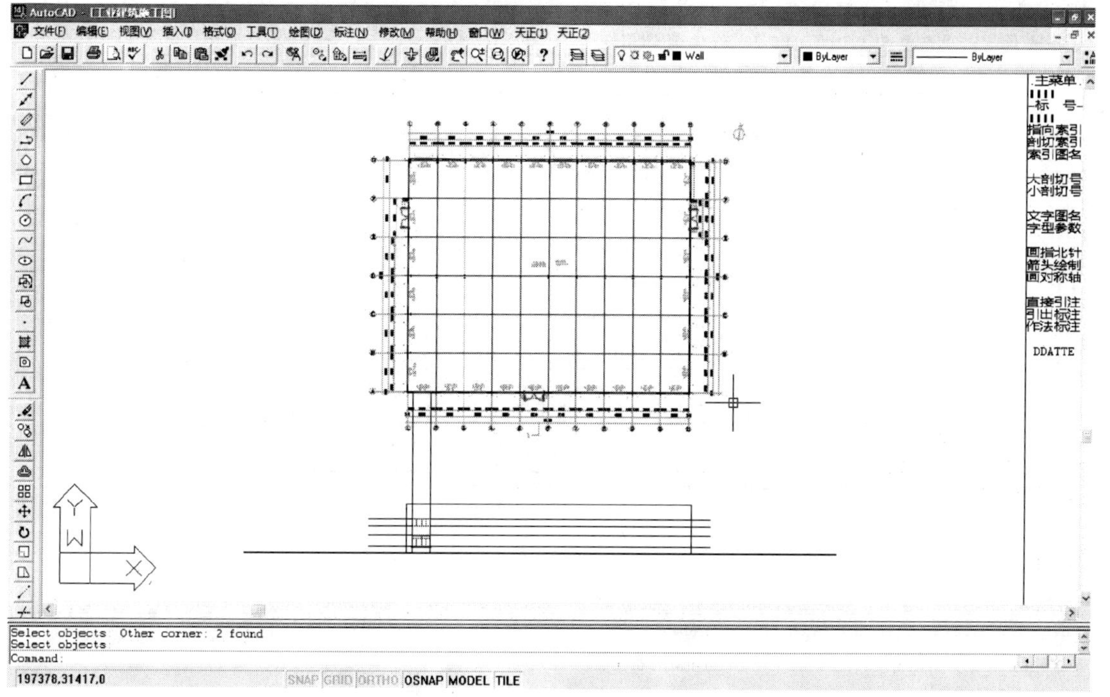

图 4-3-18　确定外轮廓及门

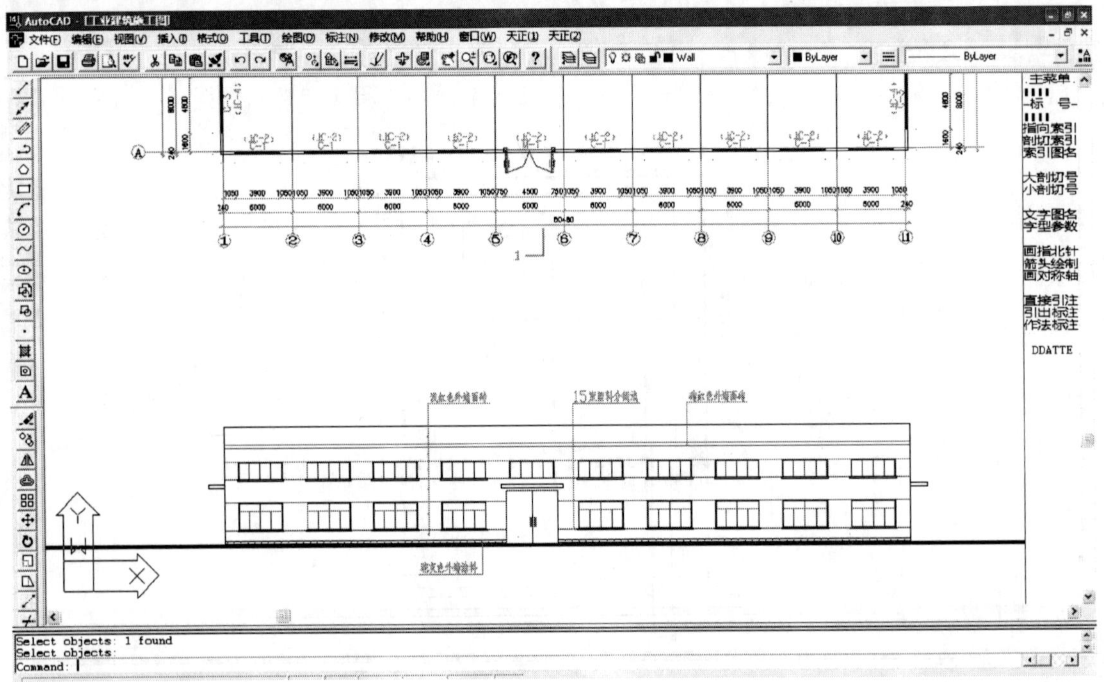

图 4-3-19 材料标注

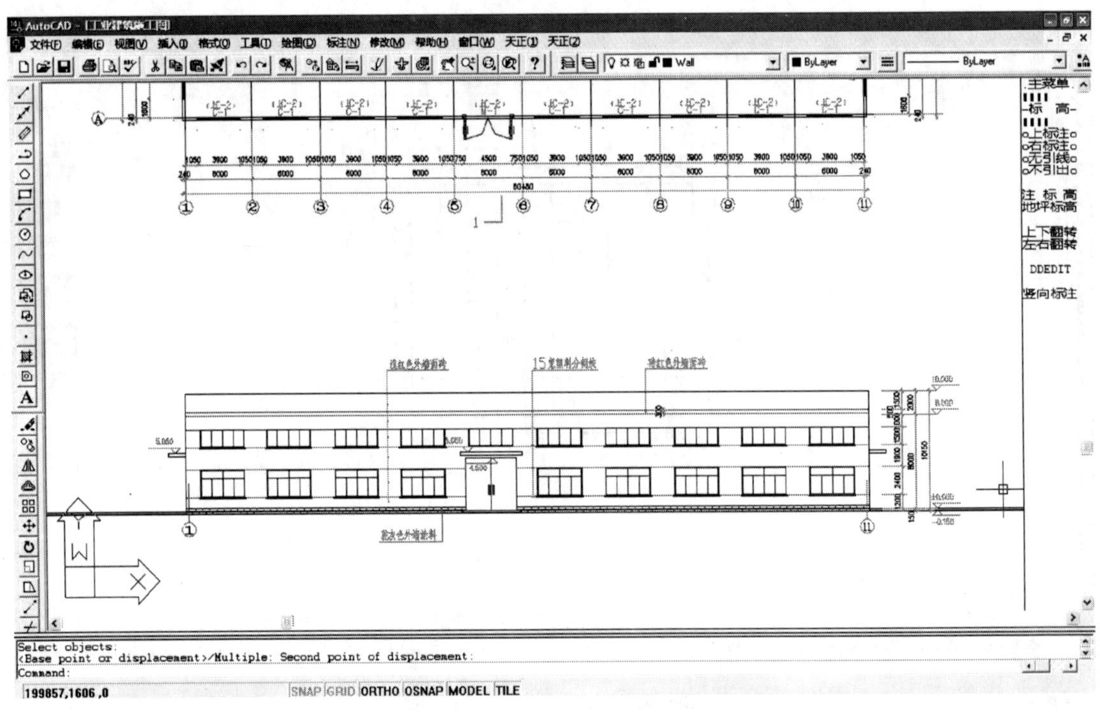

图 4-3-20 立面尺寸和标高标注

另外三个立面，以相同的方法绘制。

3.5 绘制工业建筑剖面图

绘制剖面图的总体思路同平面和立面，从整体到局部。将一层平面图拷贝，对应平面图中的轴线，确定剖面图中的横向位置。确定室内地坪线，并以此为参照，向下拷贝或偏移150、向上偏移相应数值，依次确定室外地坪、层高位置线。

确定轴线、地平线、层高线后，绘制墙体和楼板厚度，再绘制门窗、梁、女儿墙等（如图4-3-21所示）。绘制时，注意剖到的和看到的物体。再标注尺寸、标高、图名及比例，套图框。

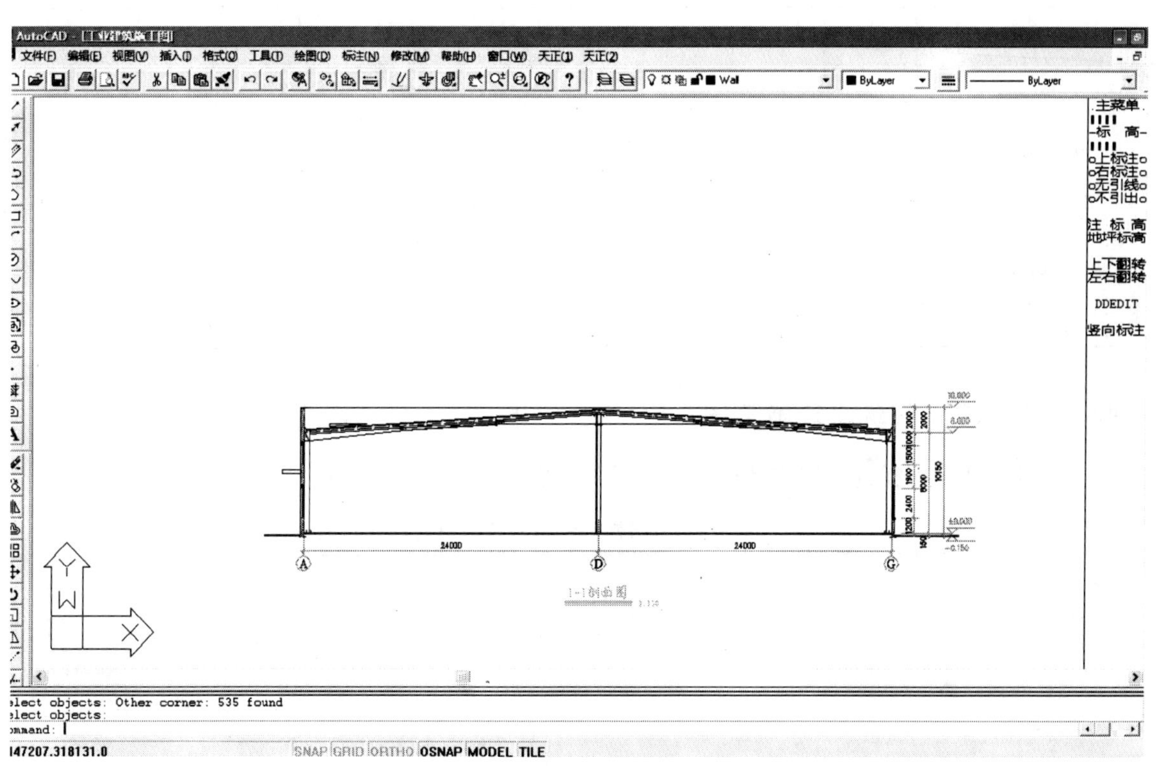

图4-3-21 1—1剖面图

任务4 评审工业建筑建筑施工图

4.1 校对工业建筑建筑施工图

学生本人按照样图进行校对，并填写图样校对单（表4-4-1）。

4.2 审核工业建筑建筑施工图

两个学生相互审核，并填写图样审核单（表4-4-2）。

表 4-4-1　图样校对单（自评用表）

工程名称			
图样名称			
校对情况记录			
评价分值			
校对人（签字）		日期	

表 4-4-2　图样审核单（互评用表）

工程名称			
组别			
组员			
审查情况记录			
评价分值			
审查组长（签字）		日期	

4.3　审查工业建筑建筑施工图

指导教师对图样进行审查评价，并填写图样审查单（表 4-4-3）。

表 4-4-3　图样审查单（教师用表）

工程名称			
组别			
组员			
审核情况记录			
评价分值			
审核人（签字）		日期	

复习与思考

1. 工业建筑有哪些特点？工业建筑有哪些类型？
2. 单层厂房的结构构件有哪些？
3. 什么是柱网？如何确定柱网的尺寸？
4. 单厂定位轴线的作用是什么？
5. 什么是横向定位轴线？什么是纵向定位轴线？

参考文献

[1] 赵研．建筑识图与构造［M］．北京：中国建筑工业出版社，2006．
[2] 王崇杰．房屋建筑学［M］．北京：中国建筑工业出版社，2000．
[3] 同济大学等四校．房屋建筑学［M］．北京：中国建筑工业出版社，2005．
[4] 季敏．建筑制图与构造基础［M］．北京：机械工业出版社，2008．
[5] 舒秋华．房屋建筑学［M］．武汉：武汉理工大学出版社，2002．
[6] 乐荷卿．土木建筑制图［M］．武汉：武汉理工大学出版社，2005．
[7] 吴舒琛．建筑识图与构造［M］．北京：高等教育出版社，2002．
[8] 王远征，王建华，李评诗．建筑识图与房屋构造［M］．重庆：重庆大学出版社，1996．
[9] 崔丽萍，杨青山．建筑识图与构造［M］．北京：中国电力出版社，2010．
[10] 陈青来．钢筋混凝土结构平法设计与施工规则［M］．北京：中国建筑工业出版社，2007．
[11] 孙海粟．建筑 CAD［M］．北京：化学工业出版社，2004．
[12] 王以功．建筑 CAD［M］．北京：煤炭工业出版社，2004．
[13] 陈伟，江山，薛劼等．AutoCAD 全套建筑绘图实战教程［M］．北京：机械工业出版社，2003．
[14] 郭大州．建筑 CAD［M］．北京：中国水利电力出版社．2008．

教材使用调查问卷

尊敬的老师：

您好！欢迎您使用机械工业出版社出版的“土建类高职高专国家级精品课系列规划教材”，为了进一步提高我社教材的出版质量，更好地为我国教育发展服务，欢迎您对我社的教材多提宝贵的意见和建议。敬请您留下您的联系方式，我们将向您提供周到的服务，向您赠阅我们最新出版的教学用书、电子教案及相关图书资料。

本调查问卷复印有效，请您通过以下方式返回：

邮寄：北京市西城区百万庄大街22号机械工业出版社建筑分社（100037）
　　阴伟（收）

传真：010-68994437（阴伟收）　　Email：streettour@163.com

一、基本信息

姓名：________职称：________职务：________

所在单位：________

任教课程：________

邮编：________地址：________

电话：________电子邮件：________

二、关于教材

1. 贵校开设土建类哪些专业？

□建筑工程技术　□建筑装饰工程技术　□工程监理　□工程造价

□房地产经营与估价　□物业管理　□市政工程　□园林景观

2. 您使用的教学手段：□传统板书　□多媒体教学　□网络教学

3. 您认为还应开发哪些教材或教辅用书？________

4. 您是否愿意参与教材编写？希望参与哪些教材的编写？

课程名称：________

形式：　□纸质教材　□实训教材（习题集）　□多媒体课件

5. 您选用教材比较看重以下哪些内容？

□作者背景　□教材内容及形式　□有案例教学　□配有多媒体课件

□其他________

三、您对本书的意见和建议（欢迎您提出本书的疏误之处）________

____

____

____

四、您对我们的其他意见和建议________

____

____

请与我们联系：

100037　北京百万庄大街22号

机械工业出版社·建筑分社　阴伟　收

Tel：010-88379312（O），68994437（Fax）

E-mail：streettour@163.com

http://www.cmpedu.com（机械工业出版社·教材服务网）

http://www.cmpbook.com（机械工业出版社·门户网）

http://www.golden-book.com（中国科技金书网·机械工业出版社旗下网站）